新编21世纪高等职业教育精品教材·通识课系列

人工智能
应用基础

主　编　张雷霆　周栋森　施秉华　徐浙君
副主编　钟学贤　熊国平　王海庆　杜伯阳　黄　波

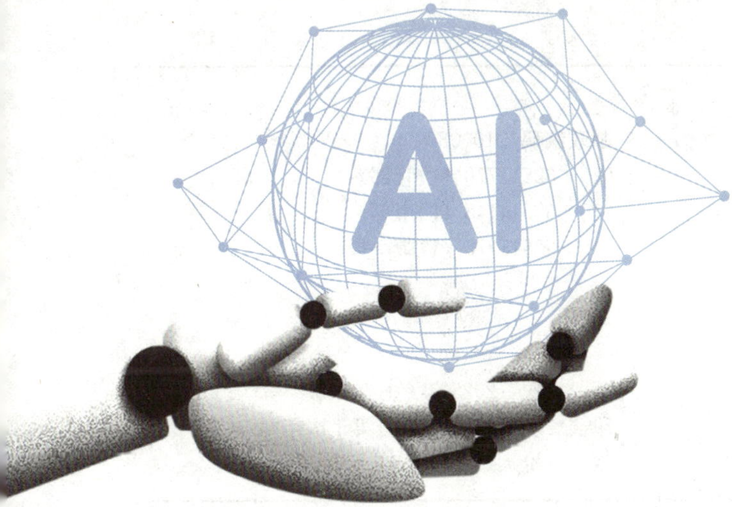

中国人民大学出版社
·北京·

图书在版编目（CIP）数据

人工智能应用基础 / 张雷霆等主编. -- 北京：中国人民大学出版社，2025. 9. --（新编 21 世纪高等职业教育精品教材）. -- ISBN 978-7-300-34142-2

Ⅰ. TP18

中国国家版本馆 CIP 数据核字第 20256SJ550 号

新编 21 世纪高等职业教育精品教材·通识课系列

人工智能应用基础

主　编　张雷霆　周栋森　施秉华　徐浙君

副主编　钟学贤　熊国平　王海庆　杜伯阳　黄　波

Rengong Zhineng Yingyong Jichu

出版发行	中国人民大学出版社		
社　　址	北京中关村大街 31 号	**邮政编码**	100080
电　　话	010－62511242（总编室）		010－62511770（质管部）
	010－82501766（邮购部）		010－62514148（门市部）
	010－62511173（发行公司）		010－62515275（盗版举报）
网　　址	http://www.crup.com.cn		
经　　销	新华书店		
印　　刷	北京密兴印刷有限公司		
开　　本	787 mm×1092 mm　1/16	**版　　次**	2025 年 9 月第 1 版
印　　张	12	**印　　次**	2025 年 9 月第 1 次印刷
字　　数	260 000	**定　　价**	45.00 元

前言

Preface

人工智能作为引领新一轮科技革命和产业变革的战略性技术，正以前所未有的广度与深度融入社会发展各领域，深刻改变着人类的生产生活方式，对经济增长、社会进步乃至国家安全都产生着极为深远且广泛的影响。面对这一时代浪潮，作为新时代的职业教育工作者，我们肩负着为社会培育适应人工智能时代高素质技能人才的重任。为积极贯彻、落实党的二十大精神，精准对接行业发展需求，我们精心编写了这本《人工智能应用基础》教材，旨在为学生开启通往人工智能应用领域的大门，助力他们掌握前沿知识与关键技能，从容应对未来职业挑战。

目前市面上的人工智能教材大多存在偏向理论的问题，对工具的实践应用涉及较少。这些教材往往注重知识的系统性和完整性，却忽视了与实际工作的紧密结合，导致学生难以将所学知识运用到实际生活中。这种理论与实践的脱节，使得学生在面对实际问题时，无法有效利用人工智能技术进行解决，限制了他们对人工智能的深入理解和应用能力的培养。

本教材具有以下特点：

在内容选取方面，本教材以就业为导向，从真实岗位中获取案例，全方位介绍了人工智能工具在工作生活中的应用场景。通过真实案例的引入，学生能够直观地了解人工智能技术在不同领域的应用，从而更好地将理论知识与实际工作相结合，提升就业竞争力。

在知识组织方面，本教材打破以传统知识传授为主要特征的学科知识组织模式，转变为以工作任务为中心的课程内容组织方式。这种模式能够让学生在完成具体任务的过程中学习相关知识和技能，增强了学习的针对性和实用性，有助于培养学生的实践能力和问题解决能力。

在编写团队方面，本教材是由学校和企业联合编写的，充分结合了学校的教学资源和企业的实践经验。在编写过程中，企业专家深度参与，确保教材内容与实际岗位需求精准对接。同时，本教材还配有丰富的数字化资源，例如微课视频、教学课件、案例库等，为教学和学习提供了有力支持。

在教学方式方面，本教材更多偏向实操。通过大量的实训项目和实践任务，引导学生在动手操作中掌握人工智能技术。每个项目都设计了具体的实践环节，让学生在实际操作中加深对理论知识的理解，提高应用能力。这种以实操为核心的编写理念，使学生能够更好地适应未来的工作环境，快速上手实际项目。

本教材是面向对人工智能感兴趣的读者的基础入门教材，无论是学生、企业从业人员，还是其他对 AI 感兴趣的读者，都可以通过本教材学习人工智能的基础知识和实践技能，快速了解人工智能的核心概念、应用场景以及开发流程。

本教材由浙江邮电职业技术学院的张雷霆、周栋森、施秉华、徐浙君、钟学贤、熊国平、王海庆、杜伯阳和科大讯飞股份有限公司的黄波共同编写。张雷霆和周栋森负责统筹教材整体架构设计与思政融合。施秉华、徐浙君、王海庆、钟学贤和黄波分别负责项目 1、项目 2、项目 3、项目 4 和项目 5 的编写。熊国平和杜伯阳负责全书的校对工作，黄波提供行业前沿技术资料、真实项目案例及 AI 开发工具支持。在此，我们向所有为本教材编写做出贡献的单位和个人表示衷心的感谢！

由于编者水平有限，加之编写时间仓促，书中难免有疏漏和欠妥之处，恳请广大读者批评指正。

编者

2025 年 5 月

目录

Contents

项目1 人工智能工具操作基础 …… 1

项目导入 …… 1

项目目标 …… 1

任务1.1 大模型认知与实践 …… 2

任务1.2 可视化界面的安装与实践 …… 13

任务1.3 提示词设计与实践 …… 25

项目小结 …… 35

拓展自测 …… 35

项目2 人工智能创作与生成 …… 37

项目导入 …… 37

项目目标 …… 37

任务2.1 AI写作 …… 38

任务2.2 AI绘画 …… 49

任务2.3 AI视频 …… 59

任务2.4 AI音频 …… 69

项目小结 …… 74

拓展自测 …… 74

项目3 人工智能行业应用实践 …… 76

项目导入 …… 76

项目目标 …… 76

任务3.1 AI办公 …… 77

任务 3.2　AI 设计 …… 123
任务 3.3　AI 法律助手 …… 130
任务 3.4　AI 客服 …… 135
项目小结 …… 140
拓展自测 …… 141

项目 4　人工智能开发与技术应用 …… 142
项目导入 …… 142
项目目标 …… 142
任务 4.1　AI 编程 …… 143
任务 4.2　AI 搜索引擎 …… 151
任务 4.3　AI 辅助软件开发技术文档 …… 155
任务 4.4　AI 辅助数据采集与处理 …… 165
项目小结 …… 172
拓展自测 …… 173

项目 5　人工智能伦理与安全概述 …… 174
项目导入 …… 174
项目目标 …… 174
任务　人工智能伦理与安全深入探究 …… 175
项目小结 …… 184
拓展自测 …… 184

参考文献 …… 186

项目 1 人工智能工具操作基础

项目导入

在数字经济与人工智能技术深度融合的时代背景下，本项目研发了契合企业数字化转型需求的智能生产力解决方案。针对全球多数企业所面临的算力成本上升与数据安全这双重挑战，借助 Ollama 框架实现大模型的本地化部署（支持 1.5B 至 10 万亿参数的灵活配置），让金融机构能够在自有服务器上开展风险建模工作，制造业可基于私有数据开展质检模型的训练。项目所采用的创新性“本地—云端”混合架构，既符合《中华人民共和国数据安全法》对于核心业务数据的合规要求，又能通过 API 与前沿模型实现无缝对接，以处理非敏感任务（例如跨国协作文档的智能校对）。精准的提示词设计已然成为企业激发大模型生产力的关键要素。全球领先企业的实践经验显示，经过优化的提示词能够显著增强 AI 任务的执行成效。

项目目标

知识目标	（1）了解人工智能及大模型的定义与特点。 （2）掌握大模型幻觉问题的成因及解决方法。 （3）理解智能体的概念及构建方法。 （4）掌握可视化界面及 API 的定义与应用场景。 （5）掌握提示词的设计、优化技巧及应用。
能力目标	（1）理解大模型幻觉问题及应对策略。 （2）能够使用 Ollama 框架实现本地化模型运行。 （3）利用讯飞星火平台构建智能体。 （4）掌握 Chatbox 可视化工具的安装与使用。

(5) 能够通过 API 连接云端大模型。

素养目标

(1) 提升跨领域思维能力：理解人工智能、深度学习与大模型的层级关系，拓展跨领域应用视野。
(2) 增强信息素养能力：有效获取、处理和分析信息，如通过事实核查、交叉验证等方式应对大模型幻觉问题。
(3) 提升逻辑推理能力：深入理解大模型幻觉问题的产生机制，培养逻辑分析和推理能力。
(4) 培养技术应用与创新素养：在实践任务中，灵活运用所学知识，提升技术应用和创新能力。

任务 1.1 大模型认知与实践

知识梳理

1.1.1 人工智能的定义

通俗来说，人工智能（Artificial Intelligence，AI）就是让计算机像人类一样具备“思考、学习、决策”的能力。它通过算法和数据模拟人类的智能行为，例如理解语言、识别图像、解决问题等。简单地说，AI 的核心是让机器“学会做事”，而不是单纯执行预设指令。

1.1.2 大模型的定义

大模型通常指的是大规模的人工智能模型，它是一种基于深度学习技术，具有海量参数、强大的学习能力和泛化能力，能够处理和生成多种类型数据的人工智能模型。通常说的大模型的“大”体现在：参数数量庞大、训练数据量大、计算资源需求量大。

1.1.3 人工智能与大模型的关系

人工智能与大模型的关系如图 1-1 所示，人工智能包含机器学习，机器学习包含深度学习，深度学习可以采用不同的模型，其中一种模型是预训练模型，预训练模型包含预训练大模型（本书以下简称为大模型），预训练大模型又包含深度学习大语言模型。预训练大语言模型的典型代表包含 OpenAI 的 GPT 和百度的文心 ERNIE，ChatGPT 是基于 GPT 开发的大模型产品，文心一言是基于文心 ERNIE 开发的大模型产品。

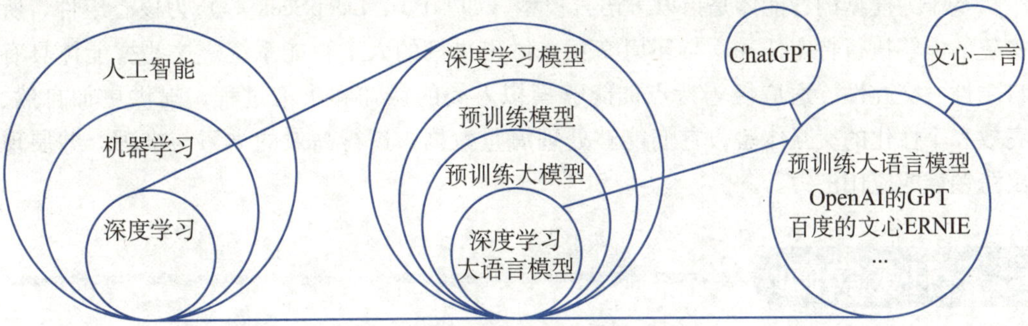

图 1-1 人工智能与大模型关系

1.1.4 大模型幻觉问题

大模型幻觉问题是指模型生成看似流畅合理，但实际包含虚构、不真实或不准确内容的现象。这种现象常被形容为“一本正经地胡说八道”，在金融、医疗等专业领域可能引发严重后果，例如错误咨询导致资金损失或误诊风险。

模型在训练时学习了大量数据，但缺乏对真实世界的直接理解，这导致其会根据学到的概念进行“脑补”，编造细节。

对于大模型幻觉问题，我们需要对模型生成的内容进行事实核查、交叉验证，通过其他来源验证信息的准确性，适当地引导模型，抑或在提问时加入限定条件，从而减少幻觉。

1.1.5 Ollama

Ollama 是一个免费开源项目，它可以让用户在本地运行各种大语言模型。无论是使用像 Codestral 这样的开源大型语言模型来生成代码，还是使用 Llama 4 来替代 ChatGPT，Ollama 都能满足需求。

为了能够使用 Ollama，我们需要一个能够运行 AI 模型的系统。首先，需要一个 GPU 来运行程序。使用 CPU（或集成 GPU）时，运行速度会非常缓慢，因此不建议这样做。其次，还需要确保拥有 NVIDIA/AMD 的 GPU，其计算能力至少为 5TFLOPS。一些流行的 GPU 包括：

（1）NVIDIA RTX 40×0 系列、NVIDIA RTX 30×0 系列、GTX 1650 Ti 等。

（2）AMD Vega 64、AMD Radeon RX 6000 系列、AMD Radeon RX 7000 系列等。

1.1.6 智能体

智能体，顾名思义，就是具有智能的实体，英文名是 Agent。它是云为基础，以

AI为核心，所构建的具有立体感知、全域协同、精准判断、持续进化功能的开放的智能系统。智能体是人工智能领域中一个很重要的概念。任何独立的能够思考并可以同环境交互的实体都可以抽象为智能体。英文单词Agent是指能自主活动的软件或者硬件实体。在人工智能领域，中国科学界把其译为中文“智能体”。

基于大模型的智能体是指以大语言模型（如GPT、DeepSeek等）为核心组件，所构建的能够执行特定任务、与环境交互并做出决策的人工智能系统。这些智能体具有自主性、交互性、适应性等特点，能够模拟人类的认知和决策过程，提供更加自然、高效和个性化的交互体验。它们能够处理海量数据，进行高效的学习与推理，并展现出跨领域的应用潜力。

任务实施

1. 任务说明

本任务将通过开源框架Ollama实现大模型本地化部署，结合讯飞星火智能体快速构建场景化AI助手。用户可基于硬件条件（如NVIDIA显卡）灵活选择模型规模（如1.5B轻量级模型），完成本地环境搭建与交互测试；同时利用自然语言描述一键生成智能体，应用于编程辅助、营销文案创作、教育培训等场景。本任务兼顾隐私安全与开发效率，支持多模态交互与个性化定制，显著降低AI技术使用门槛，助力日常工作生活智能化升级。

2. 任务操作

子任务1：安装Ollama

知识微课堂

安装 Ollama

步骤1：进入Ollama官网，单击“Download”按钮，如图1-2所示。

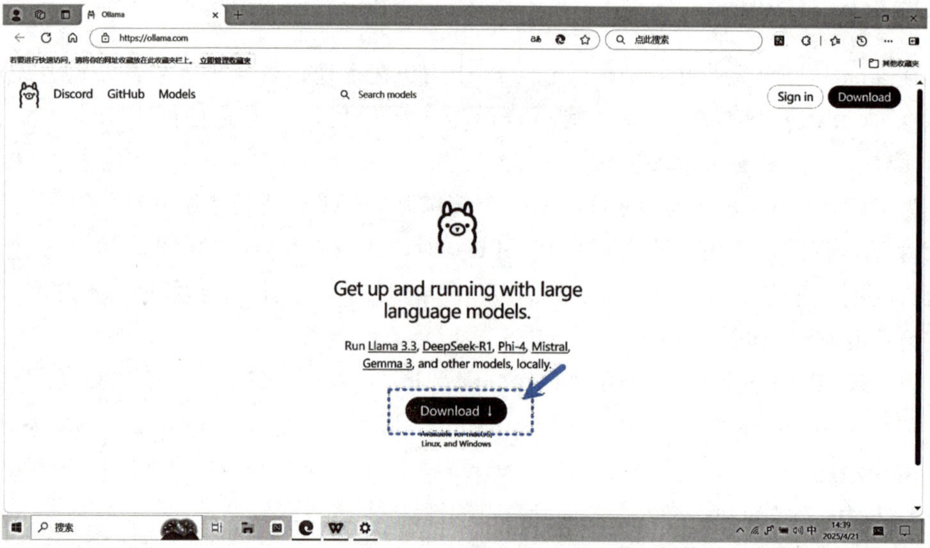

图1-2 Ollama官网

步骤 2：选择适合自己的版本，进行下载，如图 1-3 所示。

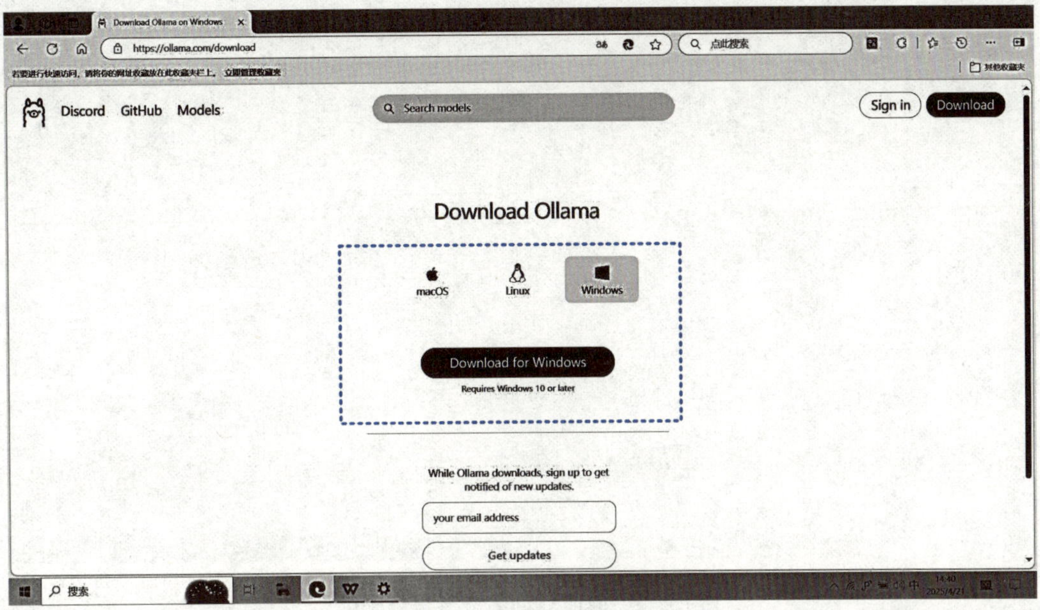

图 1-3　选择 Ollama 版本

步骤 3：双击打开安装包进行安装，单击“Install”按钮，如图 1-4 所示。

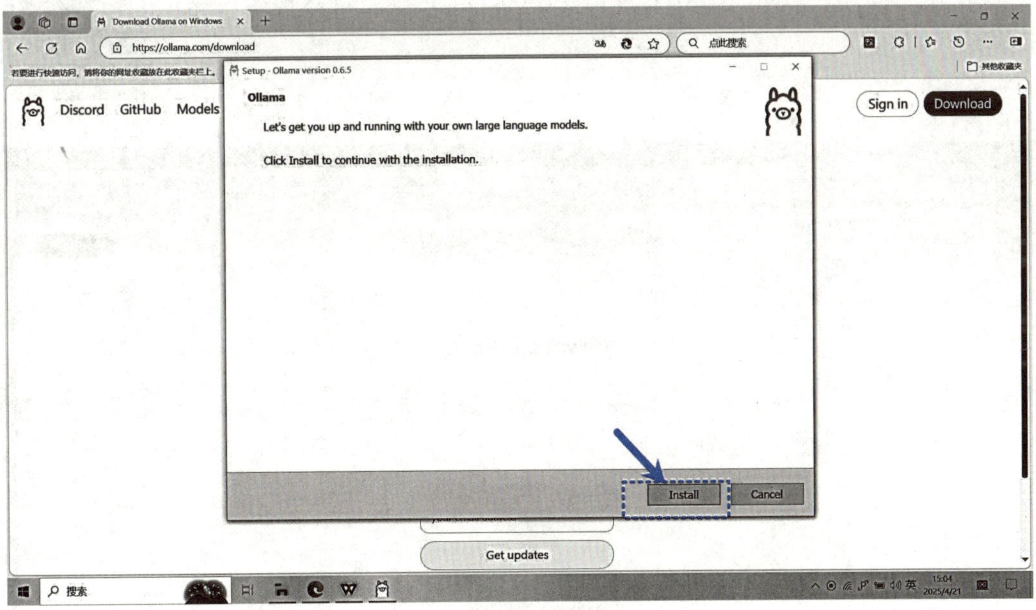

图 1-4　安装 Ollama

步骤 4：验证安装是否成功。在 cmd 命令行中输入 ollama --version，当显示版本号时表明安装成功，如图 1-5 所示。

图 1-5　验证 Ollama 安装是否成功

子任务 2：部署本地大模型

知识微课堂

部署本地大模型

步骤 1：打开 Ollama 官网，单击“Models”选项，进入模型广场，如图 1-6 所示。

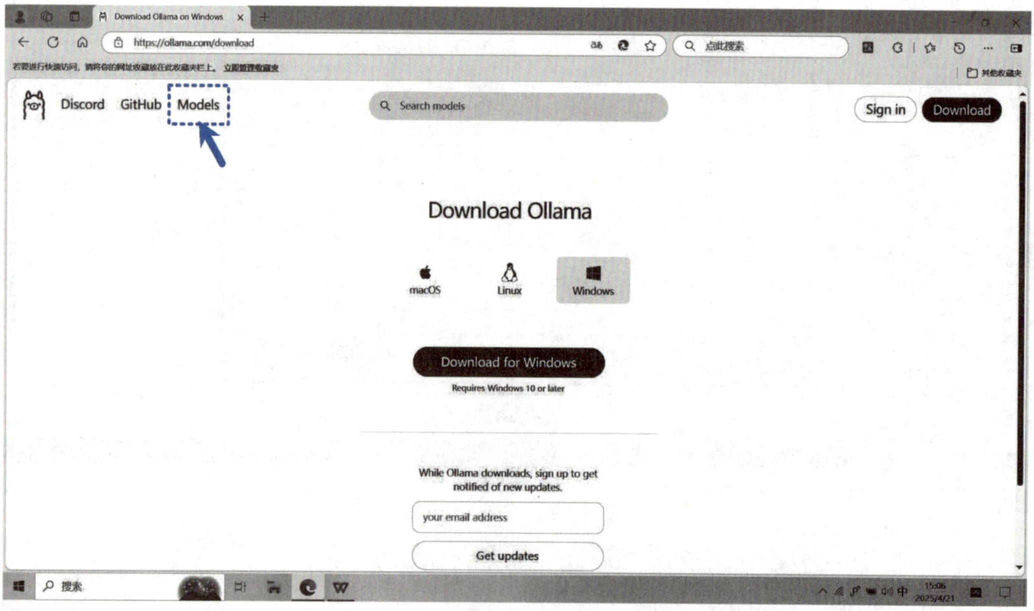

图 1-6　单击“Models”选项

步骤 2：挑选自己需要安装的开源大模型，单击后进入大模型，如图 1－7 所示。

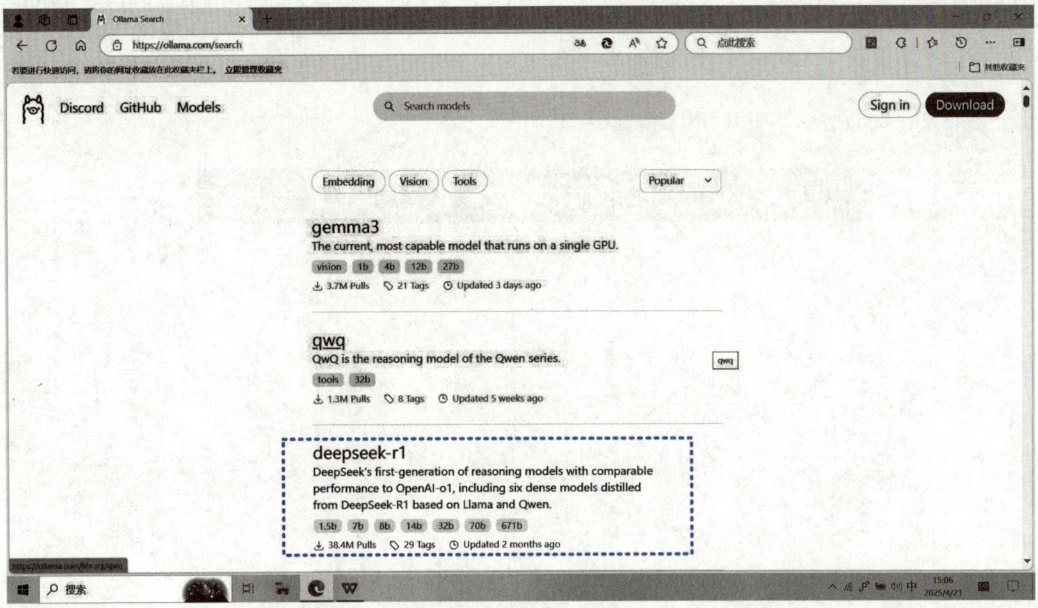

图 1－7　大模型列表

步骤 3：在此页面中，我们可以看到 Ollama 支持的 deepseek-r1 的详细信息。8B 的模型大小是 4.9GB，因此至少需要 8GB 显存才能正常使用。我们可以根据自己的硬件设备选择合适的大模型。这里我们选择 1.5B 的模型，如图 1－8 所示。

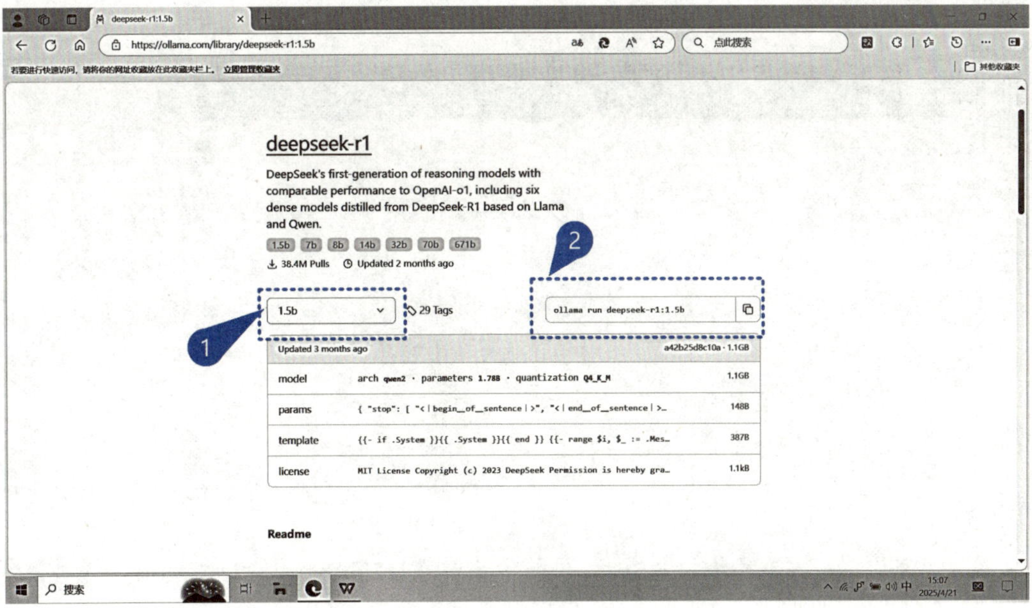

图 1－8　选择模型

步骤 4：在命令行界面中粘贴命令 ollama run deepseek-r1:1.5b，按下回车键则可以直接启动该模型，如图 1－9 所示。如果之前没有下载，该命令还会帮我们直接下载此模型。

图 1－9　启动模型

步骤 5：进行对话测试，在输入框中输入“你是谁”，如图 1－10 所示。

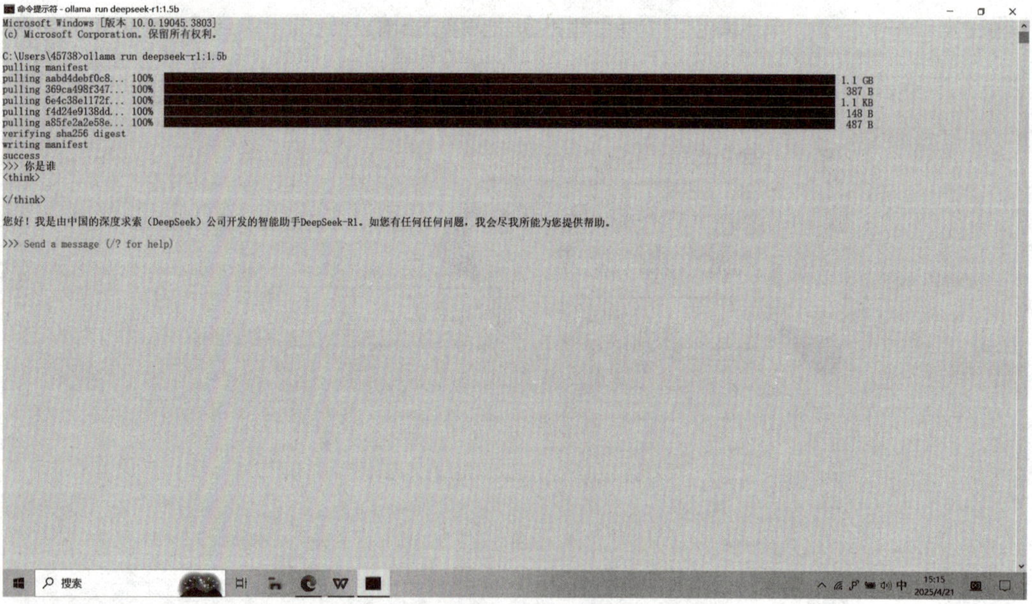

图 1－10　对话测试

步骤 6：可以通过按 Ctrl+D 组合键结束对话。

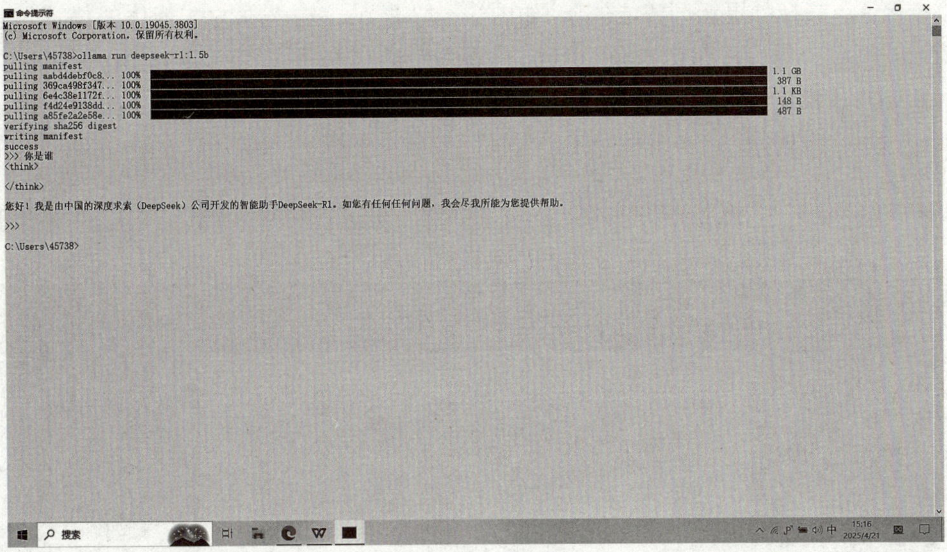

图 1-11　结束对话

子任务 3：搭建基于大模型的智能体

知识微课堂

搭建基于大模型的智能体

我们可以利用讯飞星火的智能体平台实现一句话快速构建智能体。我们只需填入需求，智能体平台就会自动帮我们填写好相关信息，帮助我们零门槛构建智能体。具体操作步骤如下：

步骤 1：在浏览器中搜索“讯飞星火”，找到官网并进入。然后单击“开始对话”按钮，在弹出的对话框里勾选服务协议，选择通过手机验证码进行登录。

步骤 2：登录完成后进入“讯飞星火”主页面，单击“创建智能体”按钮，如图 1-12 所示。

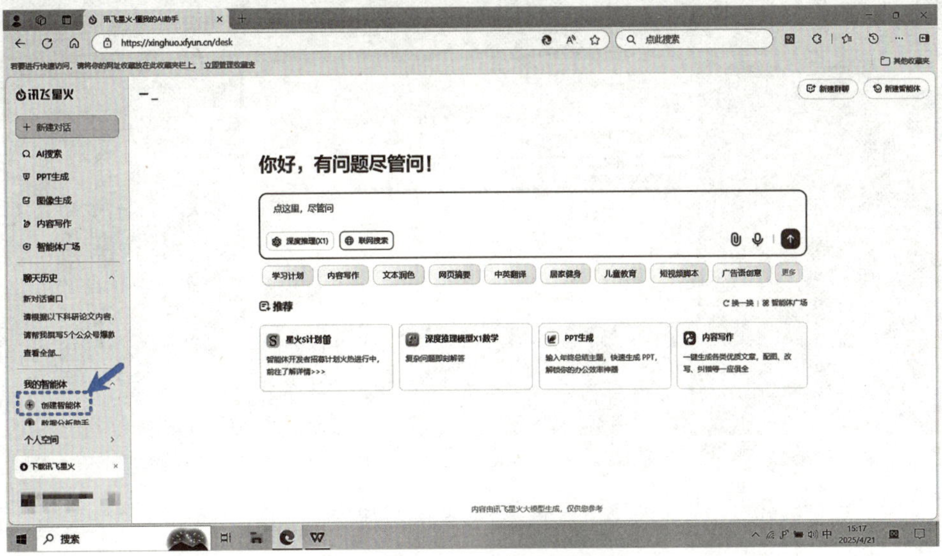

图 1-12　“讯飞星火”主页面

步骤 3：选择“提示词智能体”，如图 1-13 所示。输入你的智能体的描述，包括它的功能特色，可以按照“角色+目标+需求”的模板进行编写。例如：你是一位小红书达人，请根据我给你的题目，生成小红书爆款文案，要求标题吸人眼球，排版美观，如图 1-14 所示。

图 1-13　选择创建模式

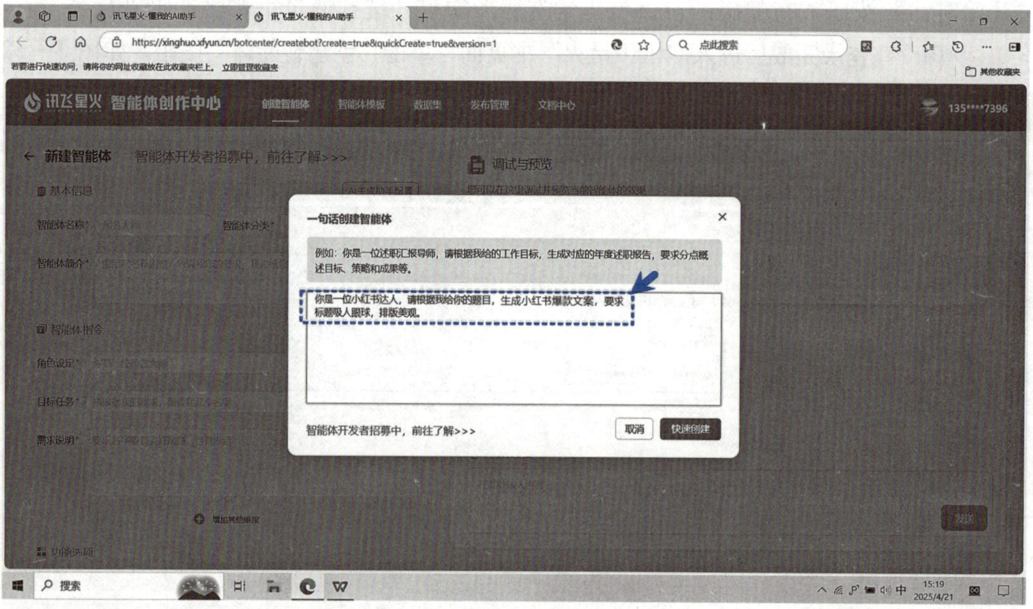

图 1-14　一句话创建智能体

步骤 4：AI 会根据你的描述，自动填写智能体的相关内容，如图 1-15 所示。

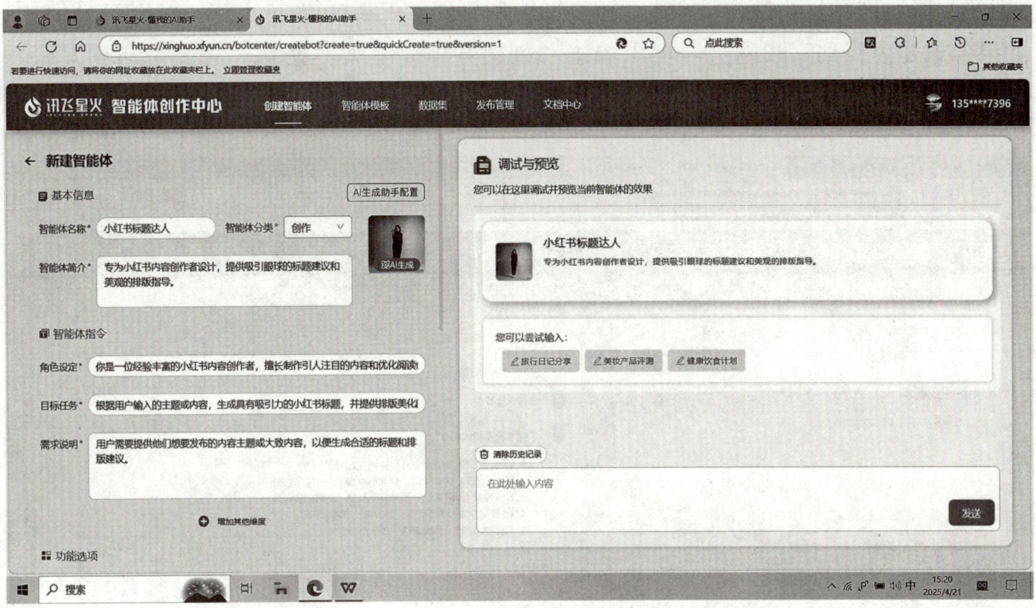

图 1-15 新建智能体

步骤 5：如果你有对应的个人数据集，想要上传，可以选择数据集作为问答的参考。也可以对这个智能体的开场白进行设置，这样每次打开智能体，它都会以你设置的开场白和你打招呼。智能体特性可以根据需要勾选“支持多轮对话”和“支持上传文档”，如图 1-16 所示。

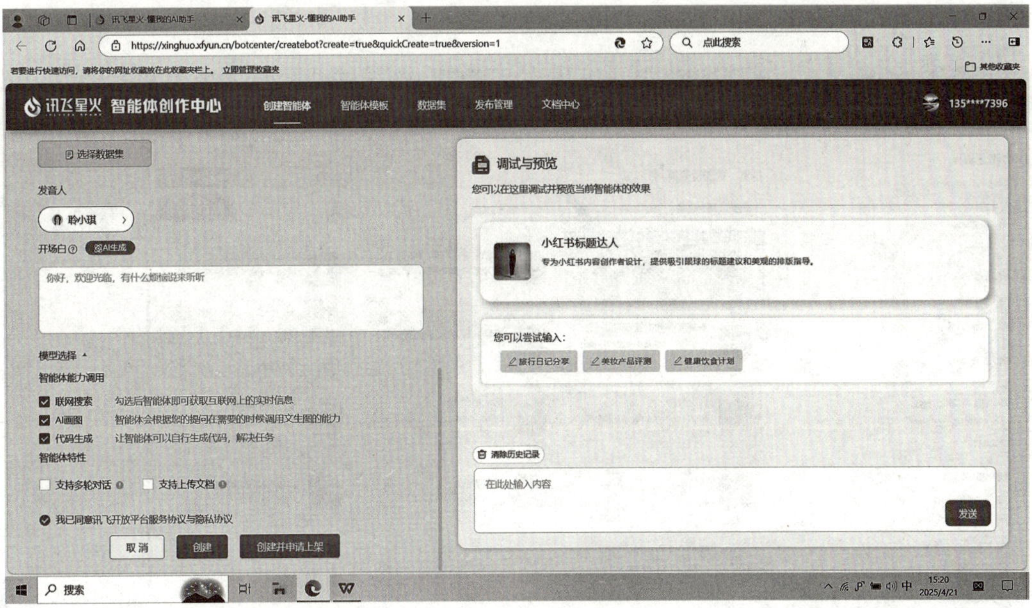

图 1-16 设置智能体

步骤 6：在页面右侧“调试与预览”部分进行测试，如果觉得没有问题，就单击

“创建”按钮进行发布使用，这样发布的智能体不会在互联网上公开，可以自己使用。如果你想要公开到互联网上，可以单击“创建并申请上架”按钮，将其发布到互联网上，让其他用户也可以使用，如图 1－17 所示。

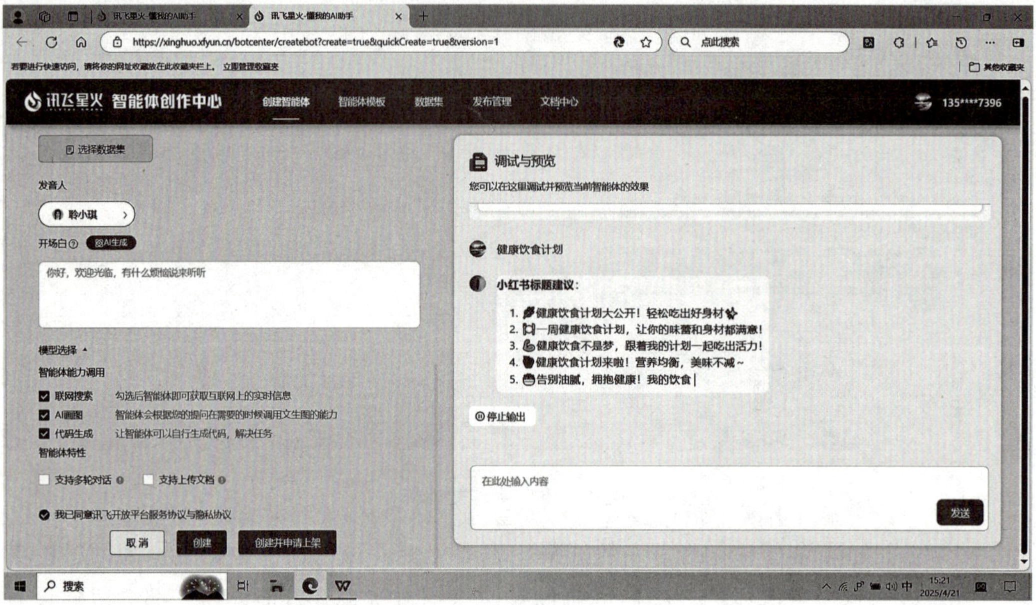

图 1－17 调试与预览

步骤 7： 我们可以在“我的智能体”里找到自己创建的智能体并进行使用，如图 1－18 所示。

图 1－18 使用智能体

任务小结

本任务系统性地构建了大模型技术从理论认知到实践应用的完整知识体系：在理论层面，系统梳理了人工智能、深度学习与大模型之间的层级关系，并解释了大模型幻觉产生的原因；在实践环节中，构建了“环境搭建—模型部署—应用开发”的一体化实施路径。具体而言，利用 Ollama 框架搭建本地化的模型运行环境，并根据硬件配置灵活选择 1.5B 至 8B 参数规模的模型。依托讯飞星火平台建立“需求描述—智能体生成—数据增强”的无代码开发范式，完成垂直场景智能体的快速构建。本任务验证了大模型在编程辅助、内容创作等场景的实用价值，同时揭示了硬件依赖性、响应延迟等技术限制。

任务拓展

在现有技能基础上，可进一步探索 AI 技术在日常场景中的深度应用。例如打造家庭健康管家，通过讯飞星火平台创建能解析体检报告的智能体，上传家人的血常规、血脂等数据后，自动生成个性化饮食方案并搭配用药提醒，结合智能音箱实现语音交互。新媒体创作者可利用本地模型批量生成小红书爆款标题（如“打工人的五分钟精致早餐”），再通过智能体自动匹配热门标签和表情符号。在会议纪要场景中，智能体可自动提取录音转文字内容中的待办事项，并同步至手机日历生成提醒。家居场景可通过树莓派连接本地模型，用自然语言指令控制家电联动（如“观影模式”自动调暗灯光+启动投影仪），既保护隐私又能实现个性化场景定制。此外，跨平台内容智能适配功能可将旅行攻略自动转换为小红书图文、微信长图等多种格式，利用 WPS 等常见办公软件接口实现一次创作多端发布，真正让 AI 技术无缝融入生活各个场景，仅需普通电脑或手机即可享受智能化升级带来的便利。

任务 1.2 可视化界面的安装与实践

知识梳理

1.2.1 可视化界面的定义

可视化界面就像是一个专为大模型设计的“智能助手操作台”。它的存在让复杂的技术能力变得像使用手机 App 一样简单。你不需要了解代码或服务器配置，只需打开一个类似网页或软件窗口的界面，在清晰的输入框中写下问题（例如“帮我写一封求职信”），单击“生成”按钮，几秒钟后就能看到一封结构完整、语气得体的邮件草稿。这种界面通常会将操作步骤拆解成直观的选项，例如你可以通过下拉菜单选择“正式”“幽默”等语言风格，用滑动条控制回答长度，甚至上传简历文件让大模型自动提取信息并填充内容，全程无需任何技术知识。

可视化界面还解决了大模型输出结果的“易读性”问题。当大模型生成一段长文本（如旅行攻略）时，界面会自动将其拆分为日程表格，用颜色区分“景点”“美食”“交通”等模块；如果生成的是代码，则会高亮显示语法关键字，如同专业编程软件的效果。此外，界面通常内置“历史记录”功能，像聊天软件一样保留每一次对话，方便你随时回溯或修改之前的指令（如将“上海三日游”改为“上海五日游”），而无需重复输入全部内容。

更重要的是，可视化界面通过“场景化设计”降低了使用门槛。例如，许多工具会提供预设模板：单击“小红书文案生成”按钮，界面会自动展开标题、关键词、Emoji 表情等输入栏，你只需填空即可获得符合平台风格的文案；选择“数据分析”模式后，可以直接拖拽 Excel 表格，用勾选框选择“生成柱状图”或“计算平均值”，大模型会在后台处理数据，最终以图表和文字解读的形式呈现结果。这种设计让大模型不再是“黑箱”，而是变成了一个能看见、能互动、能即时反馈的实用工具。

1.2.2 API 的定义

API（应用程序编程接口）可以理解为不同软件之间的“协作翻译官”。就像跨国公司的会议需要翻译人员来沟通不同语言一样，API 为不同程序制定了互相理解的规则。例如，当你用手机地图导航时，地图 App 并不存储所有路线数据，而是通过 API 向服务器“提问”（如“从 A 到 B 的最快路线”），服务器则通过 API 返回结果。这种设计让每个软件只需专注自己的核心功能，其他需求靠“外援”完成。

虽然你不直接编写 API，但你每天都在享受它带来的便利。社交平台的“分享到微信”按钮、智能家居 App 控制灯光，甚至电商的“支付宝支付”功能，背后都是 API 在传递指令。它像一条隐形的数据高速公路，让不同公司的产品能安全实现共享功能——你无需知道银行系统的内部代码，也能在购物 App 中完成支付，这正是 API 的功劳。

API 调用适用于深度整合与自动化场景。假设你经营网店，每天需要自动生成 500 条商品描述，或批量分析用户评论的情感倾向，手动复制粘贴到网站显然效率低下。此时通过 API，可以编写脚本或使用无代码工具（如 Zapier）直接将数据发送到大模型，返回结构化结果（如 Excel 表格），全程无需人工干预。此外，API 允许定制输出格式（如固定 JSON 字段、过滤敏感词），甚至结合其他工具链（如先调用语音转文字 API，再将文本喂给大模型），实现复杂的工作流。对于涉及隐私的数据（如企业内部文档分析），通过私有化部署的 API 能确保数据不经过第三方服务器，安全性更高。

任务实施

1. 任务说明

本任务将通过 Chatbox 可视化工具实现大模型服务的多端融合应用，构建“本地＋云端”混合智能交互系统。用户可快速安装跨平台客户端，无缝连接本地 Ollama 模型（如部署在家庭电脑的 1.5B 轻量模型）与云端 DeepSeek 专业模型（推理/编程/对话三模分立），支持 PC、手机等多设备通过局域网/IP 直连实现跨终端访问。本任务创新性地采用环境变量配置技术（OLLAMA_HOST＝0.0.0.0），打破本地服务边界，使书房工作站运行的模型能被客厅平板调用，同时通过 API 密钥集成云端大模型能力，在保障数据安全（密钥单次显示机制）的前提下，满足日常对话、代码编写、数学解题等多元化需求，形成从个人设备到云计算资源的智能服务矩阵。

2. 任务操作

子任务 1：安装可视化界面 Chatbox

步骤 1：在浏览器中输入“Chatbox”，进入官网，单击“免费下载”（for Windows），如图 1－19 所示。

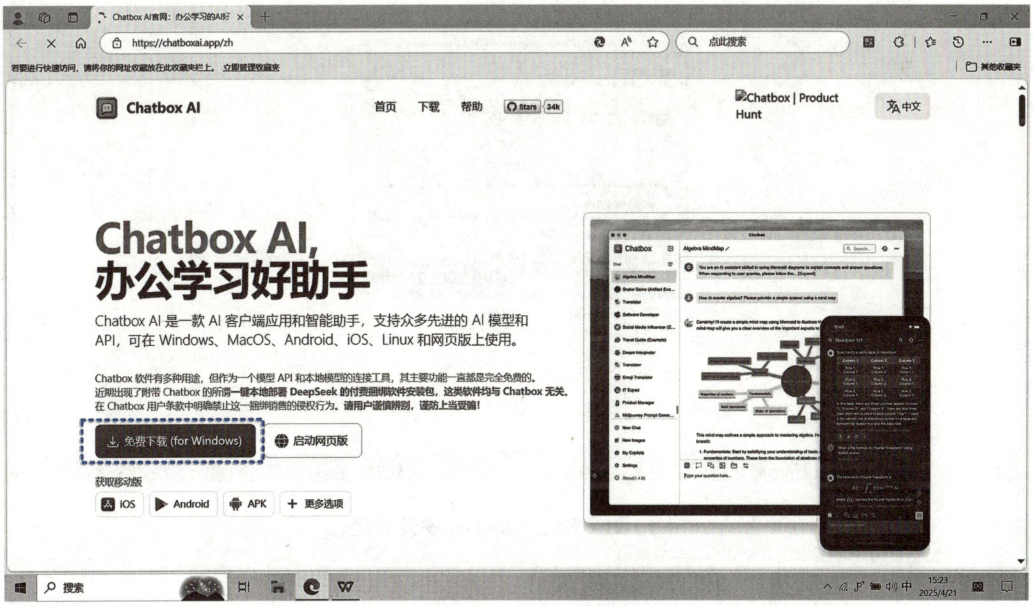

图 1－19 Chatbox 主页面

步骤 2：双击打开文件，单击“下一步”按钮，进行安装，如图 1-20 所示。

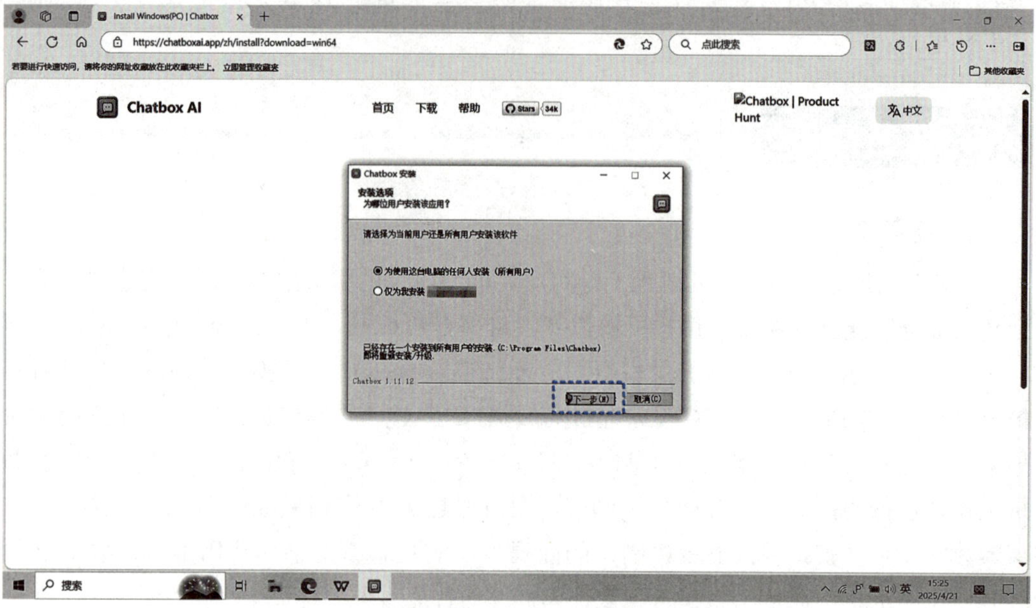

图 1-20　安装 Chatbox

步骤 3：确认好安装路径后，单击“安装”按钮，如图 1-21 所示。

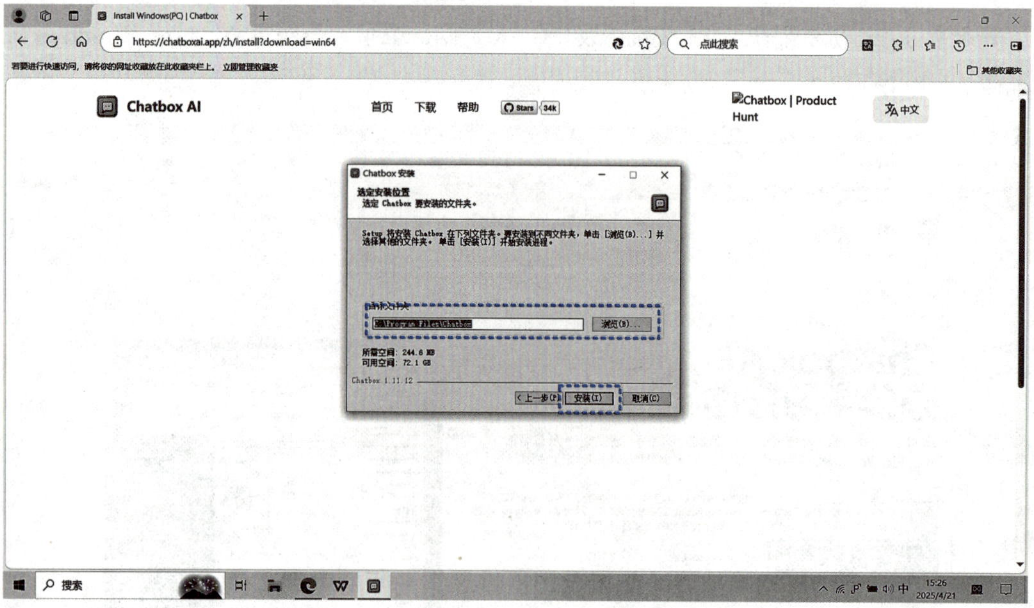

图 1-21　确认 Chatbox 安装路径

步骤 4：安装成功，如图 1-22 所示。

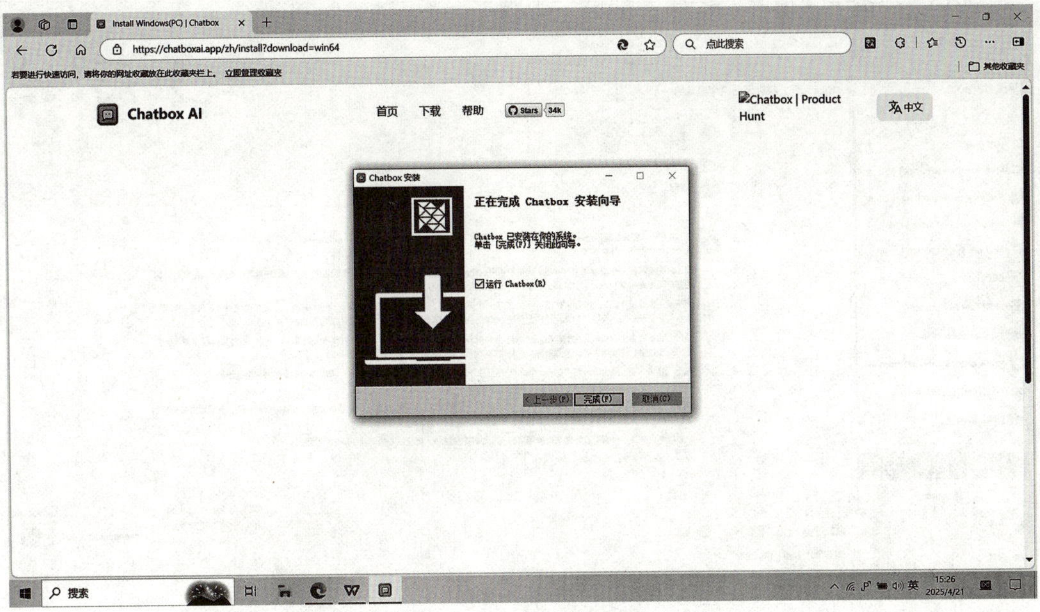

图 1－22 Chatbox 安装成功

子任务 2：在 Chatbox 中连接本地 Ollama 服务

知识微课堂

在 Chatbox 中连接本地 Ollama 服务

步骤 1：在 Chatbox 中打开设置，在模型提供方中选择 Ollama，即可在模型下拉框中看见你运行的本地模型，如图 1－23 所示。

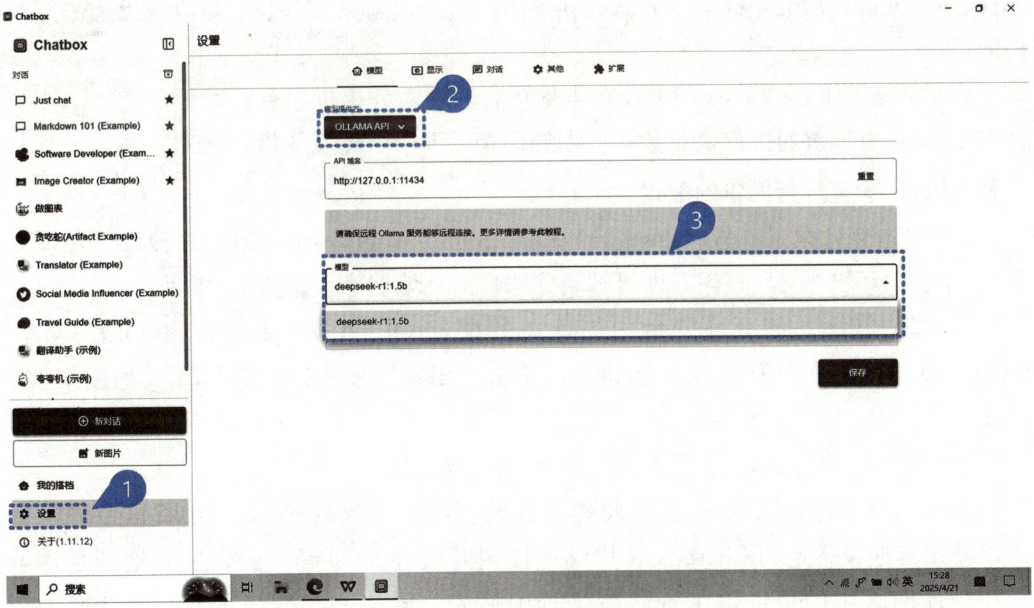

图 1－23 在 Chatbox 中连接本地模型

步骤 2：单击“保存”按钮，即可正常聊天，如图 1-24 所示。

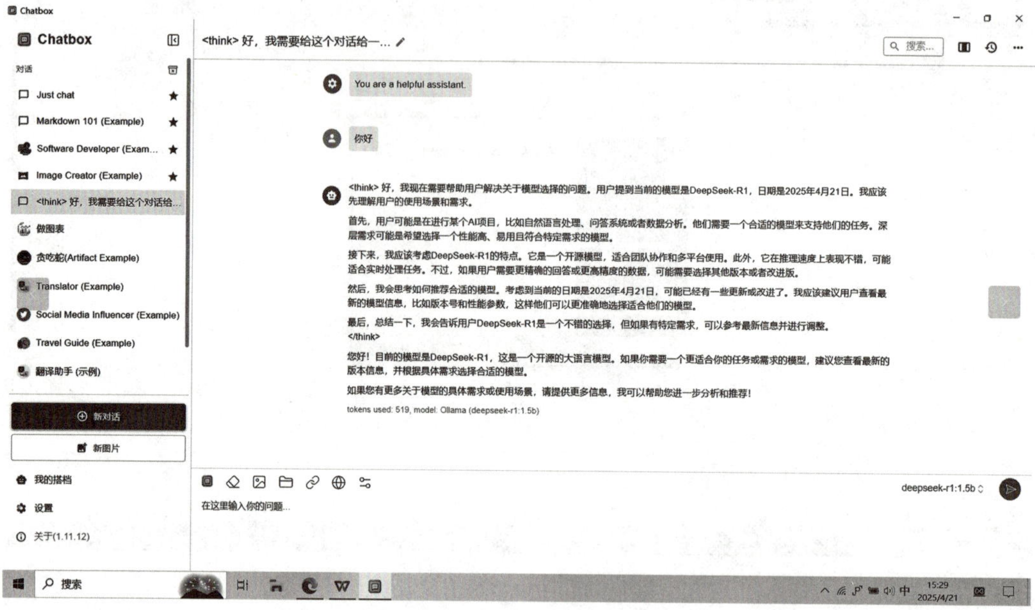

图 1-24　使用 Chatbox 本地模型进行对话

子任务 3：在 Chatbox 中连接远程 Ollama 服务

除了可以轻松连接本地 Ollama 服务，Chatbox 也支持连接到运行在其他机器上的远程 Ollama 服务。例如，你可以在家中的电脑上运行 Ollama 服务，并在手机或电脑上使用 Chatbox 客户端连接到这个服务。你需要确保远程 Ollama 服务正确配置并暴露在当前网络中，以便 Chatbox 可以访问。

> 知识微课堂
> 在 Chatbox 中连接远程 Ollama 服务

在默认情况下，Ollama 服务仅在本地运行，不对外提供服务。若要让 Ollama 服务能够对外提供服务，你需要设置以下两个环境变量，并对远程 Ollama 服务进行简单的配置。

步骤 1：打开设置（Windows 11）或控制面板（Windows 10），并搜索“环境变量”。单击“环境变量”按钮，即可编辑你账户的环境变量，如图 1-25 所示。

步骤 2：在账户的环境变量中创建新的变量 OLLAMA_HOST 和 OLLAMA_ORIGINS，其值分别为 0.0.0.0 和 *，单击“确定”按钮以保存设置，如图 1-26 所示。

步骤 3：从 Windows 开始菜单启动 Ollama 应用程序。

步骤 4：配置后，Ollama 服务将能在当前网络（如家庭 Wi-Fi）中提供服务。你可以使用其他设备上的 Chatbox 客户端连接到此服务。Ollama 服务的 IP 地址是你电脑在当前网络中的地址，在 cmd 命令行中输入“ipconfig”进行查看。通常形式是 192.168.XX.XX，如图 1-27 所示。

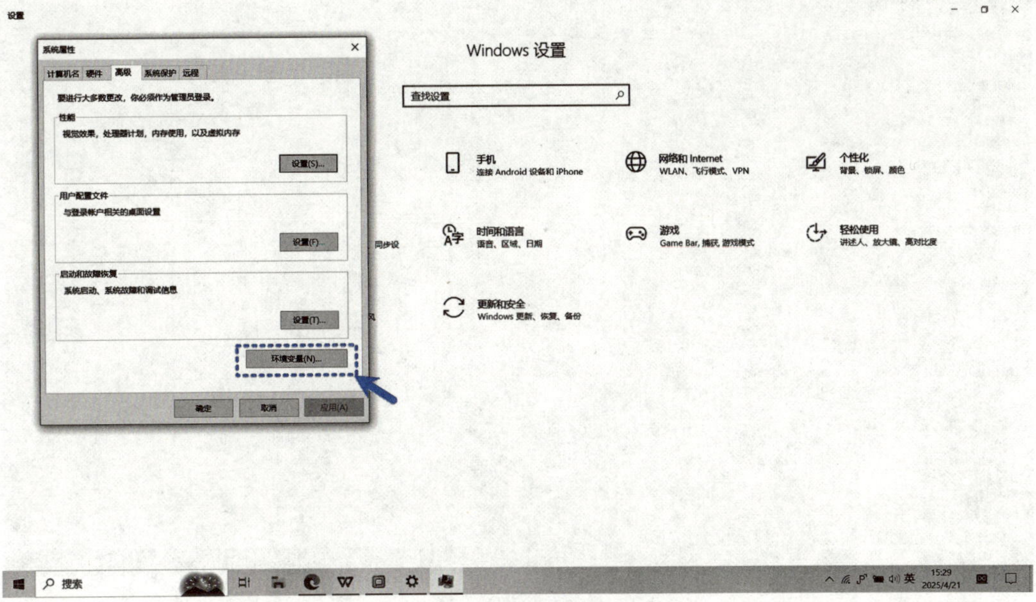

图 1－25　编辑环境变量

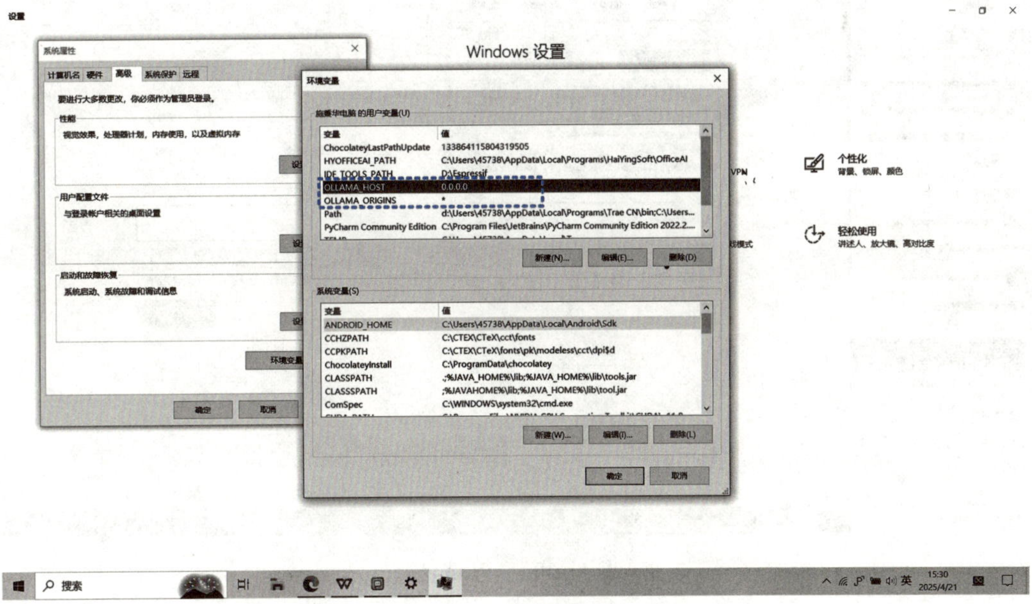

图 1－26　添加环境变量

步骤 5：在 Chatbox 中，将 API 域名设置为：http://192.168.XX.XX:11434。如果你是通过有线网络实现共享，选择以太网适配器下的网址；如果你是通过无线网络实现共享，选择无线局域网适配器的网址，如图 1－28 所示。

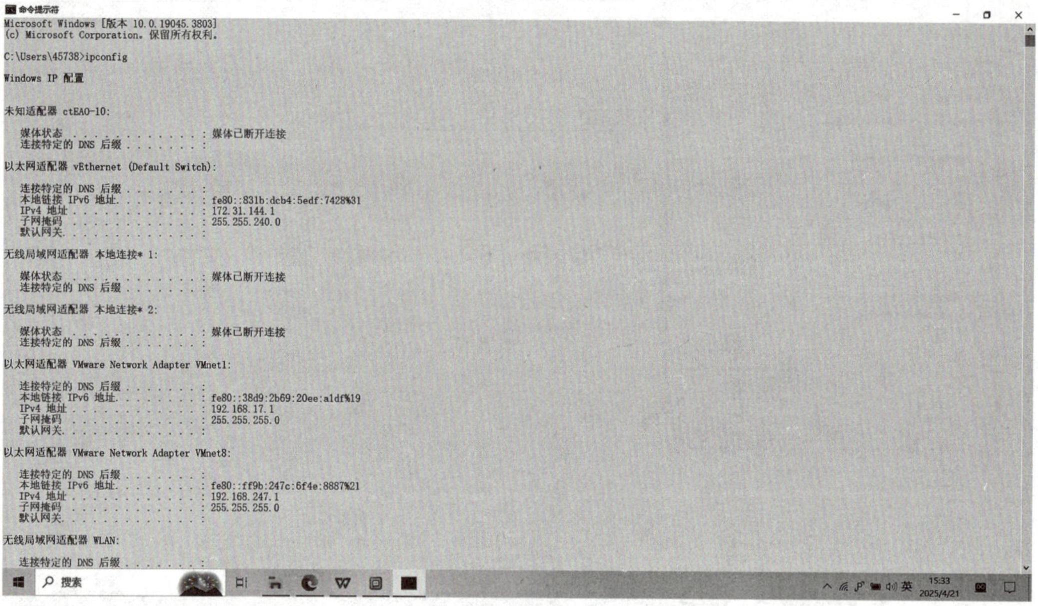

图 1-27　查询本地 IP

图 1-28　API 域名

子任务 4：Chatbox 通过 API 连接云端大模型

知识微课堂

Chatbox 通过 API 连接云端大模型

Chatbox 通过 API 连接云端大模型，类似于手机通过信号基站联网获取服务，你无需在手机里安装所有功能，而是通过“信号通道”（API）将问题发送到远程服务器（云端大模型），再由服务器运算后返回结果。例如，当你用 Chatbox 输入“推荐一部科幻电影”时，它通过 API 将问题传给云端大模型（如 DeepSeek），大模型分析后生成回答，再通过 API 传回 Chatbox 界面进行显示。这种方式让 Chatbox 无需本地部署昂贵的硬件，却能实时调用最先进的大模型，同时保障数据交互的安全性和响应速度。

步骤 1：配置 DeepSeek 的 API，打开官网，单击右上方的“API 开放平台”，如图 1－29 所示。

图 1－29　DeepSeek 页面

步骤 2：API 是收费的，因此在使用前，需要确保自己账户上是有金额的，如图 1－30 所示。

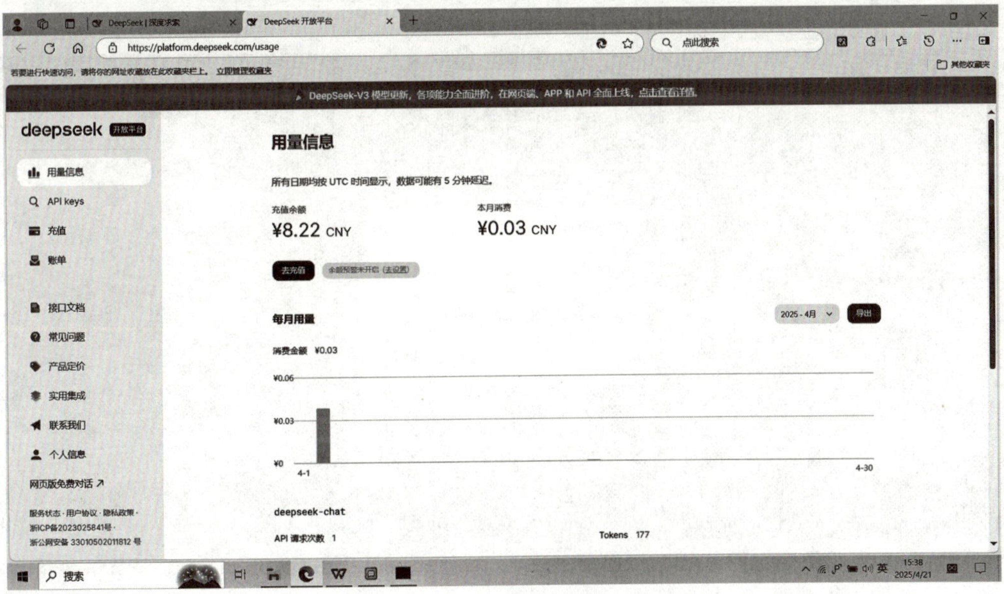

图 1－30　DeepSeek 开放平台

步骤 3：选择左边“API keys”，单击“创建 API key”，输入名称，然后单击“创建”按钮，如图 1－31 所示。

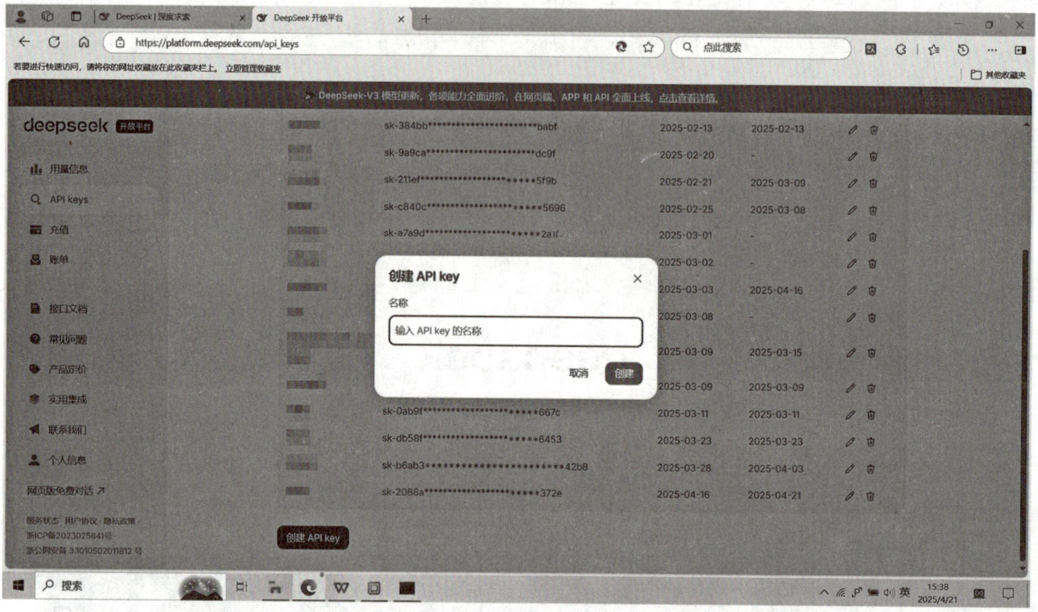

图 1－31　API Keys

步骤 4：单击“复制”按钮，如图 1－32 所示。DeepSeek 为了确保用户密钥的安全，密钥只会在创建时显示一次，后面就不会再显示了。如果大家忘记了自己的密钥，重新再建立一个即可。

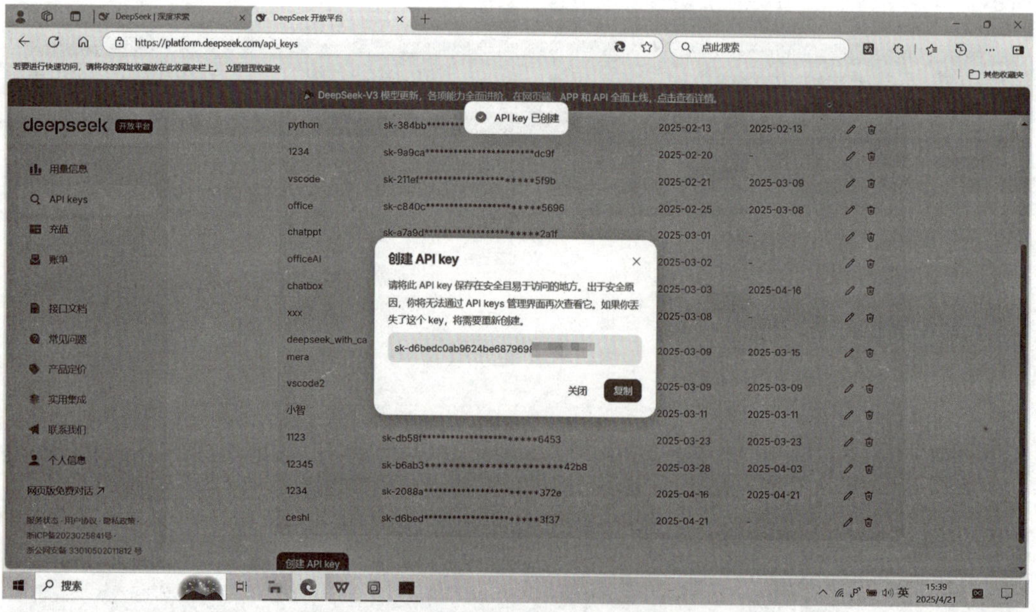

图 1－32　创建 API Key

步骤 5：打开 Chatbox，单击“设置”，在模型提供方选择“DEEPSEEK API”，在 API 密钥处粘贴步骤 4 的密钥，单击“保存”按钮，如图 1-33 所示。

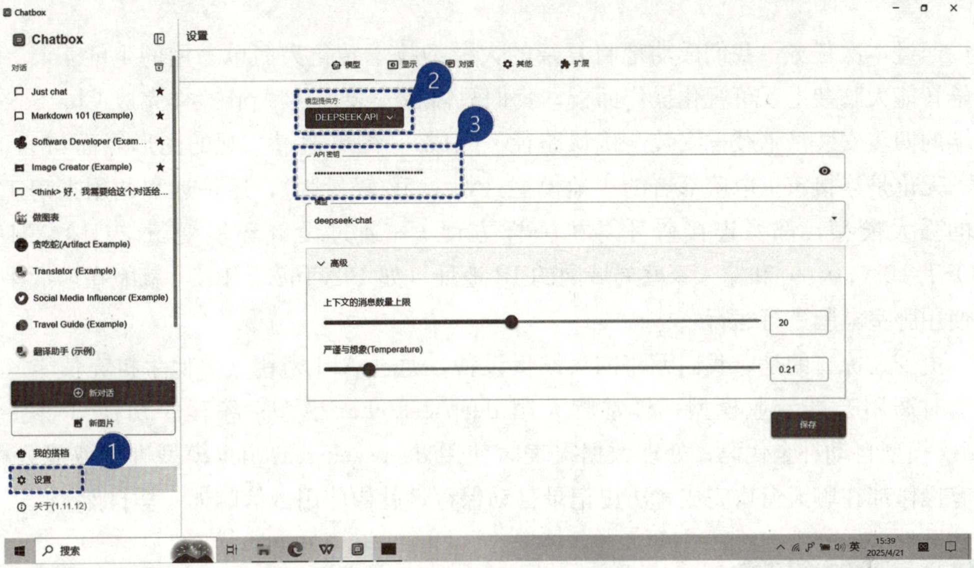

图 1-33　Chatbox 的 API 密钥

步骤 6：选择 DeepSeek 对应的聊天模型，进行聊天。deepseek-chat 是通用对话模型，擅长多轮闲聊、知识问答、情感陪伴，类似 ChatGPT 的定位，适用于客服、日常助手等场景。deepseek-reasoner 是逻辑推理专用模型，强化数学解题、因果推断、多步骤分析能力，例如解决“鸡兔同笼”问题或复杂数据分析任务。deepseek-coder 是代码生成与理解模型，支持 Python/Java 等语言，可编写代码、修改 Bug、解释程序逻辑，定位类似 GitHub Copilot，如图 1-34 所示。

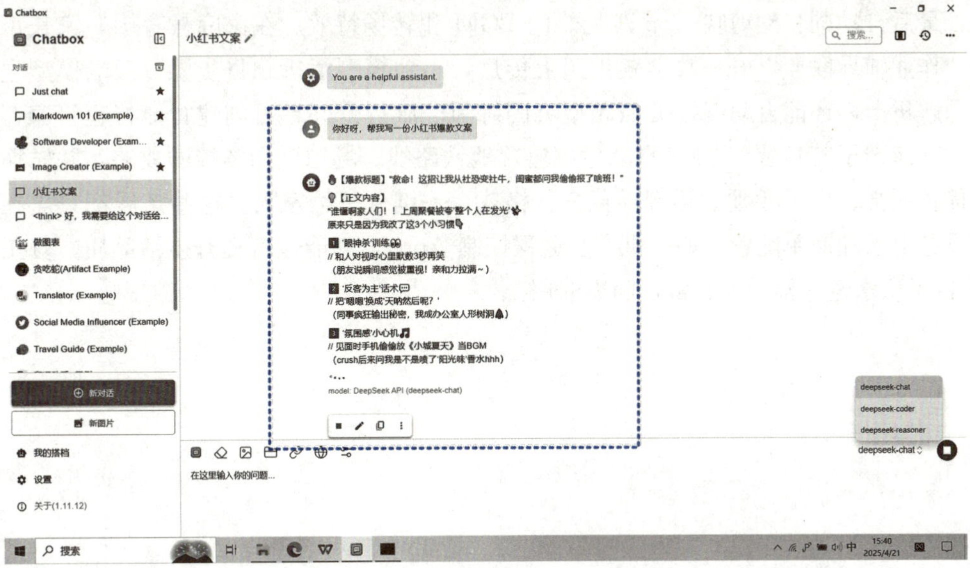

图 1-34　Chatbox 中 DeepSeek 的模型选择

任务小结

通过本次任务，我们成功地将复杂的大模型技术转化为简单易用的生活工具。就像给智能大脑装上了可视化操作面板，我们只需像安装手机 App 一样完成 Chatbox 客户端的四步安装（下载—安装—确认路径—完成），即可通过直观的图形界面与 AI 交流。无论是连接家里电脑部署的本地模型（如 1.5B 轻量版），还是远程调用书房工作站的强大模型，都像连接蓝牙耳机一样方便——通过设置环境变量（OLLAMA_HOST=0.0.0.0）和输入家庭局域网的 IP 地址（如 192.168.1.10），就能在客厅平板上使用卧室电脑进行运行。

更令人惊喜的是，我们无需购买昂贵设备，通过 API 密钥（类似手机充值卡）就能随时调用云端专业模型：日常聊天用 deepseek-chat 模型；编程时切换 deepseek-coder 模型自动补全代码；处理数据报表时使用 deepseek-reasoner 模型进行智能分析。所有操作都在聊天窗口完成，历史记录自动保存，就像使用微信聊天一样自然。

任务拓展

在掌握基础功能后，我们可以尝试这些贴近生活的智能升级：在家居场景中，通过智能音箱连接本地模型，用自然语音控制家电组合——例如说出“睡眠模式”将自动关闭灯光、播放白噪音并调节空调温度，所有操作无需手动设置。在健康管理方面，可将年度体检报告上传至本地模型，生成可视化健康趋势图（如血糖变化曲线），再通过云端模型对比医学数据库给出饮食建议。新媒体创作者可建立“爆款生产线”：先用本地模型快速生成 20 条小红书文案草稿，再调用云端模型筛选出点赞预测最高的 3 条，最后自动同步到剪映 App 匹配热门 BGM 和转场特效。在家庭教育中，家长可搭建“作业辅导联盟”——数学题拍照上传后，本地模型解析题目步骤，云端模型生成错题解析卡，还能自动编排类似题型巩固练习。旅行爱好者可创建智能行程管家：输入“上海亲子三日游”，模型自动生成包含地铁路线、场馆预约链接的攻略，并转换为微信长图文、PDF 手册、语音导览三种格式，一键分享给家人。这些拓展都只需在现有设备上添加简单配置（如手机安装远程控制 App），却能显著提升生活品质，真正让 AI 技术像水电一样融入日常，随需取用。

任务 1.3 提示词设计与实践

知识梳理

1.3.1 提示词的定义

大模型提示词就像你给一位超级聪明的“数字助手”下达的任务指令书。它告诉大模型你需要什么、如何做，以及做成什么样。例如你想让 AI 写一首诗，提示词可能是：“写一首关于夏天的五言绝句，包含‘蝉鸣’和‘荷花’两个意象，语言清新自然。”这里的每一个要求（格式、元素、风格）都是提示词的关键部分，决定了 AI 的输出方向。

提示词工作原理的本质，是通过“教学循环”让 AI 更懂你的需求。整个过程像教一个天赋过人但缺乏经验的读者完成特定任务，分步骤展开：

1. 下达清晰指令

你作为老师，首先要明确任务要求。例如，你希望学生（目标 LLM）写一篇关于“环保”的作文，但直接说“写环保作文”可能只能得到笼统的结果。于是你细化指令：“写一篇 500 字记叙文，主角是中学生，通过回收塑料瓶的经历体现环保，语言生动，结尾有倡议。”这相当于给 AI 划定创作框架。

2. 学生初尝试

学生（目标 LLM）根据你的指令生成初稿：“小明周末在公园捡瓶子，后来在学校发起回收活动。大家觉得环保很重要。”这段文字虽然符合基本要求，但缺乏细节和感染力。

3. 批改与找差距

此时，另一位专业评分老师（评估 LLM）出场。他对照评分标准（如“故事有起伏”“包含具体行动描写”），发现初稿缺少对“回收过程困难”的描述，也没有“倡议”部分，因此打分 70 分，并标注改进点：“增加捡瓶子时的心理描写；补充倡议口号。”

4. 优化指导方法

教学督导（优化 LLM）根据评分反馈，调整你的原始指令：“在回收塑料瓶的情节中，加入小明遇到同学嘲笑的情节，并描写他如何坚持。结尾用‘保护地球，从每个瓶子开始’作为倡议。”这相当于把笼统要求转化为具体创作线索。

5. 学生再次尝试

学生（目标 LLM）根据新指令写出第二稿：“小明在烈日下捡瓶子，被同学笑‘穷酸’，但他解释塑料污染对海洋生物的危害，最终带动班级成立环保小组。结尾呼吁：‘减少一个瓶子，海洋多一份清澈！’”这次内容充实、结构完整，评分提升至 90 分。

AI 像学生一样，首次理解人类意图时可能存在偏差。“指令→生成→评估→优化”的循环，相当于让 AI 在“老师”和“督导”的联合指导下，逐步修正输出，直到满足我们的真实需求。这提醒我们：不要止步于第一次结果。当 AI 回答不理想时，试着在提示词中添加更具体的限制（如“举 3 个例子”“用比喻手法”），就像给学生更明确的写作提纲，往往能获得质的提升。

1.3.2 提示词策略差异

理解不同大模型的“性格”，就像知道什么时候该给导航仪输入详细地址，什么时候只说“找最近加油站”就行。推理大模型是“直觉型学霸”，通用大模型是“需要引导的新手”，用错方法会事倍功半。

推理大模型（如 deepseek-reasoner）像经验丰富的数学老师，你只需要说“解这个方程”，它自己就会拆成“移项→化简→验证”步骤，如果强行指挥“先写解字，再把 x 移到左边”，反而干扰它的节奏。例如问“为什么夏天更热?”，直接问比拆成“第一步分析地球公转，第二步比较太阳高度角”更高效，因为它已内建逻辑推演能力。

通用大模型（如 ChatGPT）像知识渊博但容易跑题的读者，提问“怎么减少塑料污染?”可能只能得到笼统回答（如“少用塑料袋”）。必须用提示词框定思考路径：“分三步回答：(1) 个人行动（举 3 个例子）；(2) 企业责任；(3) 政策建议。每步用‘→’符号连接要点。”相当于给它一张思维导图，避免它天马行空。

典型场景的对比见表 1-1：

表 1-1　通用大模型和推理大模型的典型场景

任务	推理大模型提示词	通用大模型提示词
解数学题	用三种方法解方程 $x^2+2x-3=0$	先整理方程，再尝试因式分解，若不行改用求根公式，最后验证结果
分析小说主题	指出《活着》的核心悲剧	从人物命运、时代背景、象征意象三方面分析《活着》的悲剧性，每点不超过两句话

1.3.3 通用大模型的优化提示词技巧

1. 精准指令：像编程一样设计提问

大模型如同高度智能但缺乏常识的助手，指令的清晰度直接决定输出质量。例如，若想让模型分析市场趋势，模糊提问“说说经济”可能导致泛泛而谈，而应明确需求：“基于 2023 年新能源汽车销售数据，用三个图表标题概括增长趋势，每个标题不超过 15 字，风格偏向行业报告。”关键技巧包括：

（1）角色扮演：通过指令“你是一名资深数据分析师”限定模型视角，提升专业性。

（2）结构拆分：将复杂任务拆解为“提取数据→总结规律→生成标题”的步骤清单，避免遗漏关键环节。

（3）格式约束：指定“用 Markdown 表格呈现”或“每点以 Emoji 开头”，确保结果可直接复用。

2. 参考资料：给模型一本“参考答案”

大模型可能“自由发挥”，引入权威文档可显著提升可信度。例如法律咨询场景，直接提问“劳动合同解除条件”可能只能得到笼统回答，但上传《中华人民共和国劳动法》PDF 后再发出指令：“参考附件第三章内容，列举员工主动解除合同的三种合法情形，标注对应条款编号”，模型会精准定位法条并进行结构化输出。

3. 分而治之：复杂任务的“流水线” 处理

面对多层级任务，拆解为子任务并分步执行是高效策略。例如撰写一篇行业白皮书：

（1）意图分类：先判断用户需求类型（“用户需要的是竞品分析还是技术展望？”）。

（2）模块化生成：拆分为“市场概况→技术对比→趋势预测”三部分，分别生成后组合。

（3）递归优化：对每部分进行“生成→摘要→再精炼”的循环，确保逻辑连贯。这种方法尤其适合长文本生成，如同“先画骨架再填血肉”，避免模型一次性输出时的信息冗余或偏离主题。

4. 思考缓冲：让模型“三思而后答”

大模型可能急于给出表面答案，引导模型深度推理需设计缓冲机制：

（1）分步暴露：要求模型先输出推理过程（如“先列出所有变量，再推导公式”），再生成最终答案。在教学场景中，可隐藏中间步骤仅展示结果，促使学生自行思考。

（2）事后质检：在答案后追加指令“检查是否遗漏附件中的安全标准第 5.2 条”，触发二次验证。例如生成代码时，追加“逐行解释功能并排查潜在 Bug”，提升可靠性。

1.3.4 通用大模型的通用框架提示词

通用框架提示词如同与 AI 对话的“标准操作手册”，通过预设模块引导用户进行系统化表达需求。它们将模糊的指令转化为机器易理解的逻辑链，尤其适合需要精确输出的场景。例如，普通提问“写广告文案”可能只能得到泛泛而谈的结果，但使用框架后，AI能像经验丰富的广告策划一样，精准生成符合品牌调性的内容。

（1）ICIO框架，见表1-2。

表1-2　ICIO框架

组成	含义	示例
Instruction	你希望AI执行的具体任务	请生成一段关于“人工智能在教育领域的应用”的简短介绍。
Context	给AI更多的背景信息引导模型做出更贴合需求的回复	人工智能（AI）正在改变教育行业，从个性化学习到自动化评估，AI技术正在帮助教师和学生更高效地完成教学和学习任务。AI可以根据学生的学习数据提供个性化的学习建议，同时自动化评估系统可以减轻教师的工作负担。
Input Data	告知模型需要处理的数据	人工智能在教育中的应用场景：个性化学习、自动化评估、智能辅导。 AI技术的优势：提高学习效率、减轻教师工作负担、提供精准的学习建议。
Output Indicator	告知模型我们要输出的类型或风格	输出一段简洁明了的文字，突出人工智能在教育领域的应用场景及其优势，语言风格应通俗易懂，适合学生阅读。

（2）COAST框架，见表1-3。

表1-3　COAST框架

组成	含义	示例
Context	你希望AI执行的具体任务	人工智能（AI）正在金融领域快速发展，广泛应用于风险管理、智能投顾、欺诈检测等场景。金融机构希望通过AI技术提升效率、降低成本并改善客户体验。
Objective	给AI更多的背景信息引导模型做出更贴合需求的回复	生成一段关于“人工智能在金融领域的应用”的简短介绍，帮助学生快速了解AI在金融中的主要应用场景及其价值。
Action	告知模型需要处理的数据	列举人工智能在金融领域的具体应用场景，并简要说明其优势。
Scenario	描述需要解决问题的场景	假设你是一位金融科技专家，正在向大学生介绍人工智能在金融领域的应用，内容需要简洁易懂且具有吸引力。
Task	描述具体的任务	撰写一段文字，突出AI在金融领域的实际应用场景（如风险管理、智能投顾、欺诈检测）及其优势，语言风格应通俗易懂，适合大学生阅读。

1.3.5 推理大模型的提示词技巧

推理大模型在逻辑推理、问题解决等方面具有更强的能力，通过学习其提示词技巧，能够更精准地引导模型发挥出这些优势，从而获得更高质量、更符合预期的输出结果。例如，在数学证明任务中，使用简洁明确的提示词，推理大模型能够直接给出严谨的证明过程，而无需过多的引导。

通用大模型的训练目标是广泛的语言理解和生成，其提示词需要通过显式引导来弥补在复杂逻辑推理方面的不足，例如采用思维链提示等。而推理大模型专注于逻辑推理和问题解决，已经内化了推理逻辑，过多的引导反而可能限制其自主优化空间。

如果直接使用通用大模型的提示词，可能会导致推理大模型在处理任务时出现理解偏差或推理路径不清晰的情况，从而影响结果的准确性和生成效率。例如，在逻辑分析任务中，通用大模型的提示词可能会要求分步思考，而推理大模型能够直接进行整体分析，使用通用提示词反而会干扰其正常的推理流程。推理大模型的相关提示词技巧表示如下：

1. 真诚

在与推理大模型交流时，保持“真诚”至关重要。这意味着清晰、直接地表达你的需求，让模型明白你要解决的问题、目标用户群体、期望达成的效果以及潜在的担忧。真诚的沟通有助于模型更准确地理解你的意图，从而提供更贴合实际需求的解决方案。例如，如果你正在为一款教育软件寻求改进方案，真诚地向模型描述软件目前在用户体验和功能上的具体问题，以及你希望提升的方面和可能遇到的困难，模型就能基于这些信息给出更具针对性和可操作性的建议。

2. 通用公式

运用“通用公式”构建提示词是一种高效的方式。你可以按照“我要（做）什么，要给谁用，希望达到什么效果，但担心什么问题”的格式来组织语言。这种公式化的方法确保了提示内容的完整性和逻辑性，使模型能够快速抓住任务的核心要点。例如，如果你要开发一款健康饮食推荐应用，按照公式表达为：“我要开发一款健康饮食推荐应用，主要给注重健康管理的用户使用，希望达到根据用户身体数据和饮食偏好精准推荐食谱的效果，但担心数据准确性不足和用户口味适应性不佳的问题。”推理大模型基于这样的提示，就能为你提供全面且符合预期的思路和方案。

3. 说人话

“说人话”是让模型更好地理解你的意图的关键技巧。用通俗易懂、贴近日常交流的语言描述任务，避免使用过于专业、晦涩难懂的术语。这样可以降低沟通成本，使模型更准确地把握你的需求。例如，在要求模型分析一份市场调研报告时，与其使用复杂的商业分析术语，不如直接说：“我有一份关于新产品的市场调研报告，想了解消费者对它的接受程度和主要的反馈意见，还有目前市场上竞争对手的情况，你能帮我分析一下吗?”这种表达方式更自然，能让模型更顺利地进入任务情境并给出符合预期的回答。

4. 反向 PUA

“反向 PUA”是一种独特的提示词技巧，通过反向引导让模型更精准地理解任务重点。例如，当你需要模型提供简洁直接的答案而不是冗长的分析时，你可以先说明：“我不需要那些复杂的推理过程和过多的背景信息，只需要你直接告诉我核心结论和关键步骤。”这种反向的引导方式能够有效避免模型按照常规模式给出不符合需求的回答，促使它按照你的期望调整输出内容，从而提高交流的效率和准确性。

5. 善于模仿

“善于模仿”能拓展模型的应用场景，如果你希望模型模仿某种特定的写作风格、表达方式或逻辑思路，只需在提示中明确指出。例如，在撰写一篇科技产品评测文章时，你可以要求模型模仿知名科技博主的风格，包括其常用的词汇、句式结构和评论角度等。这样的提示能让模型生成的内容更符合特定的风格要求，满足多样化的需求，无论是模仿专业学术论文的严谨风格，还是轻松幽默的网络流行语风格，都能使输出结果更具针对性和吸引力。

6. 善于锐评

“善于锐评”可挖掘模型的批判性思维能力。当你需要对某个观点、方案或作品进行深入的批判性分析时，明确要求模型从不同角度指出其优点和缺点，并提供改进建议。例如，在评估一份商业计划书时，你可以提示：“我要对这份商业计划书进行锐评，既要指出其中的亮点和优势，也要详细分析存在的问题和风险，并提出切实可行的改进措施。”推理大模型基于这样的提示，能够进行深入且全面的分析，帮助你更客观地认识和优化目标对象。

7. 激发深度思考

“激发深度思考”是提升推理大模型回答质量的重要技巧。在面对复杂问题时，仅仅要求模型给出答案往往无法满足对深度和洞察力的需求。此时，可以通过在提示词中加入引导性语句来激发模型的深度思考能力。例如，可以在提示词结尾加入：“在你的回答中，同时加入你的批判性思考。”这种提示会促使模型不仅仅停留在表面的回答，而是从多个角度审视问题，分析其潜在的矛盾、假设和可能的局限性。此外，还可以使用更具挑战性的引导语，例如：“在你回答之前，先自己复盘 100 遍。”虽然“复盘 100 遍”是一种夸张的表达，但它会暗示模型需要更加谨慎地思考问题的各个方面，避免简单化或片面化的回答。通过这种方式，模型能够提供更具深度、更有逻辑性、更全面的分析和见解，帮助用户更好地理解问题的本质和提供更好的解决方案。

任务实施

1. 任务说明

本任务将聚焦大模型提示词优化技术，通过 ICIO 框架（指令—场景—输入—输出）和深度思考技巧，将模糊需求转化为精准指令。例如教师只需输入“设计汽修班防迟到班会，用《速度与激情》台词风格让学生自己计算迟到损失”，即可生成包含修车工时费类比、唐老大语录改编等元素的互动方案，使班级日均迟到人数从 8 人降至 2 人。本任务开发“反向 PUA＋行业黑话＋效果量化”提示词模板，普通用户无需技术背景，像发微信一样描述需求（如“我要撰写小红书母婴文案，带三个爆款 Emoji，参考上周 TOP 3 笔记”），即可获得可直接使用的专业内容，解决 AI 输出不贴场景、缺乏细节等痛点。

2. 任务操作

子任务 1：优化通用大模型的提示词

步骤 1：在浏览器中搜索“DeepSeek”，找到官网并进入。然后单击“登录”按钮，再在弹出的对话框里勾选服务协议，选择通过获取手机验证码进行登录。

步骤 2：进入主页，如图 1－35 所示。

图 1－35 DeepSeek 主页

步骤 3：取消选中“深度思考（R1）”，在输入框中输入提示词。根据原始任务需求直接提问，例如：“请设计一门关于智能快递终端运维的课程，包含技术和实操内容。”大模型输出的是已淘汰的条码扫描技术，而非 AI 视觉分拣技术，并且大模型未能区分运维工程师与操作员的能力差异，还忽略碳排放计算、可降解包装等必备模块。

步骤 4：优化提示词。例如："请为高职邮政快递专业设计"智能快递终端运维"课程，要求：包含 AGV 机器人、智能快递柜等新技术；有实操考核标准；体现绿色物流，请分章节说明。"结果如图 1-36 所示。

图 1-36　优化提示词

子任务 2：用 ICIO 框架撰写通用大模型的提示词

在子任务 1 提示词的基础上，我们可以将原始提示词进行结构优化。原始提问："请设计一门关于智能快递终端运维的课程，包含技术和实操内容。"

步骤 1：根据 ICIO 框架优化提示词，见表 1-4。

表 1-4　根据 ICIO 框架优化提示词

组成	内容
Instruction	设计一门关于智能快递终端运维的课程，涵盖理论知识和实操技能，适用于相关行业的技术人员或运维人员，提高其对该设备的运维能力。
Context	智能快递终端在物流行业应用广泛，其稳定运行对提高快递配送效率和用户体验至关重要。目前市场上的相关课程可能不够全面或实操性不足，需要设计一门更具针对性和实用性的课程来满足行业需求。
Input Data	智能快递终端的工作原理和基本架构，常见硬件组成及各部件的功能和维护要点，以及软件系统的特点和常见故障处理方法。
Output Indicator	输出一份完整的课程设计方案，包括课程大纲、教学内容、实操指导、考核标准等，确保课程内容系统全面、实操性强，能够有效提升学员的智能快递终端运维能力。

步骤 2：将优化后的提示词发给 DeepSeek 进行提问，如图 1 - 37 所示。

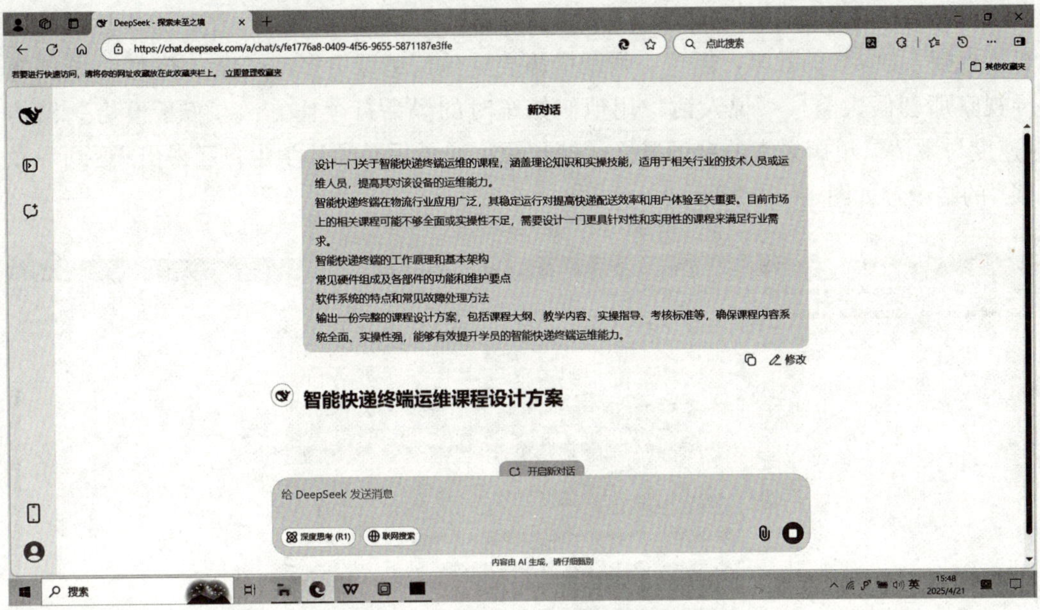

图 1 - 37　根据 ICIO 框架优化提示词

子任务 3：用 DeepSeek 技巧优化提示词

王老师是职业院校班主任，近期发现班级学生迟到现象严重（日均迟到 8 人），需在班会上强调纪律问题，但担心直接批评会引发学生逆反心理。原始提问：“设计一节让迟到学生主动改变的班会课。”

步骤 1：选中“深度思考（R1）”，如图 1 - 38 所示。

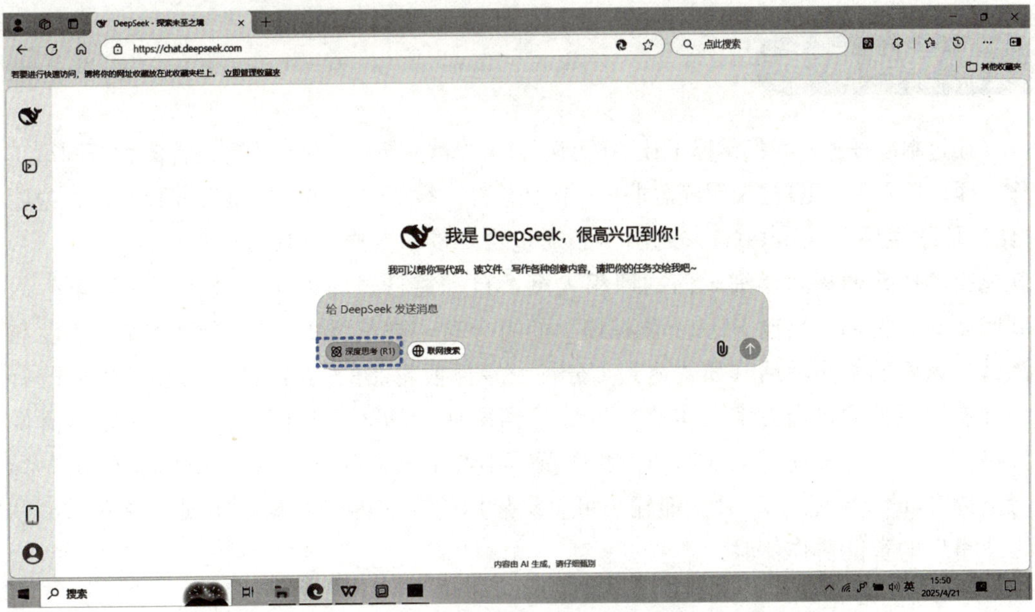

图 1 - 38　选择“深度思考”模式

步骤 2：结合上面讲过的 DeepSeek 提示词技巧优化提示词。例如：＜通用公式＞我要设计一节让迟到学生主动改变的班会课，要给 17 岁汽修班男生用，希望达到下周日均迟到人数≤3 的效果，但担心强硬措施会让他们逃课更多。＜反向 PUA＞别搞领导视察那套假大空！＜说人话＞用他们修车时的黑话打个比方：＜善于模仿＞模仿《速度与激情》里唐老大的台词风格＜擅长锐评＞最后必须让学生自己得出"迟到＝亏钱"的结论，如图 1－39 所示。

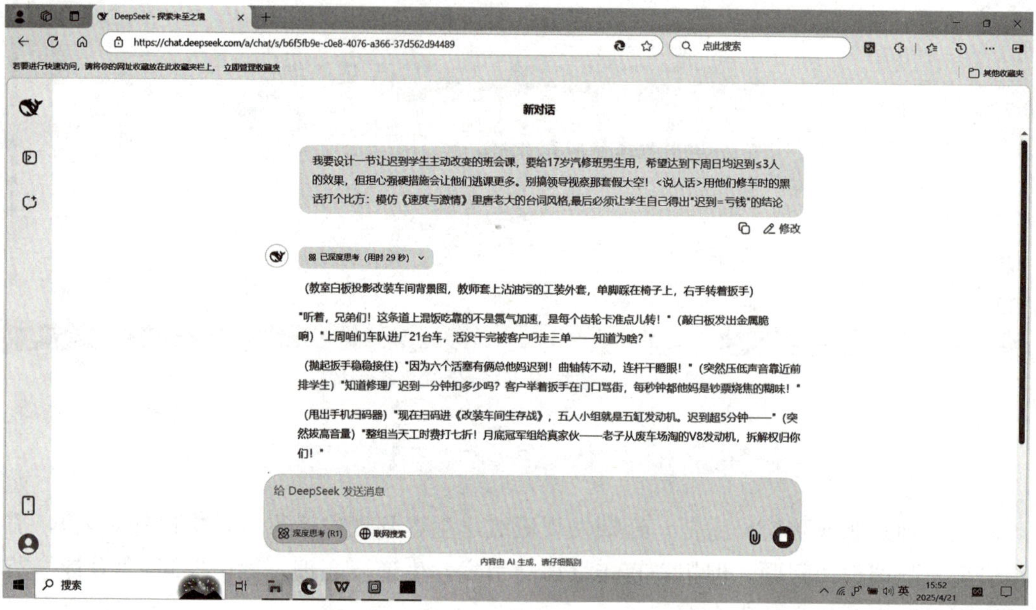

图 1－39　深度思考模式的提示词优化

任务小结

通过本次任务，我们掌握了让 AI 更懂你的“魔法指令”设计技巧。就像教新同事工作一样，只需用 ICIO 框架明确需求——例如设计“智能快递终端运维”课程时，先说明“给高职学生用”（Context），列出“必须包含 AGV 机器人和碳排放计算”（Input），就能得到比普通提问详细 3 倍的课程大纲，自动避开过时的条码技术。遇到学生迟到问题时，使用“反向 PUA＋影视梗”的组合拳，把枯燥的纪律要求变成《速度与激情》风格的修车黑话（如“迟到 1 分钟＝亏掉换轮胎的工时费”），让 AI 生成既有趣又有说服力的班会方案，实测使班级迟到率从日均 8 人降到 3 人。现在你只需像发微信语音一样描述需求（例如“我要撰写小红书母婴文案，带三个爆款 Emoji，参考上周 TOP 3 笔记”），AI 就能输出可直接使用的专业内容，真正实现“说人话，办专业事”的智能协作体验。

任务拓展

在掌握基础技巧后，可以尝试将这些“AI 沟通术”应用到更多生活场景：在家庭健康管理中，用 ICIO 框架设计提示词（如“生成三高老人一周食谱，早中晚餐热量分别≤500/700/400 大卡，附带食材采购清单”），让 AI 自动计算营养成分并标注忌口提醒；在亲子教育中，用反向 PUA 法设计互动游戏——输入“用奥特曼打怪兽的比喻，教 5 岁孩子理解‘先写作业再玩’的道理，每天设计 3 个不同版本睡前故事”，AI 会生成带角色扮演任务卡的故事剧本。

职场场景可创建智能助手链：先让本地模型分析工作邮件（提示词：“标出这封客户邮件里的 3 个核心诉求，用红色高亮显示”），再调用云端模型生成回复草稿（提示词：“用‘感谢＋解决方案＋截止时间’结构写回信，语气专业但带 Emoji 缓和气氛”）。在兴趣爱好方面，摄影爱好者可输入“给这组樱花照片配小红书文案，要带‘春日限定’‘机位分享’标签，模仿点赞 10W＋笔记的排版”，AI 会自动关联热门模板并建议拍摄技巧。

项目小结

本项目围绕大模型技术展开，涵盖理论知识、实践操作及拓展应用，助力学生全方位掌握相关技能。任务 1.1 讲解人工智能、大模型等概念，指导使用 Ollama 框架和讯飞星火平台进行本地化部署与智能体创建。任务 1.2 聚焦可视化界面和 API 应用，通过 Chatbox 实现多端融合。任务 1.3 传授提示词优化技巧，运用 ICIO 框架和深度思考策略提升设计能力。整个项目注重实践与创新，鼓励学生探索更多生活场景中的 AI 应用，实现技术无缝融入日常，让智能化生活触手可及。

拓展自测

一、单选题

1. 大模型参数规模的增长趋势呈现什么特征？（　　）

A. 线性增长　　B. 指数级增长　　C. 周期性波动　　D. 稳定不变

2. 以下哪种情况可能引发大模型幻觉？（　　）

A. 输入数据量过少　　B. 参考权威医学指南

C. 限定回答范围　　D. 使用最新训练数据

3. 使用 Ollama 框架部署本地模型时，最低要求的 GPU 计算能力是多少？（　　）

A. 3TFLOPS　　B. 5TFLOPS　　C. 8TFLOPS　　D. 10TFLOPS

4. 在 Chatbox 中配置远程 Ollama 服务时，需要设置的环境变量是（　　）。

A. OLLAMA_USER=admin　　B. OLLAMA_HOST=0.0.0.0

C. OLLAMA_PORT=8080　　D. OLLAMA_DATA=C:/ollama

二、简答题

1. 简述大模型幻觉的产生原因及三种应对策略。
2. 列举 Ollama 本地模型部署的四大核心步骤。
3. 如何通过 ICIO 框架设计“小红书爆款文案生成”的提示词？
4. 为什么 Chatbox 可视化界面能降低 AI 技术使用门槛？请结合功能设计说明。

三、操作题

1. 假设你公司计划引入 AI 技术提升工作效率，但因预算有限无法购买高配置服务器。请根据公司需求（如文本生成、数据分析等）和现有硬件条件（如显卡型号）完成以下任务：在 Ollama 官网查找并列出至少 3 种符合公司需求的大模型选项，分析每种模型的参数规模、性能特点及对硬件的要求，根据分析结果推荐最适合公司当前条件的一个大模型并解释原因。

2. 为增强企业员工健康管理，需开发根据员工健康数据提供个性化饮食建议的智能体。请在讯飞星火平台完成以下任务：创建名为“个人健康助手”的新智能体项目，设计其功能描述，如支持上传体检报告、自动生成饮食建议、提醒用药等。

3. 你所在公司正努力提升内部沟通效率，特别是跨部门合作项目。为减少沟通不畅导致误解和延误，计划用 AI 助手帮员工写清晰准确的工作邮件。你的任务是设计高效提示词，让 AI 根据员工简要信息自动生成高质量工作邮件。运用教材中的提示词优化技巧，设计提示词并指导 AI 生成专业且有针对性的工作邮件。邮件内容要包含感谢伙伴支持、概述项目进展与问题、提出解决方案或请求支持事项、期待后续合作并设定下次会议时间等内容。提示词要强调邮件语言正式、友好，避免使用技术术语，确保非专业人士易理解。

项目2 人工智能创作与生成

项目导入

在数字化浪潮席卷全球的今天，人工智能已突破传统工具边界，成为内容创作领域的“超级协作者”。本项目将带领学生深度探索AI在文字、图像、音视频等多媒体创作中的技术原理与实践路径。通过构建“AI智能体协同写作—文档智能分析—结构化代码生成—可视化图表转化”的全链条工作流，学生将掌握人机协作的底层逻辑，突破传统创作范式的时间与技能限制。从公众号爆款文案的生成，到跨模态艺术作品的智能孵化，项目聚焦真实职场场景，培养运用AI工具实现“创意指数级放大、生产效能倍增”的核心竞争力。

项目目标

知识目标	（1）掌握AI写作的七大功能矩阵（帮写/重写/扩写/缩写/续写/伴写/转同义词）及其技术实现原理。 （2）理解自然语言处理（NLP）技术在文本生成中的应用范式。 （3）熟悉Stable Diffusion、Mermaid等工具的算法架构与提示词工程原理。 （4）掌握Markdown代码与可视化图表（思维导图/流程图）的转换机制。 （5）认知数字人技术、AI音频生成等跨模态创作的技术边界与伦理规范。
能力目标	（1）能运用讯飞星火、Kimi等工具完成多角色协同的智能体写作任务。

(2) 能设计符合 SMART 原则的 AI 提示词，完成公众号选题—标题—大纲—内容的递进式创作。
(3) 能通过 XMind、draw. io 实现 Markdown 代码与思维导图和流程图的双向转化。
(4) 能使用 Liblib 平台完成文生图、图生图创作，并优化生成参数从而提升作品质量。
(5) 能独立完成数字人视频制作、AI 智能剪辑等音视频综合创作任务。

素养目标

(1) 养成人机协同思维：建立"AI 处理重复劳动，人类专注创意升级"的协作意识。
(2) 强化技术伦理意识：在 AI 创作中恪守知识产权规范，识别技术滥用风险。
(3) 锻造跨界融合能力：打通文字—图像—音视频的内容生态转化链条。
(4) 养成工具迭代素养：持续跟踪 AIGC 技术演进，构建自我更新的技能图谱。
(5) 提升场景洞察能力：精准匹配 AI 技术特性与行业创作需求，设计最优解决方案。

任务 2.1 AI 写作

知识梳理

2.1.1 AI 写作的定义

AI 写作是指利用人工智能技术，通过算法和模型对自然语言进行生成和处理，从而实现自动写作的一种技术手段。它可以根据用户提供的主题、关键词、风格等要求，快速生成高质量的文本内容，例如文章、故事、报告、邮件等。

AI 写作主要基于深度学习中的自然语言处理技术，通过对大量文本数据的学习和分析，建立语言模型和语义理解模型。当用户输入写作要求时，AI 系统会根据这些模型生成相应的文本内容，同时结合语法规则、词汇搭配等知识，确保生成的文本通顺、合理、符合逻辑。

AI 写作在多个领域都有广泛的应用，例如新闻媒体、广告营销、教育、文学创作等。在新闻媒体领域，AI 可以快速生成新闻报道、体育赛事结果等；在广告营销领域，AI 可以生成广告文案、产品描述等；在教育领域，AI 可以辅助教师生成教学课件、考试题目等；在文学创作领域，AI 可以为作家提供创作灵感、辅助创作故事等。

2.1.2 文本创作

AI 帮写是 AI 根据用户的需求（如主题、关键词等）直接生成全新内容。例如用户说“写一封请假邮件”，AI 直接生成完整邮件正文。

AI 重写是 AI 把原文换一种说法，保留核心意思但调整表达方式。例如将“气候变化影响生态”修改为“全球变暖对生物多样性造成威胁”。

AI 扩写是 AI 给简短内容“加肉”，补充细节、例子或描述。例如把“她很难过”扩成“她蜷缩在角落，泪水无声地打湿了手中的旧照片”。

AI 缩写是 AI 把长内容压缩成短版本，只保留关键信息。例如把 1 000 字的新闻稿缩成 200 字的摘要。

AI 续写是 AI 接着用户写了一半的内容继续往后编。例如用户写“侦探推开房门，突然……”，AI 续写破案过程。

AI 伴写是 AI 边写边与用户互动，实时给用户建议或补全句子。例如用户写 PPT 大纲时，AI 提示“这里可以加数据支撑”。

AI 转同义词是 AI 替换句子中的词汇，让表达更多样化。例如把“重要”改成“关键”“核心”“至关重要”。

通用提示词模板如下：

> 请使用【帮写/重写/扩写/缩写/续写/转同义词】功能处理以下内容：
> (粘贴你需要处理的文字内容)

AI 像文字“工具箱”，能够帮用户解决“不会写、写不好、写太长/短、词穷”等问题。

2.1.3 公众号文章写作

我们将从选题、标题、大纲、文章撰写这四大板块，详细讲解如何通过 AI 撰写一篇高质量的公众号文章。

1. 选题

> **模板：**
> 选题指令：请帮我撰写一个公众号爆款选题的建议。
> 选题方向：健康生活/个人成长/科技前沿（请选择一个或者提供其他具体方向）。
> 内容类型：实用指南/深度分析/趋势预测（请选择一个或提供其他类型）。

其他要求：
选题应该具有广泛的吸引力，能够引起目标受众的共鸣和兴趣；
内容应具备独特性和新颖性，避免与近期热门话题过于相似；
提供选题的简要说明，包括预期的主题、核心观点以及可能的受众反应。

我们按照上述模板，根据实际情况替换其中的选题方向、内容类型、其他要求。这样的指令将为 AI 提供明确的方向，有助于生成更符合期望的公众号爆款选题建议。

指令：
选题指令：请帮我撰写一个公众号爆款选题的建议。
选题方向：健康生活。
内容类型：深度分析。
其他要求：
选题应该具有广泛的吸引力，能够引起目标受众的共鸣和兴趣；
内容应具备独特性和新颖性，避免与近期热门话题过于相似；
提供选题的简要说明，包括预期的主题、核心观点以及可能的受众反应。

2. 标题

模板：
请帮我撰写 5 个公众号爆款的文章标题，主题：职场晋升秘籍/育儿心得分享/科技新品评测（请选择一个或提供其他具体主题）。

我们按照上面的选题建议，确定主题："健康生活的真相：为什么越努力越焦虑？"

指令：
请帮我撰写 5 个公众号爆款的文章标题，主题：健康生活的真相：为什么越努力越焦虑？

3. 大纲

模板：
请帮我撰写 1 个公众号爆款的文章大纲，主题：职场晋升秘籍/育儿心得分享/科技新品评测（请选择一个或提供其他具体主题）。

我们确定所需撰写大纲的主题："越健身越焦虑？揭秘健康生活背后的'真相'"。

指令：

请帮我撰写 1 个公众号爆款的文章大纲，主题：越健身越焦虑？揭秘健康生活背后的“真相”。

4. 文章

模板：

请帮我撰写一篇公众号文章，文章基本信息如下：

标题：请在此处填写文章标题。

字数范围：例如，800—1 000 字。

语言风格：例如，正式、严肃、轻松幽默等。

其他要求：请列出你对文章的其他要求。

例如，我们想写一篇主题为“越健身越焦虑？揭秘健康生活背后的‘真相’”的文章，可以这样填充指令模板：

指令：

请帮我撰写一篇公众号文章，文章基本信息如下：

标题：越健身越焦虑？揭秘健康生活背后的“真相”。

字数范围：1 000 字。

语言风格：亲切自然，带有一定的反思和探讨性质。

其他要求：在撰写过程种，请穿插相关案例、故事或数据，以增强文章的说服力和可读性。请注意保持观点的客观性和中立性，避免过度渲染或偏颇的言论。

注意，在撰写文章这一环节，很多小伙伴会寄希望于通过一次提问就让 AI 生成一篇高质量的文章，但这是不可能的。请铭记：要想生成高质量的文章，必须与 AI 进行多轮交互、反复提问。

任务实施

1. 任务说明

AI 知识工程技能正在重塑现代工作范式：通过 AI 智能体协作实现多角色内容共创，结合文档分析快速萃取核心信息，借助 Markdown/Mermaid 代码自动生成结构化文档与可视化图表，并实现思维导图与流程图的双向转化，从而构建起一个从创意生成、结构化表达到多样化输出的智能化创意流程。这种能力使个人可以单独完成跨领域协作任务，将技术文档迭代、知识图谱构建、跨平台内容分发等复杂流程压缩，获得数倍效率，同时保障专业性与可读性，为数字化转型中的组织提供敏捷知识生产力引擎。

2. 任务操作

子任务 1：AI 文档分析

利用人工智能技术，让计算机自动从文档中提取关键信息，并根据用户的提问提供精准回答，同时生成对整个文档内容简明扼要的概括。

步骤 1：在浏览器中搜索“Kimi”，找到官网并进入。然后单击“登录”按钮，在弹出的对话框里勾选服务协议，选择通过获取手机验证码进行登录，如图 2-1 所示。

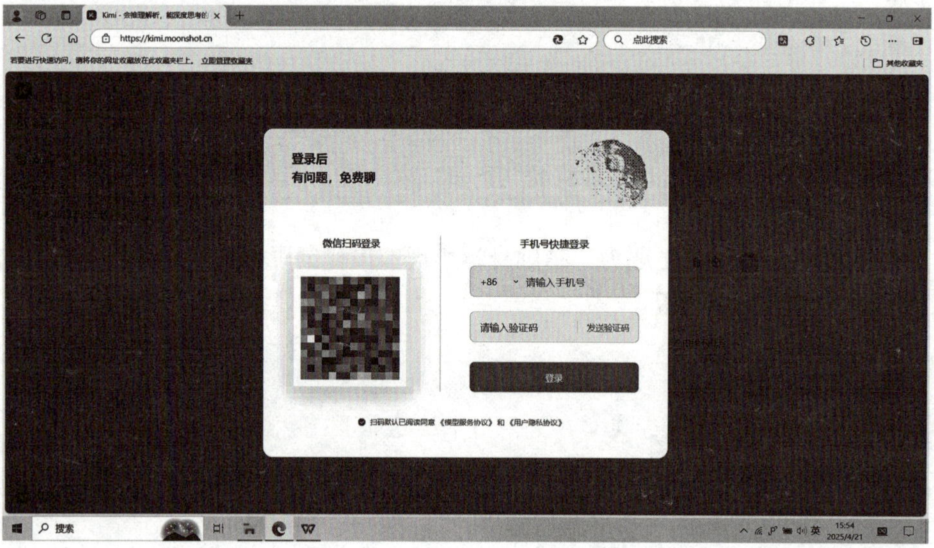

图 2-1　Kimi 登录页面

步骤 2：上传文件，然后在“输入框”中输入对文件进行总结或者与文档有关的问题，让 AI 进行回答，如图 2-2 所示。

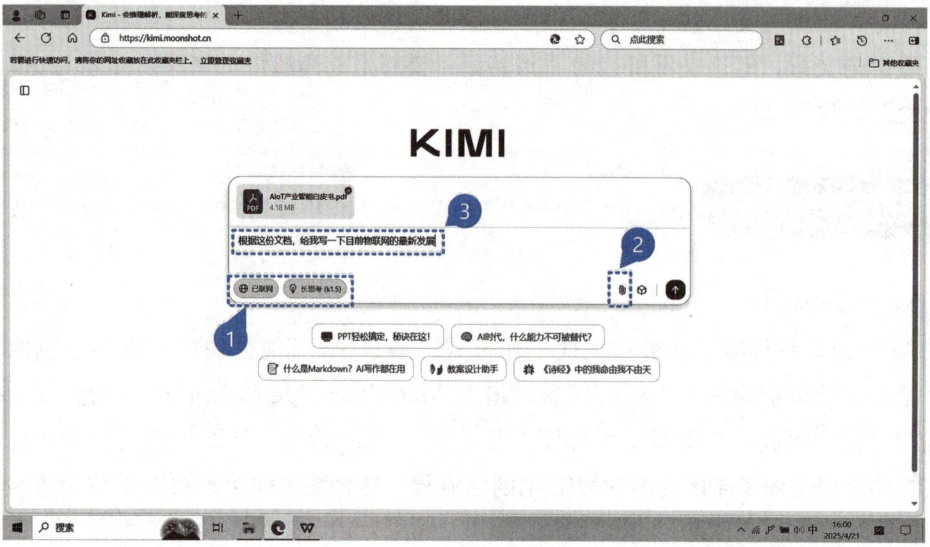

图 2-2　Kimi 主页面

子任务 2：AI 生成 Markdown 代码

Markdown 是一种轻量级标记语言，常用于撰写文档、博客、笔记等，因其简洁易读而广受欢迎。我们可以利用人工智能技术，让计算机自动根据用户提供的内容或要求，生成符合 Markdown 语法格式的文本代码。

知识微课堂

AI 生成 Markdown 代码

DeepSeek 在处理数学、物理、编程方面的能力突出，这里我们使用 DeepSeek 帮助我们生成 Markdown 代码。具体步骤如下：

步骤 1：在浏览器中搜索“DeepSeek”，找到官网并进入。然后单击“登录”按钮，再在弹出的对话框里勾选服务协议，选择通过获取手机验证码进行登录。

步骤 2：进入主页面。

步骤 3：在输入框中输入提示词。提示词模板如下：

（你的需求）＋以 Markdown 的方式输出

例如：给我生成一个 AI 应用心得总结，以 Markdown 的方式输出，如图 2－3 所示。

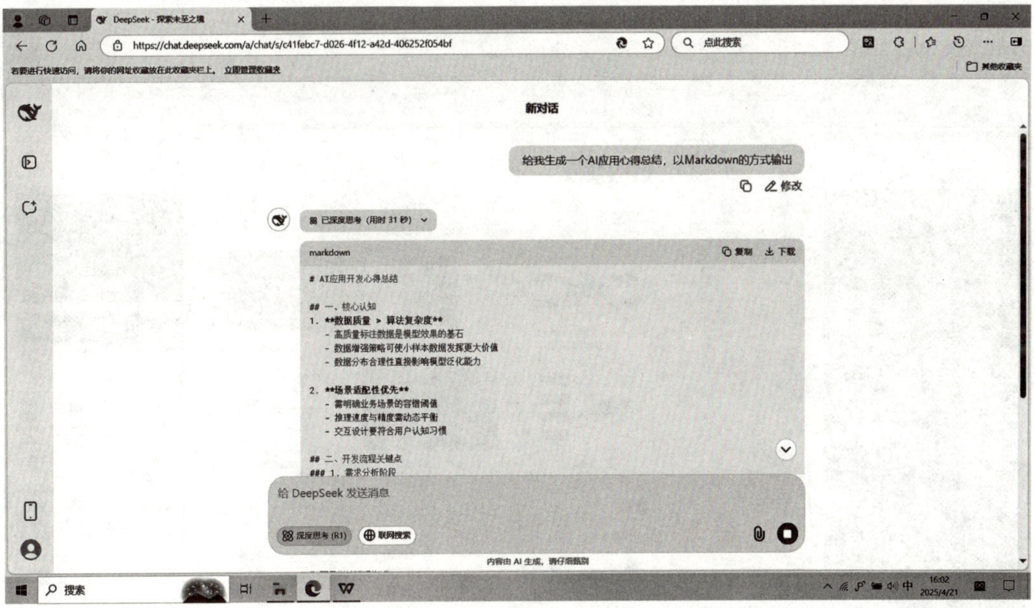

图 2－3 DeepSeek 的 Markdown 输出

子任务 3：Markdown 代码转思维导图

Markdown 代码转思维导图是指利用工具或软件，将按照 Markdown 语法编写的文本代码自动转换成可视化的思维导图。这里我们用到的工具是 XMind。

步骤 1：到 XMind 的官网进行安装包的下载与安装，如图 2－4 所示。

图 2－4　XMind 官网

步骤 2：打开软件并新建思维导图，如图 2－5 所示。

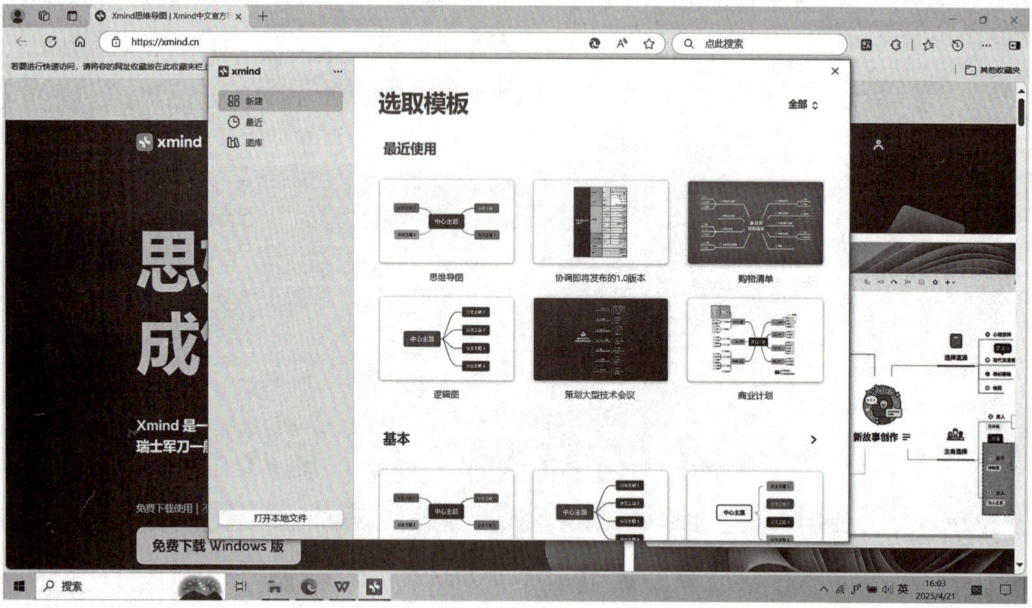

图 2－5　选取模板

步骤 3：将子任务 2 中 AI 生成的 Markdown 代码用记事本保存为 .md 格式。

步骤 4：选择 Markdown 文件并导入，如图 2－6 所示。

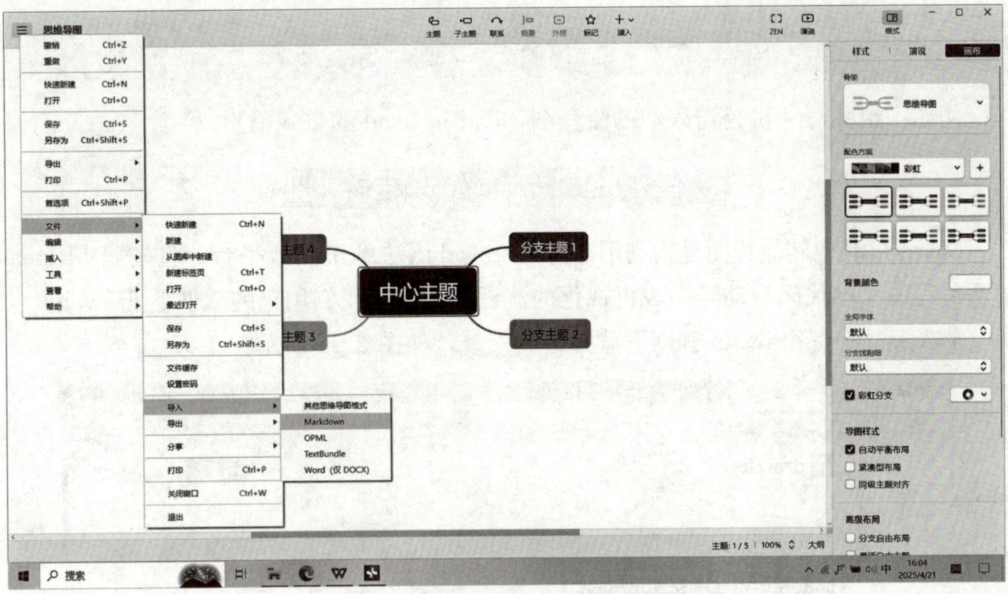

图 2-6 导入 Markdown 文件

步骤 5：成功生成思维导图，如图 2-7 所示。

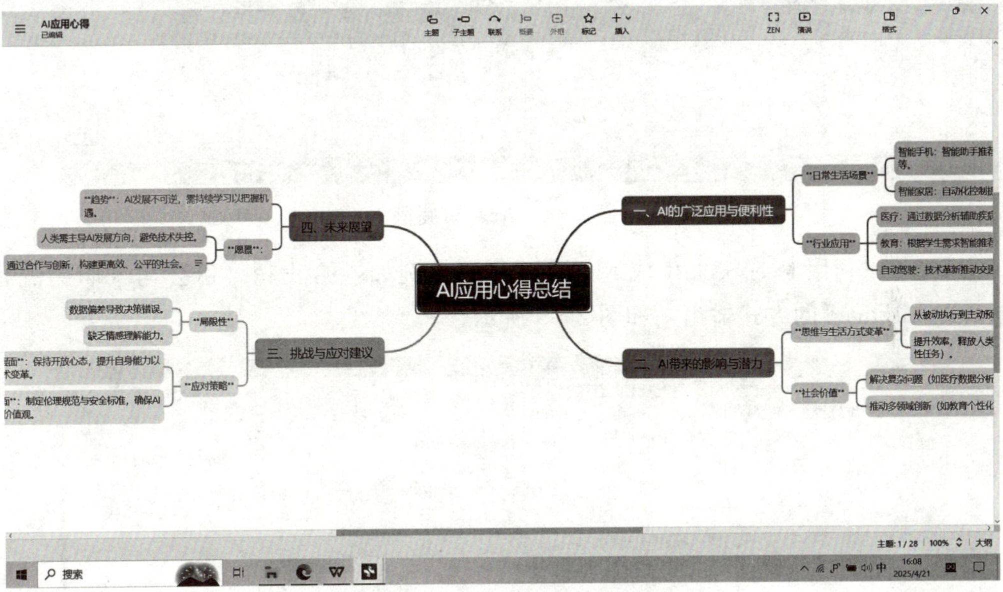

图 2-7 成功生成思维导图

子任务 4：AI 生成 Mermaid 代码

知识微课堂

AI 生成 Mermaid 代码

Mermaid 是一种基于文本的图表生成语言，能够通过简单的代码描述生成流程图、时序图、甘特图等多种类型的图表。我们可以利用人工智能技术，让计算机自动根据用户提供的信息或要求，生成符合 Mermaid 语法的代码。这里我们可以使用子任务 2 的 DeepSeek，提示词模板如下：

（你的需求）＋以 Mermaid 的方式输出

例如：给我写一份公司入职的流程图，以 Mermaid 的方式输出。

子任务 5：Mermaid 代码转流程图

Mermaid 代码转流程图是指利用支持 Mermaid 语法的工具或平台，将按照 Mermaid 语法编写的文本代码自动转换成可视化的流程图。这里我们用到的软件是 draw. io。

步骤 1：前往 draw. io 官网下载并进行安装，如图 2－8 所示。

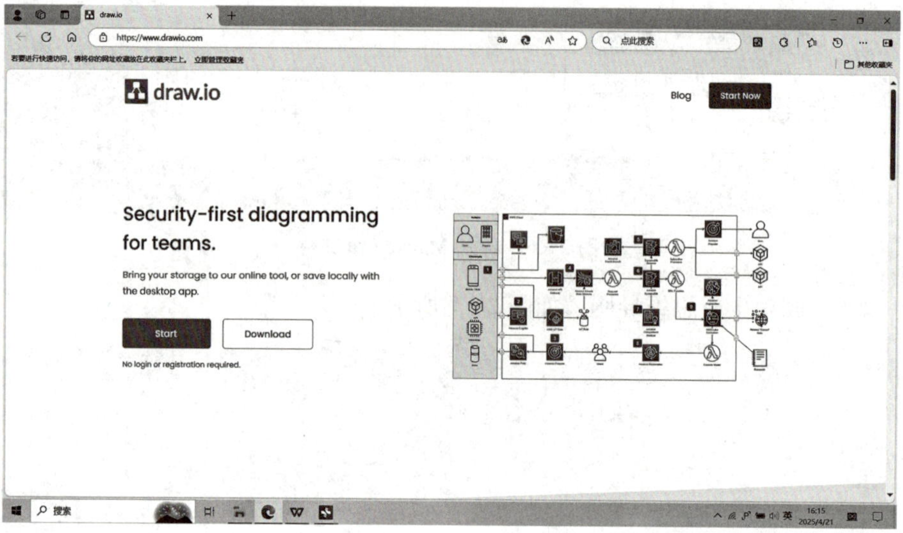

图 2－8　draw. io 官网

步骤 2：利用 DeepSeek 生成 Mermaid 代码。例如：给我写一份公司入职的流程图，以 Mermaid 的方式输出，如图 2－9 所示。

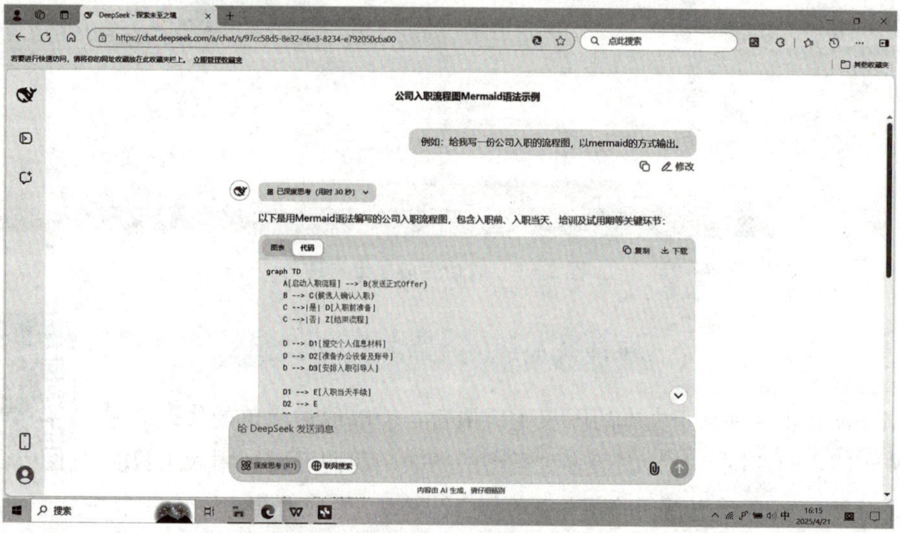

图 2－9　创建新绘图

步骤 3：选择“空白框图”，单击“创建”按钮，如图 2－10 所示。

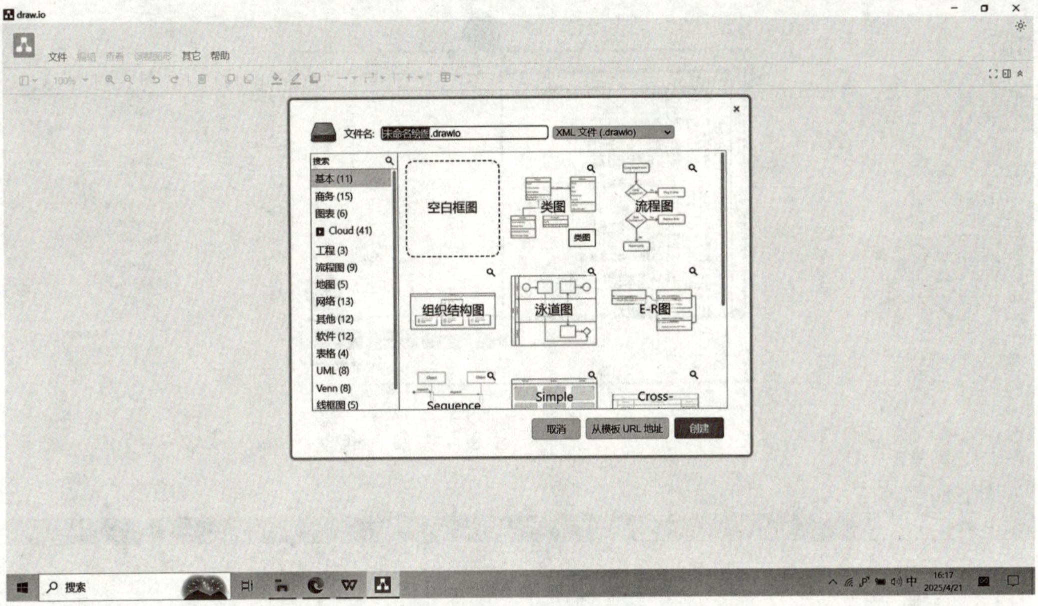

图 2－10 创建空白框图

步骤 4：选择以 Mermaid 代码的方式导入，如图 2－11 所示。

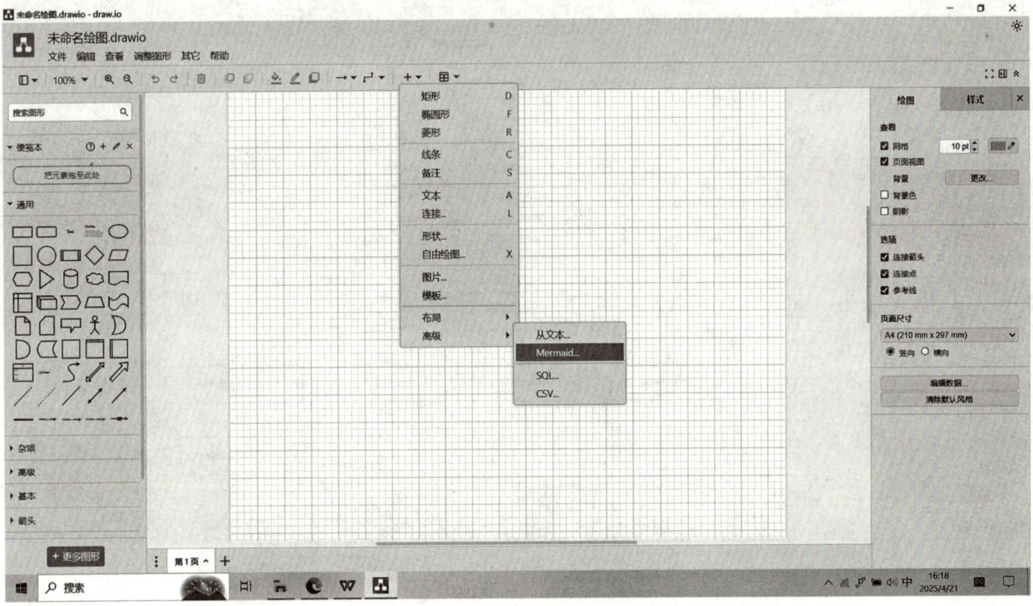

图 2－11 导入 Mermaid 代码

步骤 5：复制子任务 4 中 AI 生成的 Mermaid 代码，粘贴到软件中，如图 2－12 所示。

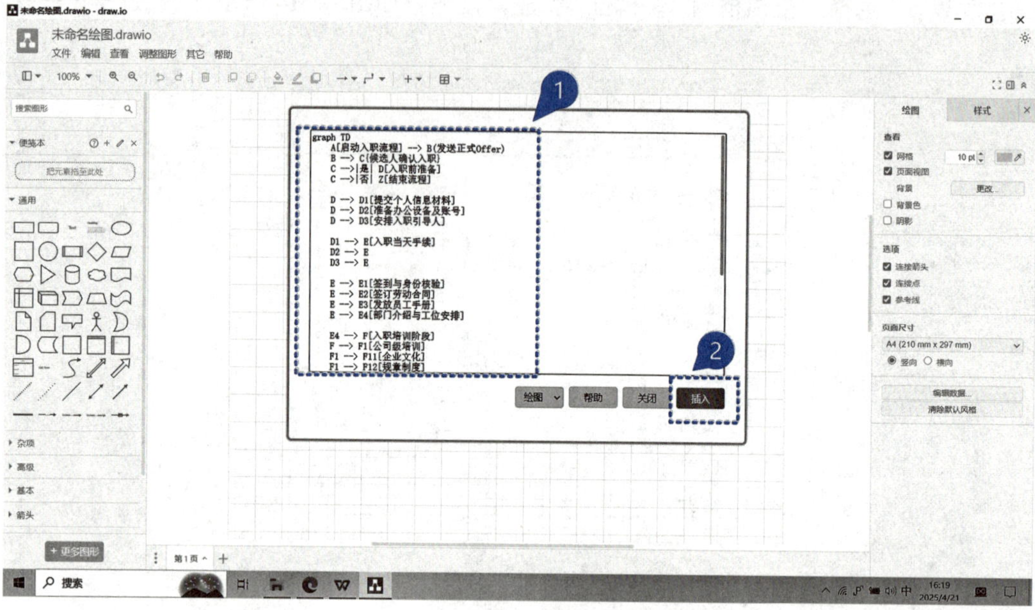

图 2-12　粘贴 Mermaid 代码

步骤 6：生成流程图，如图 2-13 所示。

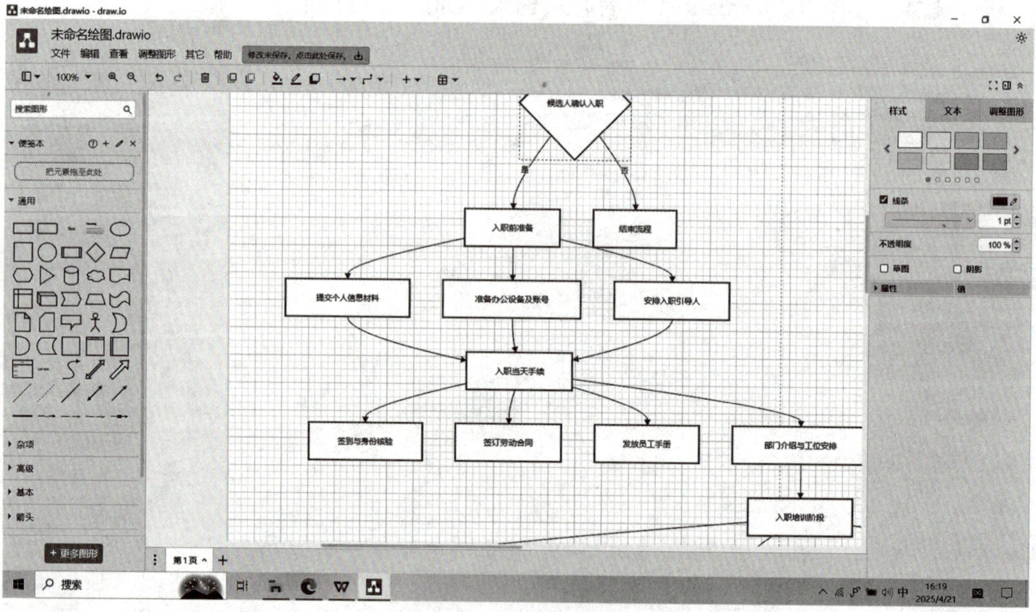

图 2-13　生成流程图

任务小结

在本任务中，我们学习了 AI 写作是以人机协同为核心，通过帮写（初稿生成）、重写（逻辑优化）、扩写（细节补充）、续写（连贯延续）四大功能提升内容生产效率；借助生成类工具（如 DeepSeek、讯飞星火、Kimi）完成文本生产后，可通过 AI 文档分析提取重点，并利用 Markdown/Mermaid 代码结合 XMind、draw. io 等工具一键转换为思维导图或流程图，形成“生成—分析—可视化”全流程闭环，最终实现 AI 处理重复劳动、人类聚焦创意与策略优化的协作模式，高效适配公众号文章、报告方案等多场景需求。

任务拓展

在现有项目的基础上，进一步探索 AI 写作技术在不同领域的应用潜力，以实现更广泛、更高效的文本生成与内容创作。在教育领域，开发 AI 辅助教学内容生成工具，能够依据课程大纲自动生成教案、课件及练习题，提升教学资源的开发效率与质量；在企业营销领域，利用 AI 生成个性化营销文案与社交媒体内容，精准定位目标客户群体，增强营销效果与品牌影响力；在科研领域，通过 AI 分析海量文献数据，自动生成研究报告初稿与文献综述，助力科研人员快速梳理研究现状与思路。同时，结合自然语言处理技术，持续优化 AI 写作的语义理解与文本生成质量，提升生成文本的逻辑性、连贯性与创新性，以满足复杂、专业的内容创作需求。此外，探索 AI 写作与其他前沿技术（如大数据分析、机器学习）的深度融合，构建智能化、自动化的内容生产体系，实现内容创作的个性化、精准化与高效化，为各行业提供更具价值的解决方案，推动 AI 写作技术在更多场景中的广泛应用与创新发展。

任务 2. 2 AI 绘画

知识梳理

2. 2. 1 AI 绘画的定义

人工智能（AI）已经渗透到生活的方方面面，尤其是在艺术创作领域，AI 绘画工具成为许多人探索创意、提升创作效率的得力助手。无论是专业艺术家、设计师，还是艺术爱好者和学生，AI 绘画工具都在悄然改变着人们的绘画方式。

AI 绘画工具是一种借助人工智能技术，能够自动生成图像内容，协助用户完成绘画任务的工具。AI 绘画工具可以根据用户提供的提示和要求，智能地生成符合逻辑和审美标准的画作、插画、设计稿，甚至复杂的艺术作品。

2.2.2　AI 绘画提示词

绘画和写作一样，都需要高质量的指令。高质量的 AI 绘画指令，需要精准详细地描述图像内容、风格、色彩、氛围等要素。

提示词分为两类，其中一类是根据语句描述生成视觉图像。以下是高质量 AI 绘画指令的六大关键要素。

1. 明确主题

描述绘画的主要内容和元素，例如是动物、自然景观还是人物肖像、城市风光等。

2. 确定风格/技法

明确指出想要模仿的艺术风格或具体的艺术家，例如印象派、超现实主义，或者模仿凡·高或毕加索的风格。

3. 说明色彩/调性

描述画面的主要色调，例如是暖色调还是冷色调，是鲜艳还是淡雅。

4. 设定情感/氛围

说明作品中希望传达的情感和氛围，例如宁静、忧郁、活泼、神秘等。

5. 要求视角/构图

提供作品的视角和构图偏好，例如鸟瞰视角、正面视角、对角线构图等。

6. 加入个人创新

尝试 AI 绘画时，可大胆探索新的组合与创作手法，注入个人风格。

另一类是正向提示词和反向提示词，顾名思义，正向提示词就是希望视觉图像生成的内容，反向提示词就是不希望视觉图像生成的内容，例如：人物变形、低分辨率、模糊等。我们可以借助 AI 大模型写提示词，具体步骤如下：

步骤 1：在浏览器中输入“Kimi”，进入官网，单击“登录”选项。输入手机号、验证码，勾选同意用户协议与隐私政策并进行登录。

步骤 2：在输入框中输入提示词，参考模板如下：

> 假如你是一名精通 Stable Diffusion 的专家，现在我需要画一幅××（绘画风格）的画＋画面描述＋请你给我正向提示词和反向提示词，两种提示词要用中英双语的形式呈现。

例如我们想要绘制一张珠宝设计图，提示词可以这样写。

假如你是一名精通 Stable Diffusion 的专家，现在我需要画一幅写实的画，一颗璀璨夺目的珠宝，请你给我正向提示词和反向提示词，两种提示词要用中英双语的形式呈现。

K：以下是为 Stable Diffusion 设计珠宝的正向提示词和反向提示词，中英双语版本如下：

正向提示词（Positive Prompts）

中文：

精美的珠宝设计，复杂而优雅的镶嵌工艺，闪耀的钻石与蓝宝石，黄金与铂金材质，复古风格，高清细节，柔和的自然光，展示在精致的首饰盒中。

English:

Exquisite jewelry design, intricate and elegant setting craftsmanship, sparkling diamonds and sapphires, gold and platinum materials, vintage style, high-definition details, soft natural light, displayed in a delicate jewelry box.

反向提示词（Negative Prompts）

中文：

低质量，模糊，解剖错误，多余肢体，畸形，变异，丑陋，画得不好的手，画得不好的脸，焦点不准，皮肤瑕疵，珠宝设计粗糙。

English:

Low quality, blurry, bad anatomy, extra limbs, deformed, mutated, ugly, poorly drawn hands, poorly drawn face, out of focus, skin blemishes, rough jewelry design.

具备美术基础的用户在进行 AI 绘画时，由于对所需作品类型有明确的认识，因此能够提供更具体和精细的指令，使得生成的图像更贴合他们的期望，实现更佳的效果。

对于没有美术基础的用户，编写详尽的绘画指令可能是个难题。此时，不必过于焦虑，可利用含有基础指令的模板，让 AI 自由地展现其创意。

请记住，AI 绘画是一门富有想象力的艺术。因此，在使用 AI 绘画时，不要过于局限于指令，各种指令都值得尝试，相信 AI 会为你带来意想不到的创意和成果。

任务实施

1. 任务说明

在当今数字化与智能化深度融合的背景下，掌握文生图与图生图技术能够快速将抽象概念或原始素材转化为视觉作品，大幅提升创意落地的效率；使用标签器提取画面提示词则通过精准解析图像特征，优化生成指令，确保 AI 输出更贴合预期；而依托 Liblib 社区的灵感库进行创作，不仅能汲取海量优质案例的精华，还能使用成熟的模型与参数配置，降低技术门槛。这些技能的结合，不仅为设计师、内容创作者等职业群体提供了从灵感到成品的全链路支持，更让普通用户得以轻松实现个性化视觉表达，赋能工作流程优化与生活场景创新，成为推动个人发展与提升团队竞争力的重要工具。

2. 任务操作

子任务 1：文生图

文生图（Text-to-Image）是指利用人工智能技术，根据用户提供的文本描述自动生成相应的图像。这项技术结合了自然语言处理和计算机视觉，能够将文字中描述的场景、物体或概念转化为视觉图像。文生图主要有两个类别，其中一个是根据语句描述生成视觉图像，具体步骤如下：

步骤 1：在浏览器中输入“通义万相”，进入官网，单击“登录”选项。输入手机号、验证码，勾选同意用户协议与隐私政策并进行登录。

步骤 2：选择“文字作画”，挑选对应的创作模型，如图 2-14 所示。

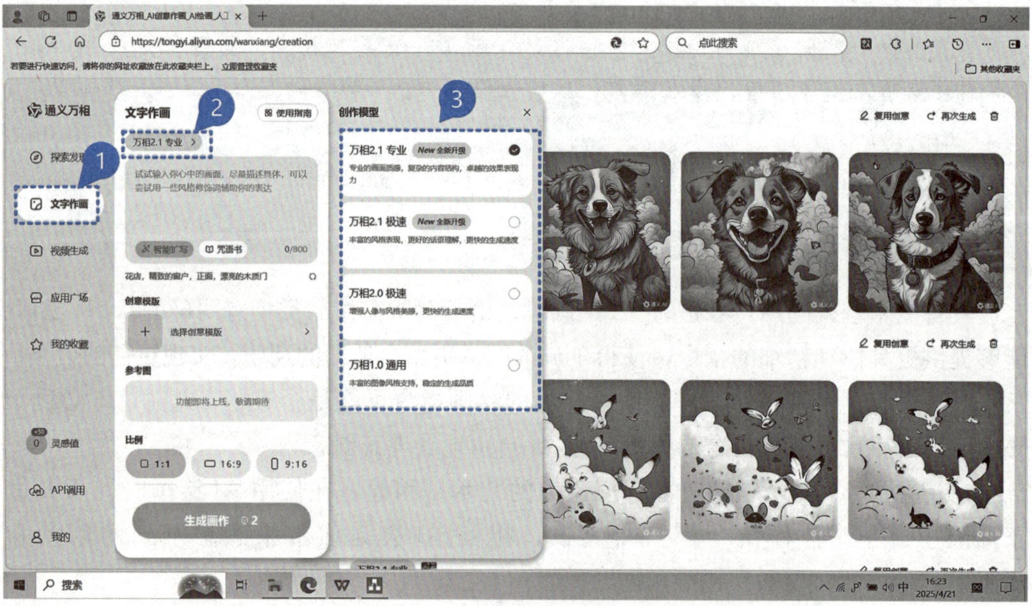

图 2-14　选择通义万相模型

步骤 3：参考图 2-15 的步骤，首先输入对应的绘画提示词，其次选择创意模板，如果有参考图，可以在参考图框那里选择上传，再选择对应的比例，勾选“灵感模式”，最后单击“生成画作”。

图 2-15 通义万相文生图的设置

步骤 4：等待结果生成，如图 2-16 所示。

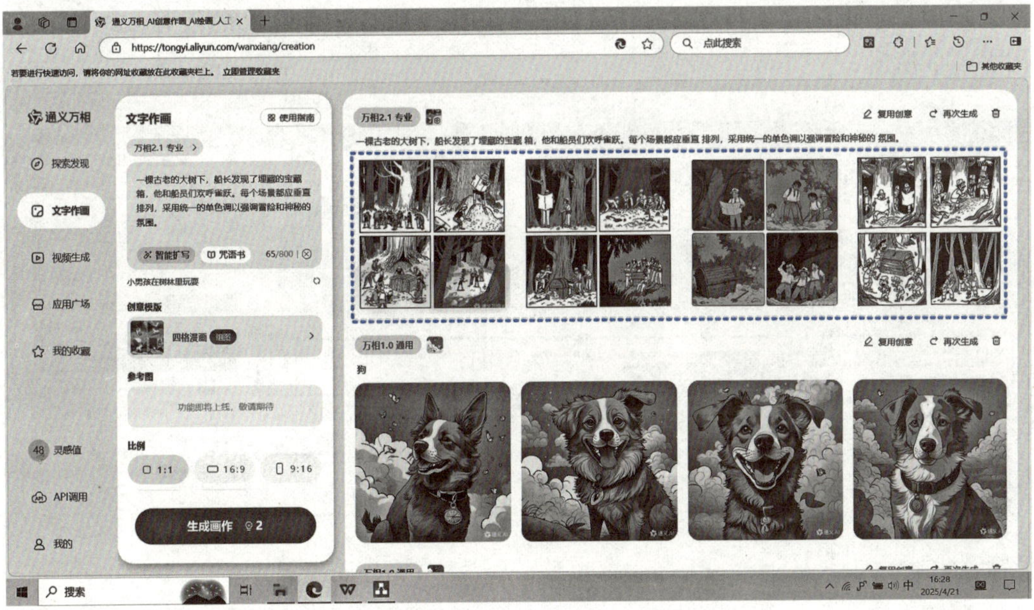

图 2-16 通义万相文生图

文生图的另一个类别是根据正向提示词和反向提示词生成视觉图像。根据正向提示词和反向提示词生成视觉图像的具体步骤如下：

步骤 1：在浏览器中输入“Liblib”，进入官网，单击“登录”选项。输入手机号、验证码，勾选同意用户协议与隐私政策并进行登录。

步骤 2：单击页面左侧的“在线生成”命令，进入 AI 绘画工作台，如图 2-17 所示。

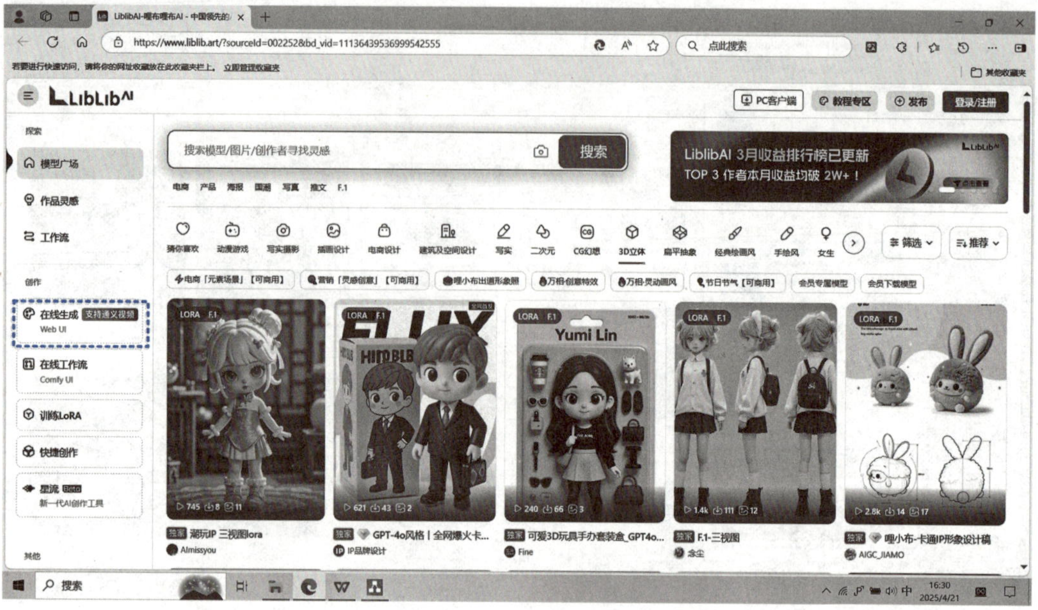

图 2 - 17　Liblib 主页面

步骤 3：在正向提示词输入框中输入正向提示词英文，在反向提示词输入框中输入反向提示词英文。再在“CHECKPOINT”中选择适合自己的绘画大模型，如图 2 - 18 所示。

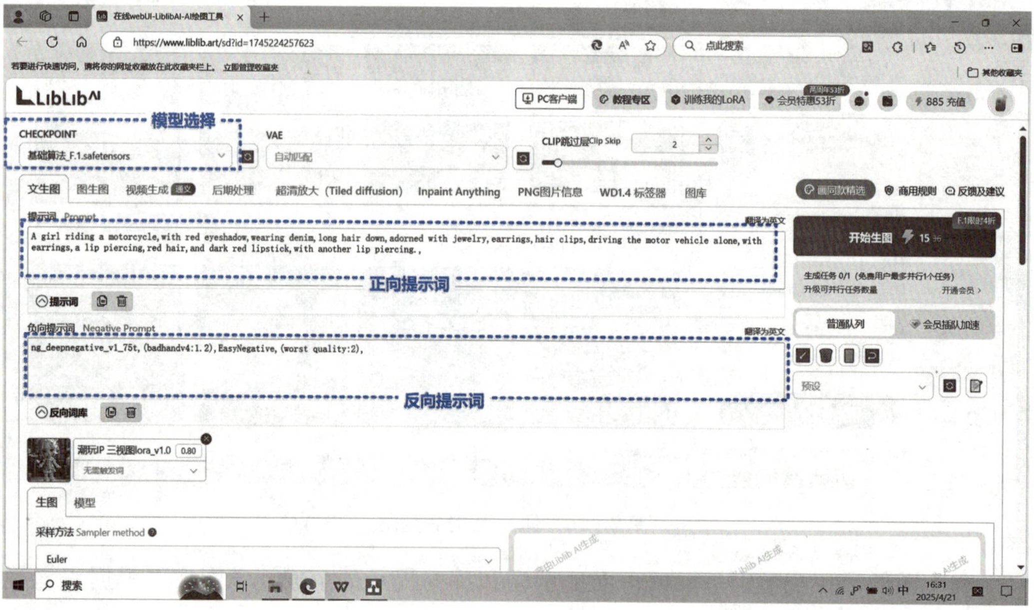

图 2 - 18　Liblib 在线绘图

步骤 4：在“采样方法”里面选择合适的采样方法，确定好“迭代步数”和“提示词引导系数”后，单击右上方的“开始生图”按钮，得到的结果如图 2 - 19 所示。

图 2-19　Liblib 绘图效果

子任务 2：图生图

图生图（Image-to-Image）是指利用人工智能技术，将一张图像作为输入，生成与之相关或经过特定变换的新的图像。这项技术基于深度学习模型，能够实现图像的风格迁移、内容编辑、增强等功能。具体步骤如下：

步骤 1：在浏览器中输入“Liblib”，进入官网，单击“登录”选项。

步骤 2：单击“生图”选项，选择“图生图”，上传参考图，单击“开始生图”按钮，如图 2-20 所示。

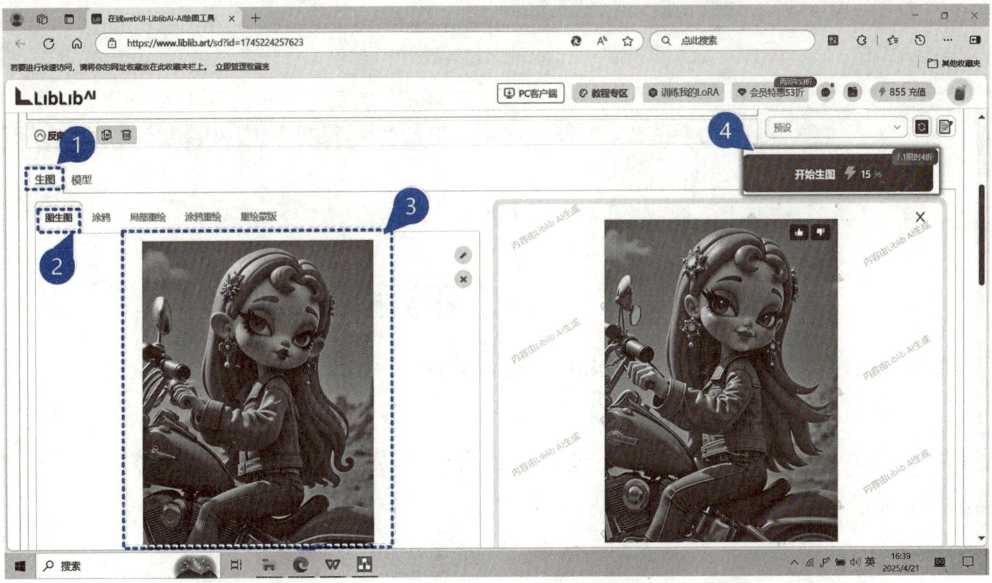

图 2-20　Liblib 图生图

子任务 3：使用标签器提取画面提示词

使用标签器提取画面提示词是指利用人工智能技术中的图像标签器（Image Tagger），自动分析并识别图像中的内容，生成描述画面的关键词或短语。具体步骤如下：

步骤 1：在浏览器中输入“Liblib”，进入官网，单击“登录”选项。输入手机号、验证码，勾选同意用户协议与隐私政策并进行登录。

步骤 2：单击页面左侧“在线生成”命令，进入 AI 绘画工作台。

步骤 3：选择“WD1.4 标签器”，上传图片，单击“Send to text2img”按钮，提取出提示词，再把提取出来的提示词进行文生图操作，就可以生成具有相同画面元素的绘图了，如图 2-21 所示。

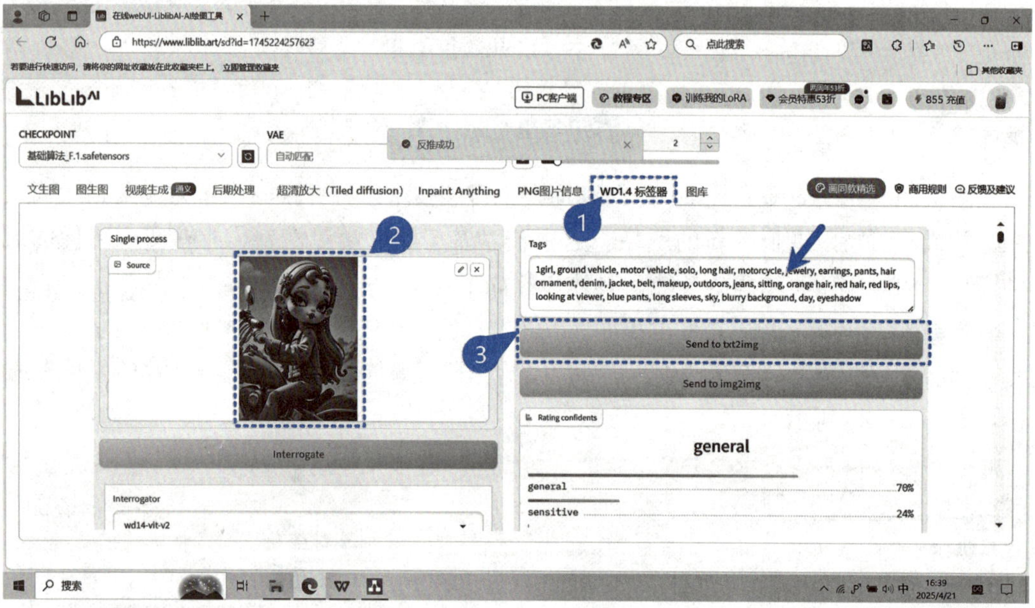

图 2-21 Liblib 标签提取

子任务 4：通过 Liblib 社区的灵感进行创作

步骤 1：在浏览器中输入“Liblib”，进入官网，单击“登录”选项。

步骤 2：在 Liblib 社区中搜索关键词以寻找灵感。例如，输入“服装”搜索，社区会展示许多与服装相关的图片，选择自己喜欢的模型，单击“立即生图”按钮，如图 2-22 所示。

图 2-22 Liblib 立即生图

步骤 3：选择自己喜欢的图片，单击“画同款”按钮，如图 2-23 所示。

图 2-23 Liblib 画同款

步骤 4：样图的指令和参数配置都会自动填好，我们只需要单击“开始生图”按钮即可，如图 2-24 所示。

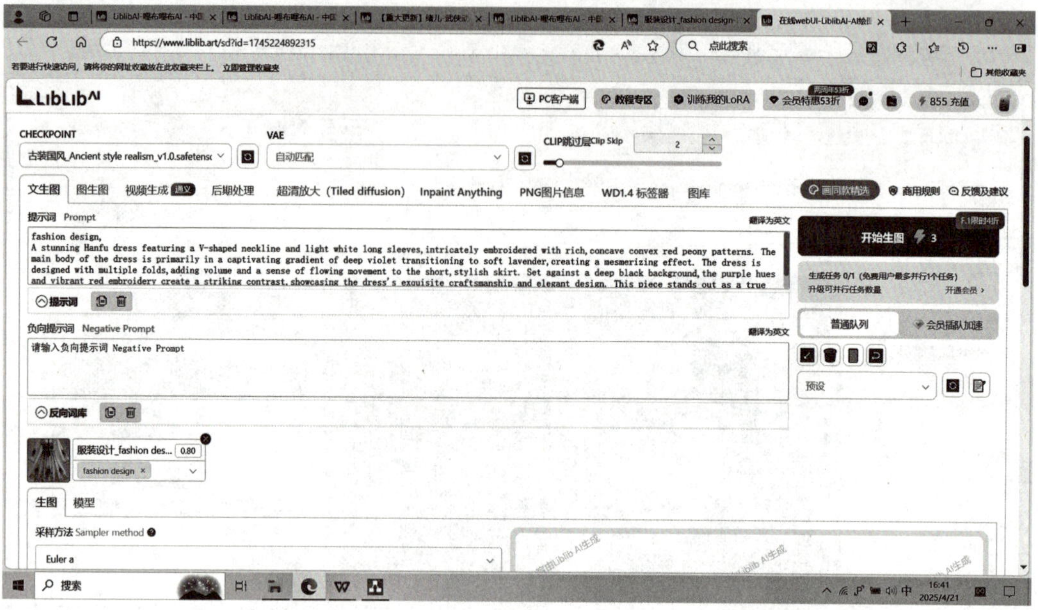

图 2 - 24 Liblib 文生图

任务小结

在本任务中，我们从理解“AI 绘画如何通过算法将文字或图像转化为艺术作品”的基础概念，到学会用精准的“提示词”为 AI 提供创作指引，相当于掌握了与智能工具对话的“语言密码”。在实践层面，通义万相、Liblib 等工具提供了多样化的创作入口，例如通过“文生图”快速实现灵感可视化，或借助“图生图”对现有素材进行风格升级；而标签器提取提示词、Liblib 社区灵感库的应用，则进一步打通了“模仿—优化—创新”的路径，帮助我们从海量案例中提炼方法论，高效完成从基础操作到个性化创作的能力跨越。这些技能不仅是数字时代视觉表达的新工具，更是未来跨界融合创新的重要基础。

任务拓展

在掌握基础技能后，我们可尝试将 AI 绘画与更多领域结合，探索其跨界潜力。例如，在商业设计中快速生成广告概念图，或为影视、游戏行业提供分镜草图；利用“图生图”功能对历史照片进行修复与艺术化重现，助力文化传播；结合编程工具（如 Python 接口）深入研究生成算法原理，甚至参与开源模型优化。此外，建议关注 AI 绘画的伦理边界，思考版权归属、艺术原创性等议题，并尝试在 Liblib 社区等发起协作项目，与全球创作者共同训练主题模型。未来可探索 AI 与 VR、3D 建模工具的联动，打造沉浸式艺术体验，让技术真正成为拓展人类想象力的桥梁。

任务 2.3 AI 视频

知识梳理

2.3.1 AI 视频的定义

AI 视频通过运用人工智能技术，使视频制作发生了革命性的变化。它能够自动执行视频的生成、编辑和优化任务，为用户提供高效且强大的视频创作工具。使用 AI 视频，你只需提供基础素材，如文字描述、图片或音频，即可快速生成完整的视频作品。无论是记录旅行见闻、展示产品特性还是实现创意构想，AI 视频都能显著提升制作效率，减少成本投入，并助力你将各种创意想法变为现实。

它能自动完成剪辑和添加特效等烦琐工作，使你能够更专注于内容的创作，从而快速制作出高质量的视频。此外，无需依赖昂贵的专业设备和团队，个人或小型团队也能以较低的成本制作出专业级别的视频作品。更重要的是，AI 技术为视频创作提供了无限的可能性，无论是独特的视觉效果还是创新的内容形式，都能通过 AI 视频轻松实现。这不仅适用于社交媒体内容的分享、企业的品牌宣传等，也为艺术创作者提供了一个全新的表达平台。因此，AI 视频不仅让视频制作变得更加简单和有趣，更为各种场景下的内容创作提供了强大的支持。

2.3.2 文生视频提示词

Prompt 作为文生视频大模型最主要的交互语言，直接决定了模型返回的视频内容。因此，如何有效使用 Prompt 来完成 AI 视频创作是每个创作者都希望了解和学习的。

怎么写提示词呢?

首先，要明确场景中的人物和冲突是什么。这是推动整个场景发展的关键因素。例如，在一个追逐场景中，冲突可能是间谍试图逃脱追赶者的追捕。

其次，要对场景进行详细的描述，包括地点、人物形象、任务动作等细节。可以使用生动的动词来营造动态和戏剧化的氛围，如“匆匆前行”“缓缓旋转”等。例如：“在昏暗的街道上，大雨如注，一个孤独的行人匆匆前行。”

最后，要加强镜头语言。镜头语言是通过摄影机的移动或焦距变化来表现画面内容的一种方式。常用的镜头运动包括推、拉、摇、移、升、降等。每种镜头运动都有其特定的作用和效果：

（1）推镜头：逐渐聚焦在某一角色的面部表情上，突出表现该角色的情感变化。

（2）拉镜头：逐渐远离主体，展示环境或背景，形成一种运动的主体不变、静止的背景变化的造型效果。

（3）摇镜头：跟随主体运动的表现方式，可以在突出主体的同时，交代主体运动方向、速度、体态及与环境的关系。

结构提示词的通用模板如下：

模板：

简单公式：[摄影机移动]+[建立场景]+[更多细节]

复杂公式：[镜头语言]（延时/第一人称/水下摄影/俯视/特写/摄影机）+[主体（主体描述）]+[主体运动]+[场景（场景描述）]+[情绪/氛围]+[电影风格（现实/科幻/西部/犯罪/恐怖/黑色/动漫）]

例如，我们想生成一个“小男孩喝咖啡”的视频，可以这样填充指令模板：

[摄影机平移]镜头缓缓移动，[主体]聚焦于一个坐在公园长椅上的小男孩，他[主体描述]身穿蓝色衬衫，手中握着一杯热气腾腾的咖啡，[主体运动]轻轻抿了一口，暖意从舌尖漫开，他的嘴角不自觉地扬起，眼睛弯成了月牙，脸上满是藏不住的惬意。[场景]背景是一片绿树成荫的公园，阳光透过茂密的树叶洒在男孩身上，形成斑驳的光影。[情绪/氛围]整个场景弥漫着宁静与祥和的氛围，男孩的愉悦心情与自然的美好相得益彰。[现实风格]画面采用现实风格，色彩自然真实，光影效果细腻，展现出生活中的平凡瞬间。

写好提示词后，如何进一步对提示词进行优化呢？下面是提示词优化的三个原则：

（1）强调关键信息：在提示的不同部分重复或强化关键词有助于提高输出的一致性。例如，摄像机以超高速镜头快速穿过场景（其中的“超高速”“快速”就是重复词）。

（2）聚焦出现内容：尽量让你的提示集中在场景中应该出现的内容上。例如，你应该提示晴朗的天空，而不是没有云的天空。

（3）规避负面效果：为了进一步保障视频生成质量，可以在提示词中写明不需要的效果。例如：“不出现扭曲、变形、模糊的场景。”

任务实施

1. 任务说明

在数字化浪潮中，掌握 AI 数字人制作、文生视频、图生视频等技能，能够将文字、图像等静态内容快速转化为生动的动态作品，大幅降低视频创作的时间与成本；

AI 视频对口型技术打破了语言与真人出镜限制，实现了多语种精准配音与虚拟形象互动；而 AI 智能剪辑则通过自动化脚本拆条、节奏优化与特效适配，让普通用户也能产出专业级视频。这些技术不仅为电商营销、教育培训、文化传播等场景提供了“零门槛”的创意工具，更能激发个人与团队在内容表达、品牌塑造中的无限潜力，成为数字化时代提升效率与竞争力的核心能力。

2. 任务实施

知识微课堂

AI 数字人制作

子任务 1：AI 数字人制作

AI 数字人，也被称为“虚拟数字人”或“数字虚拟形象”，是利用人工智能技术（如计算机图形学、自然语言处理、语音合成等）生成的虚拟角色。这些数字人可以模拟人类的外观、语言、行为甚至情感，能够与用户进行实时互动。AI 数字人因其高效、灵活和可定制性强的特点，已经在多个领域得到了广泛应用，AI 数字人可以作为在线客服，24 小时不间断地为用户提供咨询和问题解答服务。例如，银行、电信运营商等可以利用数字人提供账户查询、业务办理等服务。在企业内部，数字人可以作为员工的智能助手，帮助处理日常工作任务，如日程安排、文件管理等。

如何搭建数字人呢？这里我们使用的是抖音官方出品的剪映。剪映的数字人功能利用人工智能技术，将文本内容转化为生动的数字人播报视频。这一功能不仅降低了视频制作的门槛，还极大地提高了创作效率。用户只需简单输入文本，选择数字人形象、音色、景别以及背景，系统即可自动生成数字人播报视频。此外，剪映还提供了智能文案功能，可根据输入的主题自动生成文案，进一步简化了创作流程。具体操作步骤如下：

步骤 1：在浏览器中搜索“剪映”，找到官网并进入。单击“下载”按钮，进行软件的安装。

步骤 2：打开剪映软件，进入主页面，单击“开始创作”，即可开始你的视频剪辑任务了，如图 2-25 所示。

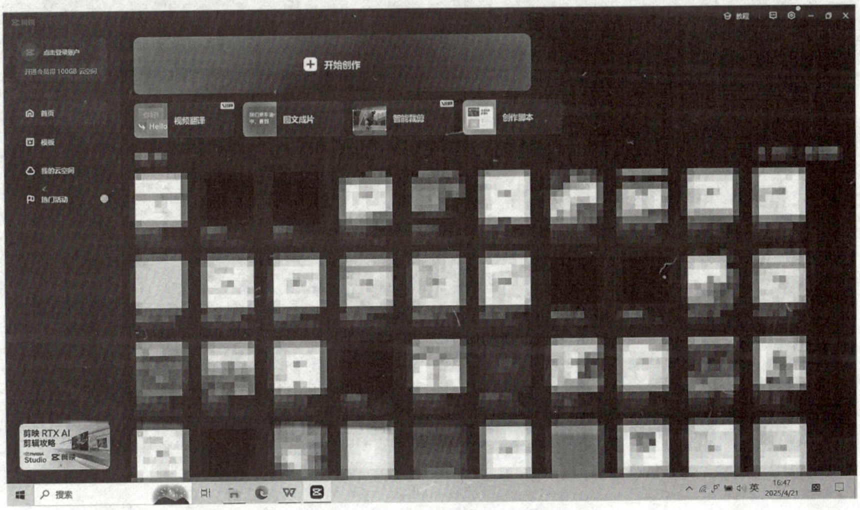

图 2-25　剪映主页面

步骤 3：单击“文本”选项，添加文本，单击“默认文本”，界面右上方会出现菜单栏，单击“数字人”选项，选择合适的数字人形象，单击“添加数字人”按钮，如图 2 - 26 所示。

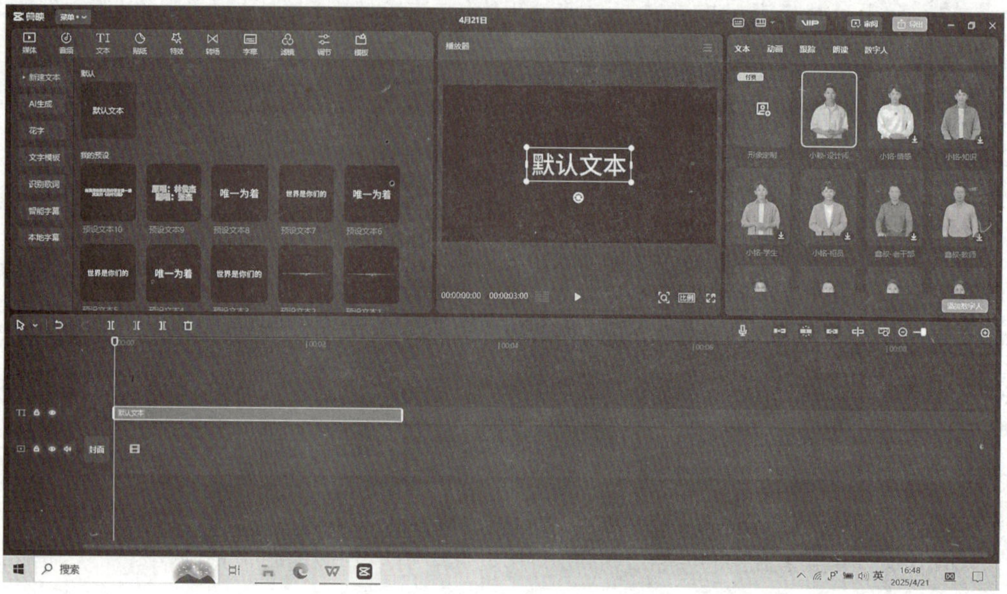

图 2 - 26　添加数字人

步骤 4：添加数字人要播放的文案，如图 2 - 27 所示。例如：“朋友们看一下这个是我们家的阳光玫瑰青提，每一个都是这样的好品质，收到手就是这样子的大串。它吃起来口感就是纯甜无酸，还带有淡淡的玫瑰清香，可以连皮一起吃，如果你们喜欢吃这样好的阳光玫瑰青提的话，直接单击视频下方的购物车来上一份尝一尝吧！”

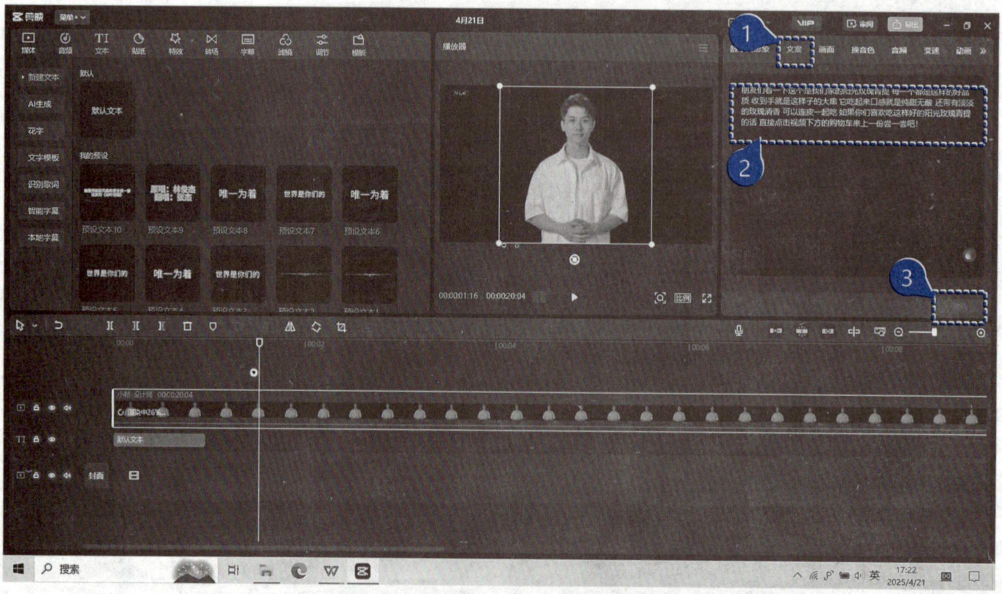

图 2 - 27　添加数字人文案

步骤 5：添加字幕，选中视频后右击鼠标，选中“识别字幕/歌词”，如图 2－28 所示。

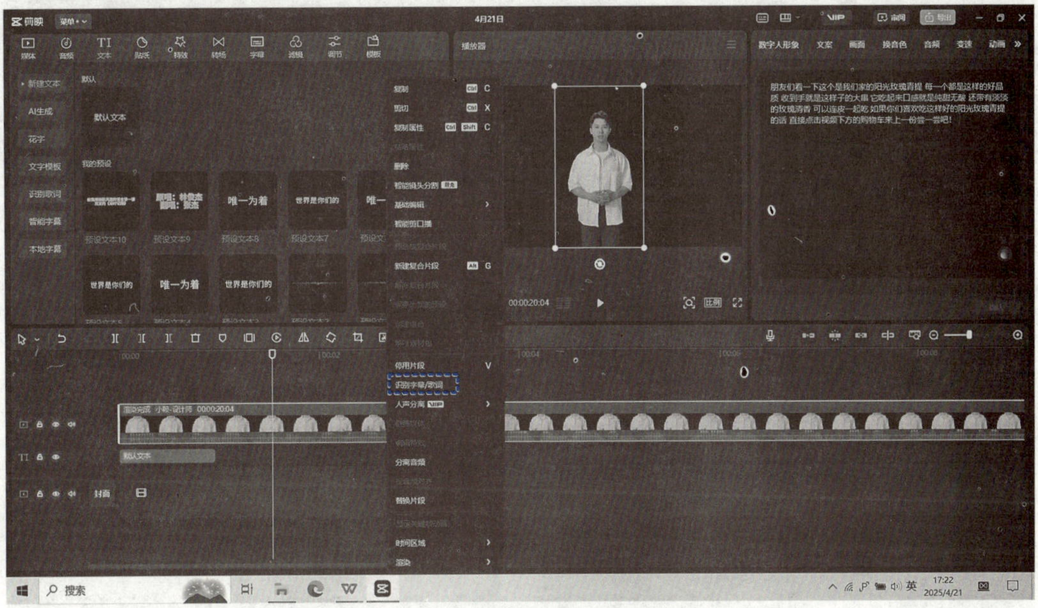

图 2－28 识别字幕

步骤 6：数字人制作完成，单击“播放”图标。

子任务 2：文生视频

文生视频（Text-to-Video）是指利用人工智能技术，根据用户提供的文本描述自动生成相应的视频内容。这项技术结合了自然语言处理、计算机视觉和视频生成技术，能够将文字中描述的场景、动作和情节转化为动态的视觉影像。这里我们使用的工具是智谱清言，具体操作步骤如下：

步骤 1：在浏览器中搜索“智谱清言”，找到官网并进入。单击右上角“登录”按钮，在弹出的对话框里勾选服务协议，选择通过获取手机验证码进行登录。

步骤 2：登录完成后进入智谱清言主页面，在左边列表选择“清影- AI 生视频”，进入 AI 视频界面，如图 2－29 所示。

步骤 3：在提示词输入框中，输入你想要生成的视频内容。例如：正面镜头半身像，可爱，彩虹色调，一位漂亮的小女生端着一碗汤，氛围温馨，日本动漫风格，如图 2－30 所示。

步骤 4：对于参数设置部分，我们不做改变，保持默认参数。

步骤 5：单击“生成视频”按钮即可生成相应视频。

图 2 - 29　智谱清言主页面

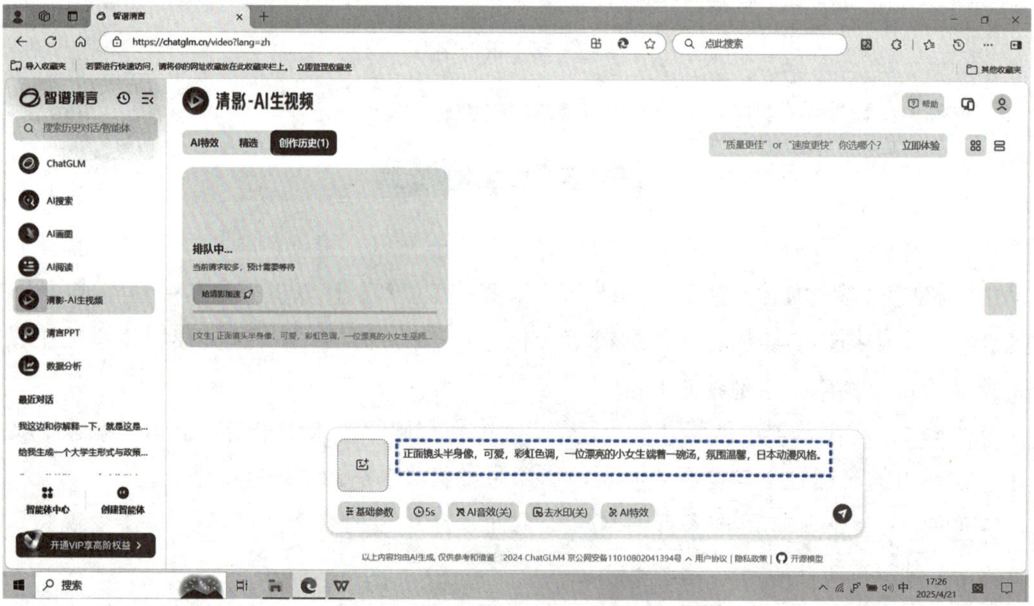

图 2 - 30　智谱清言文生视频

子任务 3：图生视频

图生视频（Image-to-Video）是指利用人工智能技术，将一张或多张静态图像作为输入，生成与之相关或经过特定变换的动态视频。这项技术基于深度学习模型，能够实现图像的动态化、内容扩展和场景演化等功能。这里我们使用的工具是即梦 AI，具体操作步骤如下：

步骤 1：在浏览器中搜索“即梦 AI”，找到官网并进入。单击“登录”按钮，在弹出的对话框里勾选服务协议，选择通过获取手机验证码进行登录。

步骤 2：进入主页面后，单击“视频生成”按钮，进入工作台，如图 2－31 所示。

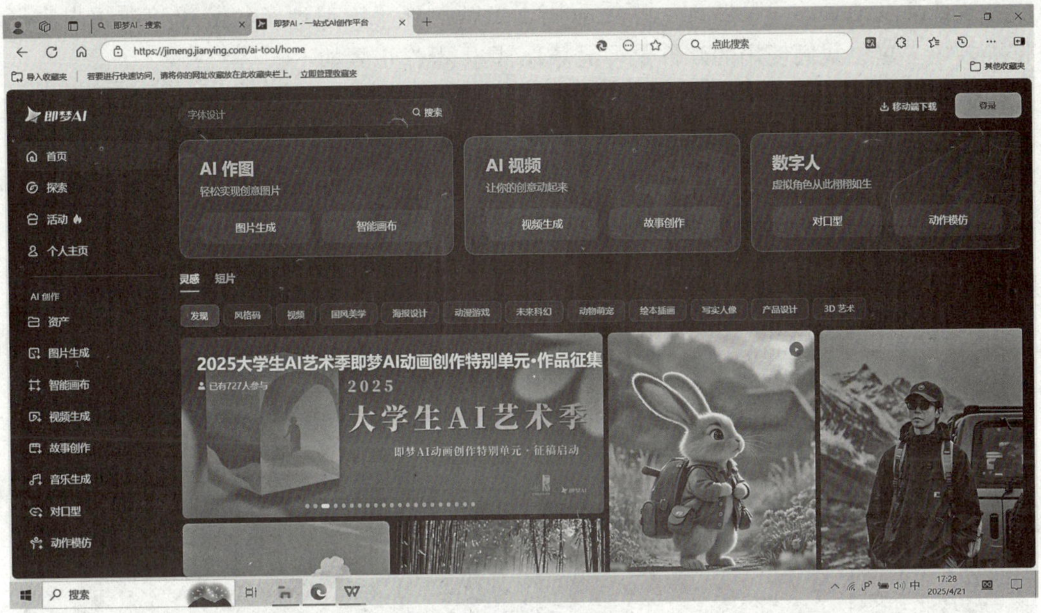

图 2－31　即梦 AI 主页面

步骤 3：上传图片，添加图片动作描述，选择好视频模型后，单击“生成视频”按钮，如图 2－32 所示。

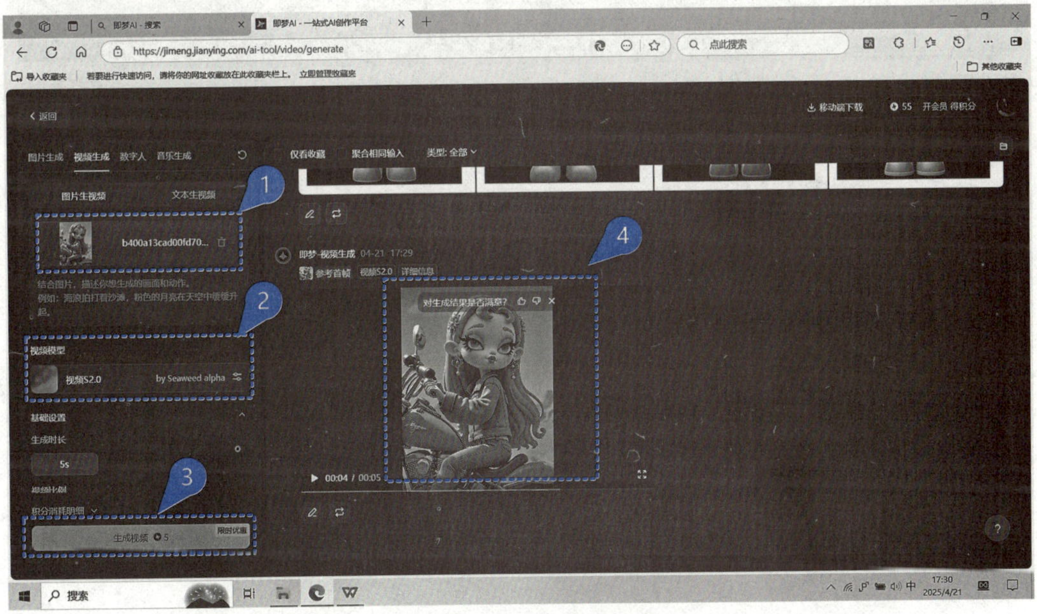

图 2－32　即梦 AI 图生视频

子任务 4：AI 视频对口型

AI 对口型（AI Lip-Syncing）是指利用人工智能技术，让计算机自动将预先录制的声音与虚拟角色或真实人物的嘴唇动作进行精确同步。这项技术通过深度学习算法，能够实现高度逼真的口型匹配，广泛应用于影视制作、虚拟现实、游戏和视频内容创作等领域。这里我们使用的软件是可灵 AI，具体操作步骤如下：

步骤 1：在浏览器中搜索“可灵 AI”，找到官网并进入。在主页的右上角单击“立即登录”按钮，选择通过获取手机验证码进行登录。

步骤 2：选择“对口型”窗口，上传不超过 10s 的角色视频，输入文本或者上传本地配音，再进行音色选择和语速情感选择，最后单击“立即生成”，如图 2－33 所示。

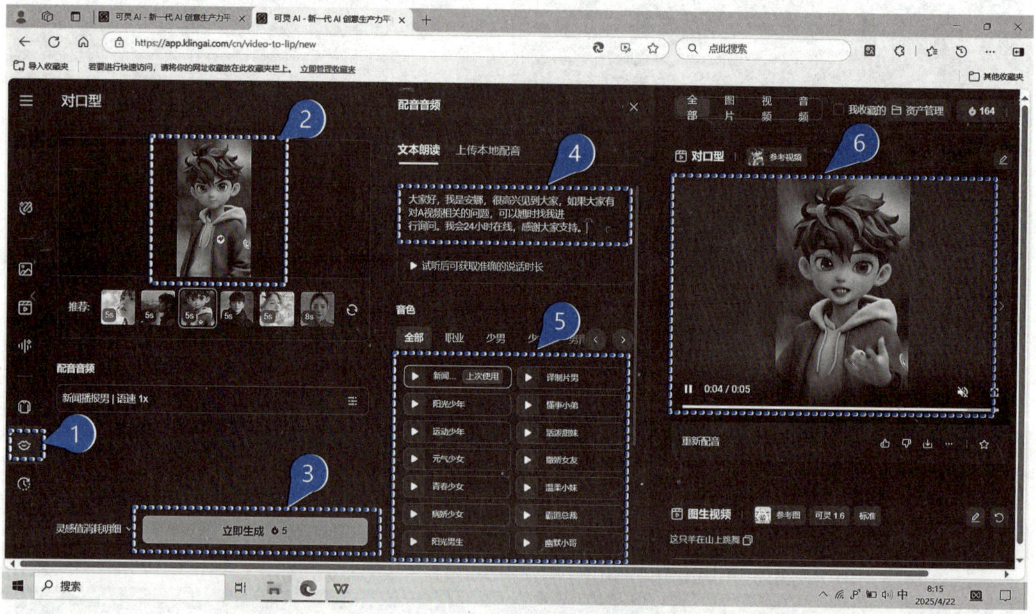

图 2－33　可灵 AI 对口型

步骤 3：等待视频生成。

子任务 5：AI 智能剪辑视频

AI 智能剪辑视频能够帮助用户自动完成视频剪辑的复杂任务，提升视频制作的效率和质量。这里我们用到的工具是度加创作工具，具体操作步骤如下：

知识微课堂

AI 智能剪辑视频

步骤 1：在浏览器中搜索“度加创作工具”，找到官网并进入。单击右上角“登录”按钮，在弹出的对话框里选择使用账号、密码进行登录。如果你没有账号、密码，可以单击右下角的账号注册，注册成功后再登录。

步骤 2：进入度加创作工具主页面，选择左侧的“AI 成片”，领取签到积分，如

图 2－34 所示。

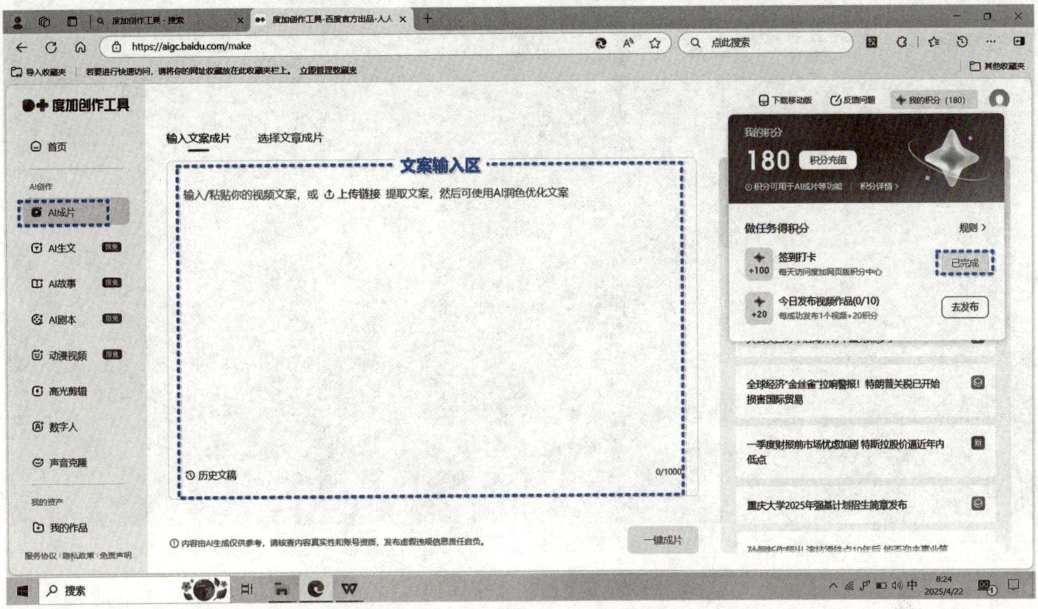

图 2－34 度加创作工具主页面

步骤 3：在文案输入区输入你想要生成的视频文案。如果你没有太多想法，也可以只输入部分文案，然后单击“AI 扩写”，让 AI 扩写帮你写剩下的文案。扩写完成后，单击“一键成片”按钮，如图 2－35 所示。

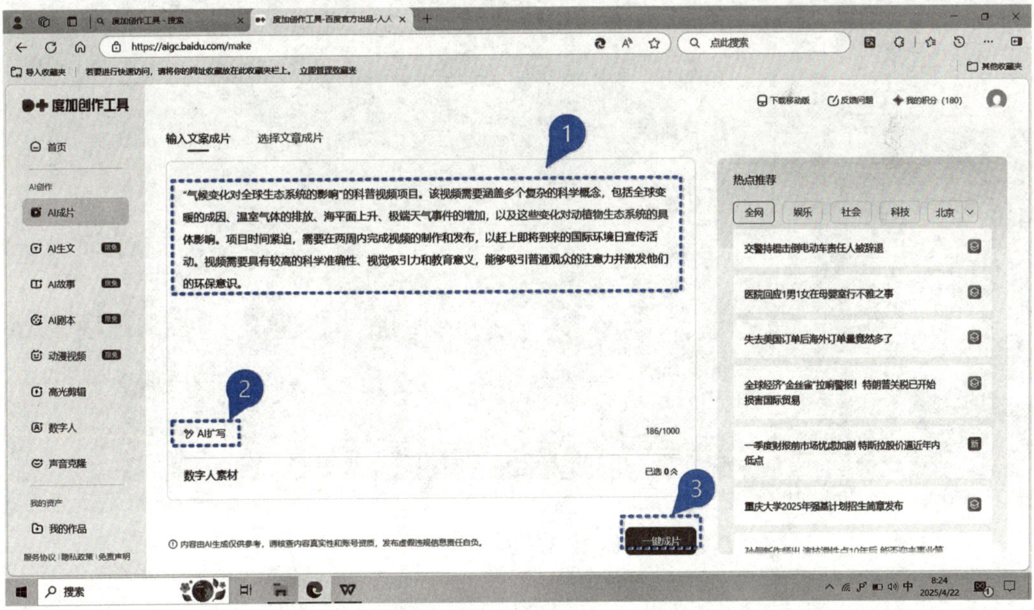

图 2－35 AI 扩写生成

步骤 4：生成与输入文案相关的视频，在这个过程中我们可以进行“字幕”“素材”“模板”“背景乐”“数字人”的修改，如图 2－36 所示。

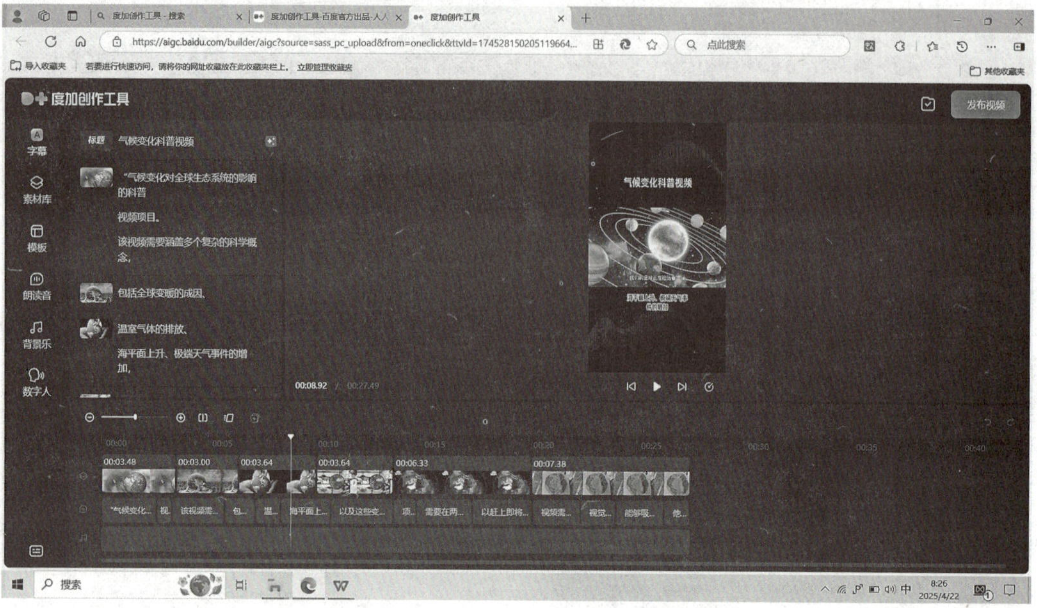

图 2-36　度加创作视频编辑页面

步骤 5：修改完成后，单击右上角的“发布视频”，再单击“生成视频”后，我们就可以把修改后的视频下载到本地了，如图 2-37 所示。

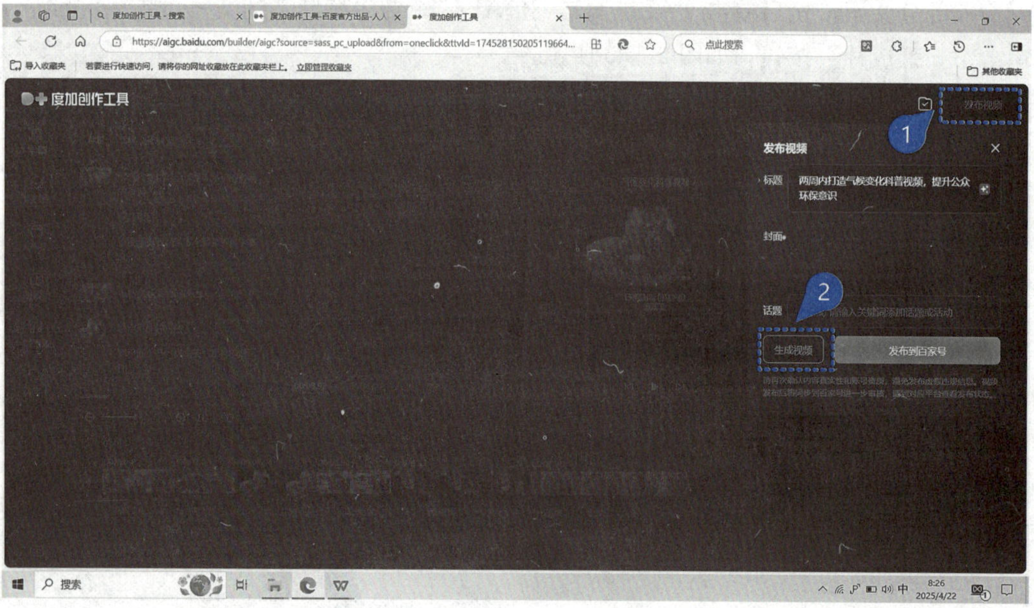

图 2-37　生成视频

任务小结

在本任务中，我们从理解“AI 视频如何用算法让文字、图片动起来”的基础逻辑出发，到掌握“提示词设计”这个与 AI 高效沟通的“语言密码”，相当于为创作配备了工具箱和说明书。通过可灵 AI、剪映等工具，我们不仅能一键生成数字人讲解视频（告别真人出镜焦虑），还能用“文生视频”把文案秒变动画、用“图生视频”让老照片焕发新生；而 AI 对口型、智能剪辑则像给视频加了“自动美颜滤镜”，轻松解决了口型不同步、剪辑节奏拖沓等问题。这些技能无论是做课程课件、电商广告，还是记录生活、玩转自媒体，都能让创作效率翻倍。记住：工具越用越顺手，未来无论是拍电影还是搞元宇宙，你今天练习的每一步都是“科技魔法”的起点！

任务拓展

在掌握基础技能后，可尝试将 AI 视频技术“玩出跨界火花”。例如，用数字人为电商直播打造 24 小时在线的“虚拟主播”，或结合老照片生成动态纪录片，让文化“活起来”；用“文生视频”为小说自动配插图动画，甚至为科研论文制作科普短片；技术控们还能深入探索“提示词＋开源代码”，训练专属风格模型，或把 AI 生成的视频导入 3D 软件做特效升级。同时，记得关注 AI 的“边界感”：比如数字人肖像权、虚假信息风险，多参与剪映社区的案例讨论，和全球创作者一起制定“技术使用指南”。未来不妨试试用 VR 眼镜看 AI 生成的沉浸式电影——技术没有天花板，你的脑洞才是关键！

任务 2.4 AI 音频

知识梳理

想象一下，你可以通过简单的文字描述，让计算机为你创作出一首动听的乐曲，或者生成一个与几乎真人无异的语音助手。这听起来像是科幻电影中的情节，但现在，随着 AI 音频生成技术的发展，这些都已经成为现实。

AI 音频生成技术是利用人工智能来创造声音的技术。它通过学习大量的语音和音乐数据，让计算机能够理解和生成各种声音。这项技术在我们的日常生活中已经有很多应用，比如你手机上的语音助手（Siri 或小爱同学），它们能够用自然的声音与你交流，回答你的问题，甚至帮你设置提醒或播放音乐。此外，AI 音频生成技术还被用于音乐创作、电影配乐、游戏音效等领域，让声音变得更加丰富和有趣。

任务实施

1. 任务说明

在数字化效率革命的浪潮下，AI配音技术打破了传统配音的时空与成本限制，实现多语种、多音色的“24小时在线声优库”，让视频创作、广告营销等内容生产更灵活；AI音乐则通过人工智能生成适配场景的旋律与编曲，无论是短视频配乐、品牌主题曲还是沉浸式游戏音效，都能快速输出且规避版权风险；而AI会议纪要通过语音识别、语义提炼与重点标记，将冗长讨论自动转化为结构化文档，大幅释放了人力、提升了协作效率。这些技术不仅解决了内容创作、沟通管理中“费时费力”的痛点，更以智能化手段重塑工作流，让个人与团队聚焦核心创意与决策，成为数字化转型中不可或缺的“效率加速器”与“创意催化剂”。

2. 任务实施

子任务1：AI配音

AI配音是指利用人工智能技术，通过计算机程序和算法自动生成的语音来为视频、音频或其他数字内容添加声音的过程。这项技术能够模仿人类的声音，为各种媒体内容提供专业、高效的配音服务。这里我们选择的软件是魔音工坊，具体步骤如下：

步骤1：在浏览器中搜索“魔音工坊”，找到官网并进入。单击右上角“登录”按钮，在弹出的对话框里勾选服务协议，选择通过获取手机验证码进行登录。

步骤2：登录完成后，单击右上角的“工作台”，进入魔音工坊主页面，单击“软件配音”，如图2-38所示。

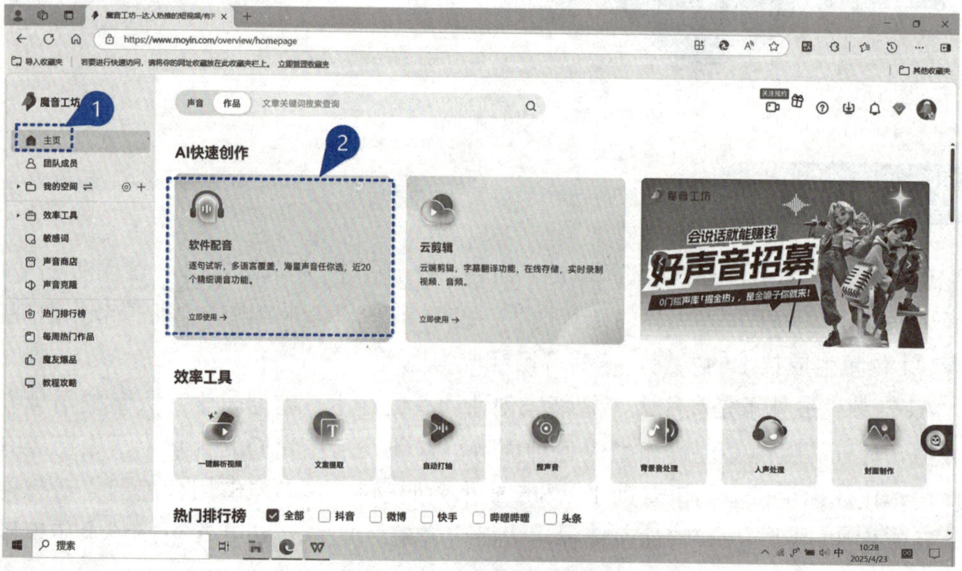

图2-38 魔音工坊主页面

步骤 3：输入配音的文案，选择声音模型，最后单击“播放”按钮，如图 2-39 所示。

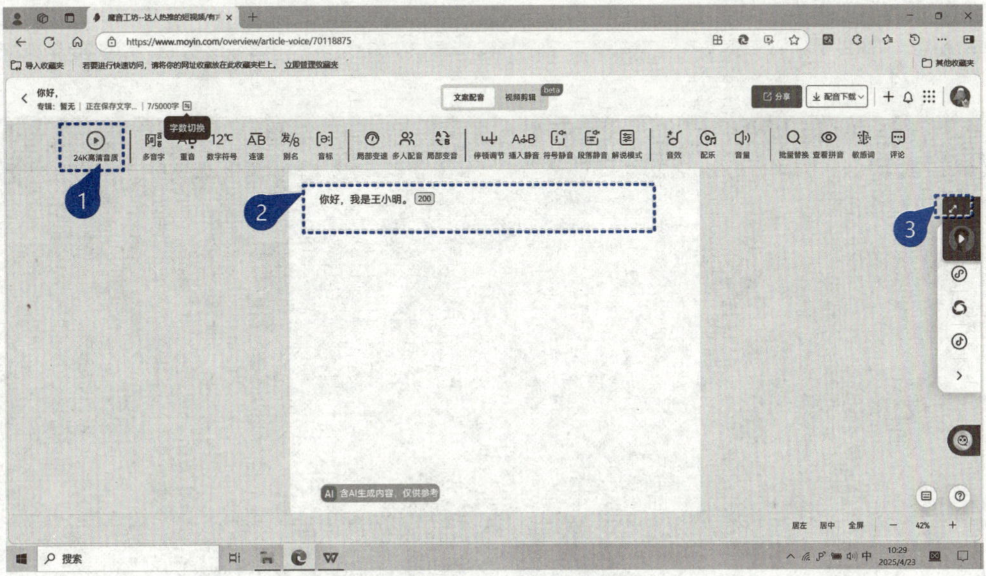

图 2-39　魔音工坊编辑页面

子任务 2：AI 音乐

AI 音乐是指利用人工智能技术在音乐创作、生成、分析和交互等方面进行应用的技术领域。它涵盖了从创作旋律、生成和声到制作完整音乐作品的全过程，为音乐产业带来了革命性的变化。这里我们使用网易天音，具体步骤如下：

步骤 1：在浏览器中找到网易天音官网，登录之后选择“AI 一键写歌”，进入主页面，如图 2-40 所示。

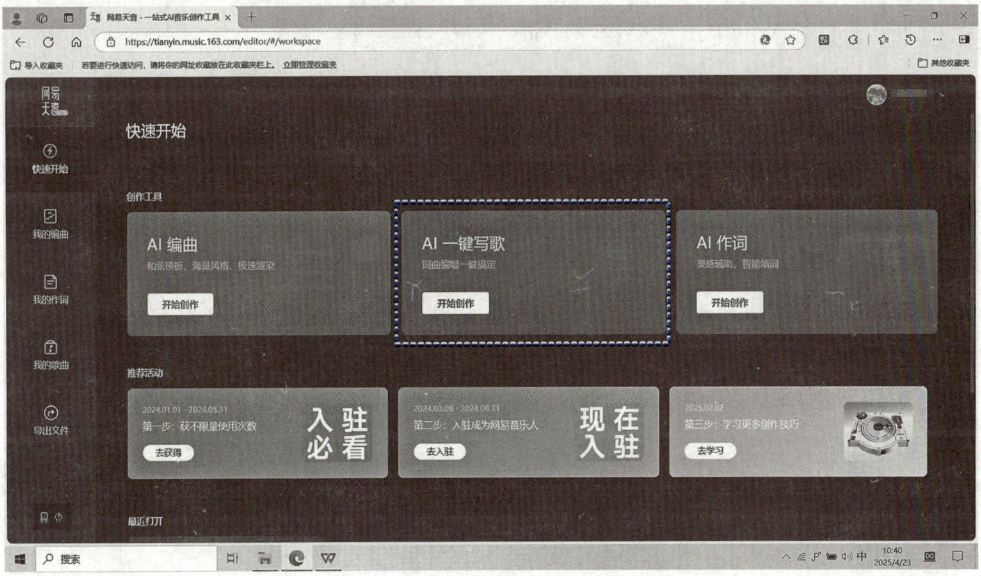

图 2-40　网易天音主页面

步骤 2：输入对应的参数要求，最后单击“开始 AI 写歌”，如图 2－41 所示。

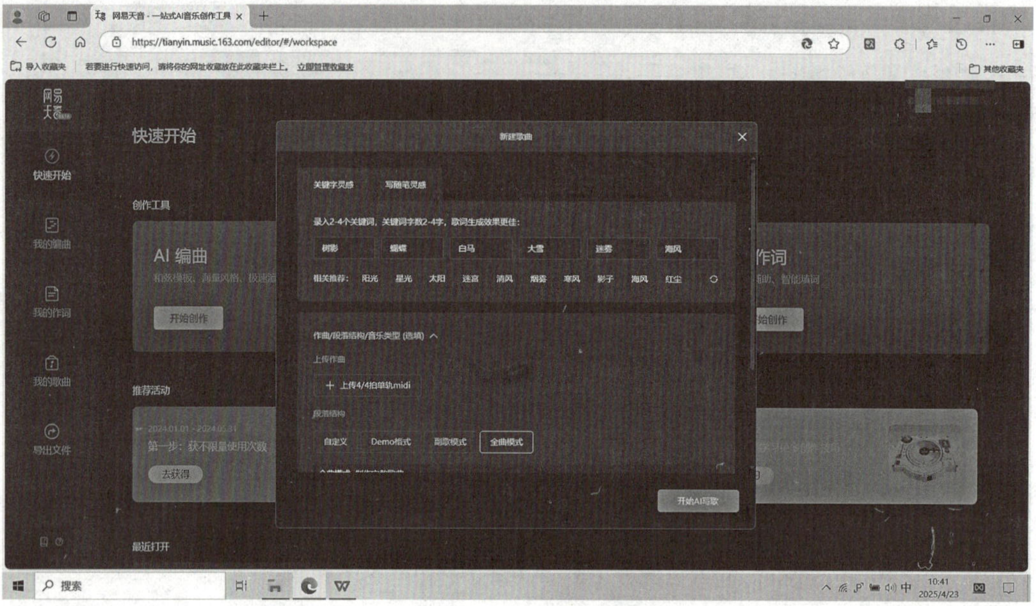

图 2－41　开始 AI 写歌

步骤 3：等待创作完成。

子任务 3：AI 会议纪要

AI 会议纪要是指利用人工智能技术，通过语音识别、自然语言处理和机器学习等手段，自动生成会议纪要的智能工具或系统。它能够实时记录会议内容，提取关键信息，并生成结构化、可读性强的会议纪要，帮助用户提高工作效率和准确性。这里我们用到的工具是科大讯飞出品的讯飞听见，具体步骤如下：

步骤 1：在浏览器中搜索“讯飞听见”，找到官网并进入。单击“下载”按钮，进行软件的安装。

步骤 2：打开讯飞听见软件，进入主页面，单击“登录”按钮，选择通过获取手机验证码进行登录。选择“会记”，单击“开始录音”按钮，如图 2－42 所示。

步骤 3：在录音界面，可以实时进行语音转文字，还可以进行笔记记录。会议结束后，可以使用 AI 分析，通过热词优化、全文概览等功能进行会议总结，如图 2－43 所示。

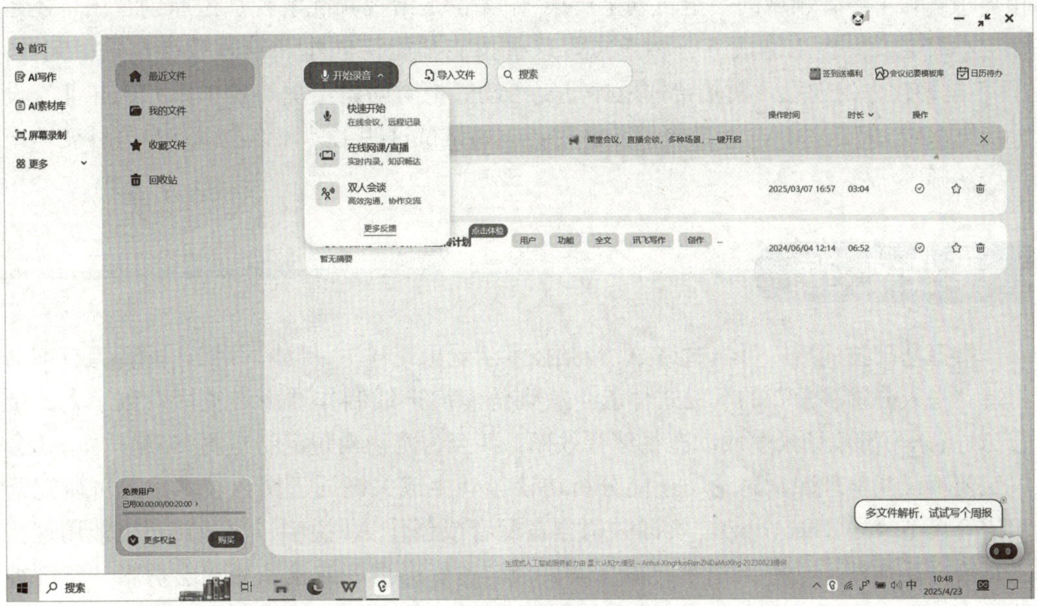

图 2－42　讯飞听见主页面

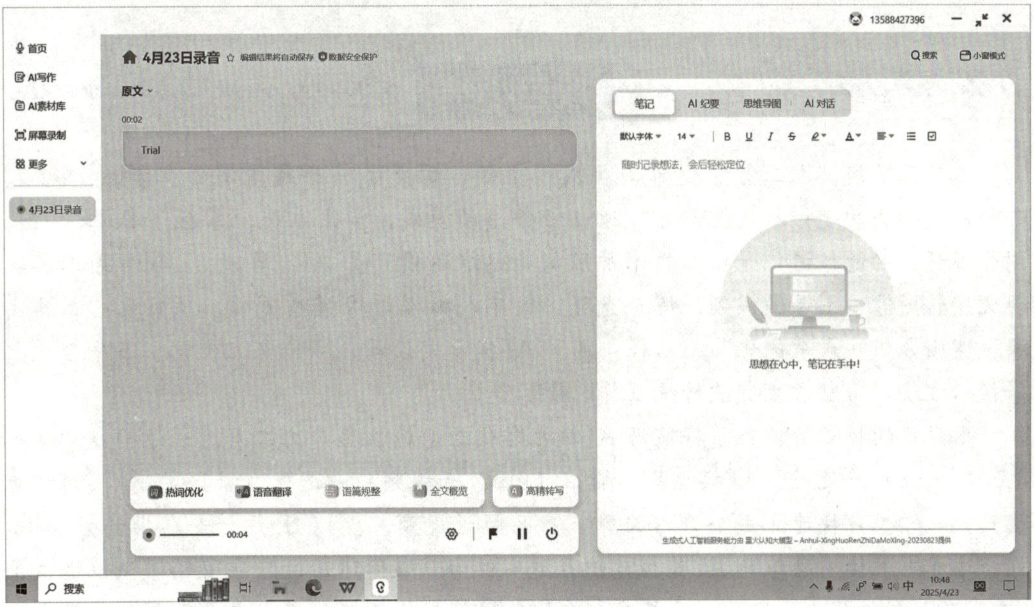

图 2－43　讯飞听见操作页面

任务小结

在本任务中，我们掌握了 AI 音频技术的核心能力——从理解“如何用算法让机器听懂、生成和优化声音”的基础逻辑，到熟练使用魔音工坊（一键生成多语种配音）、网易天音（智能定制适配场景的旋律）、讯飞听见（会议语音秒转文字纪要）等工具，相当于解锁了声音领域的“全自动生产线”。无论是给视频配解说、做原创音乐，还是把三小时会议内容浓缩成五分钟重点，这些技能都能让创作和管理效率翻倍。记住：AI 不是替代你的创意，而是帮你甩掉重复劳动，把时间留给更有价值的“人味儿”设计！下次做 PPT、拍 Vlog 甚至搞乐队时，不妨试试这些工具，你会发现自己秒变“声音魔法师”。

任务拓展

掌握基础技能后，可尝试将 AI 音频技术“玩出花样”。例如，用 AI 配音为有声书打造“一人分饰多角”的沉浸式体验，或训练专属声线制作“声音克隆”数字人；结合 AI 音乐为游戏场景生成动态情绪音效库，甚至为宠物视频定制专属 BGM；而 AI 会议纪要不仅能整理课堂讨论，还能分析访谈录音生成关键词云图。技术达人可研究开源语音模型（如 Tacotron），尝试微调方言配音或创作 AI 说唱；普通用户也能用这些工具给生活加戏——例如把朋友圈文案转成“电影旁白”或给家庭聚会剪辑“年度神曲”。不过记得关注 AI 伦理：克隆他人声音需授权，音乐版权要合规，技术越强，责任越大！未来试试用 AI 音频＋VR 打造“元宇宙演唱会”，你的脑洞就是技术进化的燃料。

项目小结

本项目围绕“人工智能创作与生成”主题，构建了一套覆盖写作、绘画、视频、音频四大领域的全链路技能体系。通过任务驱动模式，学生系统地掌握了 AI 文生图、图生视频、智能体协作等核心技术原理，能熟练运用可灵 AI、剪映、Liblib 等工具实现文字转图像、图像转视频、语音克隆、数字人播报等跨模态创作。项目以“工具实操—案例分析—成果优化”为路径，贯穿 AI 提示词设计、多轮交互优化、多平台适配等核心方法，帮助学生突破传统创作的技术壁垒。

本项目的核心价值在于将前沿 AI 技术转化为普适性生产力工具。通过构建“输入（文本/图像）—处理（AI 模型）—输出（图文/音视频）—迭代（社区灵感）”的智能生产链，学生可快速完成公众号文章、产品解说视频、虚拟 IP 设计等职场高频任务，同时培养人机协同思维与 AI 伦理意识。这不仅为新媒体运营、数字营销等岗位提供了“零代码”创作解决方案，更为教育、文化传播等领域开辟了低成本、高创意的数字化转型路径，助力个人与组织在智能化浪潮中抢占创新先机。

拓展自测

一、单选题

1. 以下哪项属于 AI 写作中的“重写”功能？（　　）

A. 根据主题生成全新邮件内容

B. 将“气候变化影响生态”改为“全球变暖威胁生物多样性”

C. 将“她很难过”扩展为“她蜷缩在角落哭泣”

D. 将 1 000 字新闻稿压缩为 200 字摘要

2. 在 AI 绘画中，“反向提示词”的主要作用是（　　）。

A. 描述画面中希望出现的元素

B. 指定艺术风格（如印象派）

C. 排除不希望出现的缺陷（如模糊、变形）

D. 调整画面的色彩饱和度

3. 使用 Liblib 平台进行“图生图”操作时，以下哪项是必要步骤？（　　）

A. 输入正向英文提示词　　B. 上传参考图并选择图生图模式

C. 调整迭代步数和采样方法　　D. 勾选多轮对话选项

4. AI 视频对口型技术的核心功能是（　　）。

A. 自动生成背景音乐　　B. 将文字描述转化为动态视频

C. 同步虚拟角色的口型与配音　　D. 修复低分辨率视频

二、简答题

1. 简述设计公众号爆款标题的三大步骤，并举例说明。

2. 列举 AI 绘画提示词的六大关键要素，并解释“设定情感/氛围”的作用。

3. 在 AI 文档分析任务中，使用 Kimi 工具的主要操作流程是什么？

4. 为什么在 AI 写作中需要与 AI 进行多轮交互？请结合“公众号文章撰写”任务说明原因。

三、操作题

1. 使用 Kimi 工具上传一份 PDF 文档，生成包含 5 个关键点的内容摘要。

2. 在 Liblib 平台中，以“未来城市”为主题，生成一幅赛博朋克风格的 AI 绘画作品，要求包含正向和反向提示词。

3. 利用剪映的 AI 数字人功能，制作一段 30 秒的“健康饮食科普”短视频，要求包含字幕和背景音乐。

4. 使用讯飞星火创建名为“职场写作助手”的智能体，要求其能根据用户输入的主题生成规范的工作邮件模板。

项目3 人工智能行业应用实践

项目导入

本项目以人工智能技术为核心，系统化探索 AI 在办公、设计、法律与客服领域的实践应用。通过学习 DeepSeek、WPS AI 等工具，掌握 Excel 数据自动化处理（如 VBA 代码生成、多表合并）与 PPT 智能创作（主题生成、动态模板调整）的核心技能；结合酷家乐 AI、千图设计室等工具，体验家居设计效果图生成、电商海报智能合成及原创 Logo 设计的创新流程；借助通义法睿、法行宝工具，理解法律咨询语义解析与赔偿量化计算的技术逻辑；最后通过 Coze 平台搭建抖音智能客服系统，实现评论管理与用户互动的自动化响应。本项目聚焦“工具实操＋场景落地”，帮助学生快速将 AI 技术转化为解决重复劳动、复杂计算及专业门槛问题的实际能力，为数字化转型中的效率提升与业务创新提供完整解决方案。

项目目标

知识目标	（1）理解 AI 办公工具（如 DeepSeek、WPS AI）的核心功能与应用场景。 （2）掌握 AI 设计工具（如酷家乐 AI、标小智）的技术原理与版权规范。 （3）熟悉法律助手（如通义法睿、法行宝）的语义解析与量化计算逻辑。 （4）了解低代码平台（Coze）搭建智能客服系统的技术框架与 API 集成机制。 （5）认知数据处理基础概念（如数据清洗、VBA 代码生成）的 AI 实现路径。

能力目标	(1) 能独立运用 AI 工具完成 Excel 数据自动化处理与 PPT 智能创作。 (2) 能通过自然语言指令生成商业级设计作品（如海报、Logo、3D 效果图）。 (3) 能借助 AI 法律工具解析法律问题并计算标准化赔偿金额。 (4) 能部署低代码智能客服系统，实现用户互动自动化管理。 (5) 能调试 AI 生成的 VBA 代码，解决常见报错与逻辑优化问题。
素养目标	(1) 形成利用 AI 技术优化工作流程的创新思维与问题解决意识。 (2) 培养人机协作中的责任伦理（如法律工具建议的合规性核验）。 (3) 提升跨领域技术整合能力（如设计工具与办公场景的联动）。 (4) 建立持续学习 AI 新工具、适应数字化转型的职业发展理念。 (5) 强化数据隐私保护与版权合规意识（如 API 密钥管理、字体版权规避）。

任务 3.1 AI 办公

知识梳理

AI 办公，简单来说就是利用人工智能技术让办公变得更高效、更智能。就像你身边多了个“聪明助手”，它能帮你处理大量重复性工作，还能做一些以前需要专业知识才能完成的任务。比如，你想写一份工作报告，AI 可以根据你给的关键词自动生成内容框架；开会时，AI 能实时把语音转成文字记录，自动总结会议重点；处理 Excel 表格时，AI 能预测数据趋势，甚至发现隐藏的问题。它还能把一张随手拍的表格照片自动识别成电子文件，或者把一篇中文文档秒翻成英文文档。这些功能不是取代人类，而是帮我们节省时间，减少低级错误，把精力用在更需要创造力的地方。AI 办公的核心，就是让机器“学会”理解文字、数据、图像甚至语音，然后帮我们完成原本费时费力的工作，让办公变得更轻松、更智能。

任务实施

1. 任务说明

本任务展示了如何通过 AI 工具（如 DeepSeek、WPS AI、通义千问等）实现办公智能化：在 Excel 中，AI 可执行数据运算（求和、极值、逻辑判断）、自动生成 VBA 代码处理批量任务（如成绩统计与图表生成）、智能标记数据异常值（如标红不及格成绩），并完成数据清洗、多表合并/拆分及高级分析（对比/相关性分析）；在 PPT 创作中，AI 能基于主题、文案或网页一键生成大纲，自动转化文档为专业 PPT，并动态调整模板、动画及配色；通过集成 DeepSeek 的 API 与工具插件（如 ChatPPT），用户仅需自然语言指令即可联动 WPS/Excel 处理复杂操作，将烦琐的代码编写、数据处理和设计优化工作转化为高效的自动化流程，显著降低技术门槛，提升办公效率与成果的专业性。

2. 任务操作

子任务 1：Excel 中使用 AI 进行数据运算

在 Excel 中通过 AI 辅助进行数据运算（如求和、平均值、极值、逻辑运算、合并运算等），指的是利用人工智能技术简化或自动化这些基础但重复性高的操作，让用户以更直观、高效的方式处理数据。

（1）求和。

这里我们使用的工具是 DeepSeek，具体操作步骤如下：

步骤 1：在浏览器中输入“DeepSeek”，进入官网，单击“登录”按钮，选择获取手机验证码进行登录。

步骤 2：单击点亮“深度思索（R1）”，再单击“上传附件”图标，将需要处理的 Excel 表格上传，最后在输入框中输入：“单条件求和：提取所有省份 2022GDP 数据，并计算总和，以 Excel 表格的方式展现给我”，如图 3-1 所示。

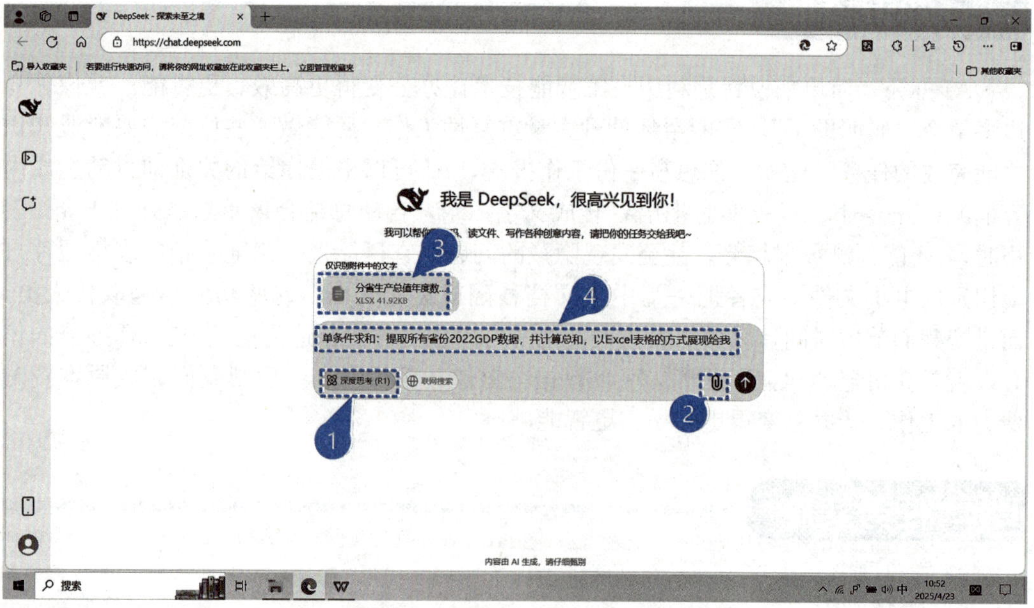

图 3-1 单条件求和

步骤 3：等待结果生成，将生成的结果复制并粘贴到 Excel 表格中，如图 3－2 所示。

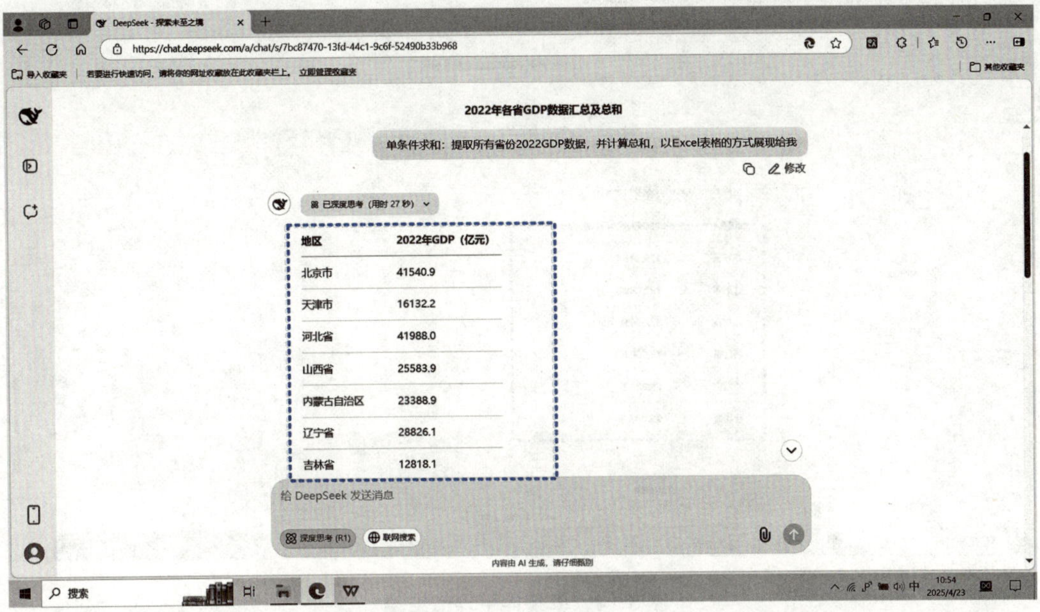

图 3－2　单条件求和结果

（2）平均值。

步骤 1：在上述步骤的基础上继续在 DeepSeek 的输入框中输入："单条件平均值：提取 2022GDP 排名前五地区的数据，以 Excel 表格的方式展现给我"，如图 3－3 所示。

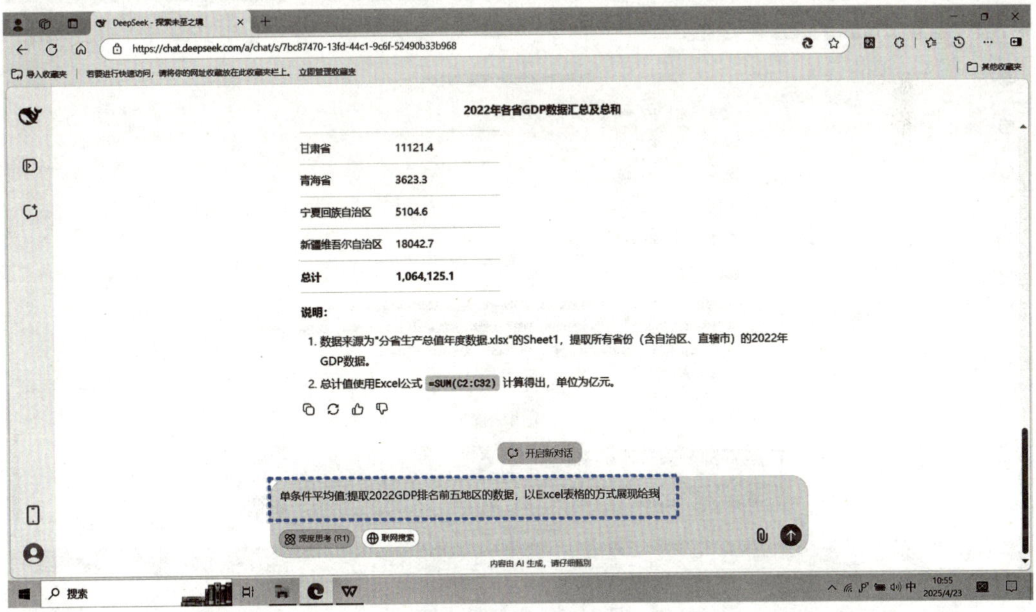

图 3－3　单条件平均值

步骤 2：等待结果生成，将生成的结果复制并粘贴到 Excel 表格中，如图 3－4 所示。

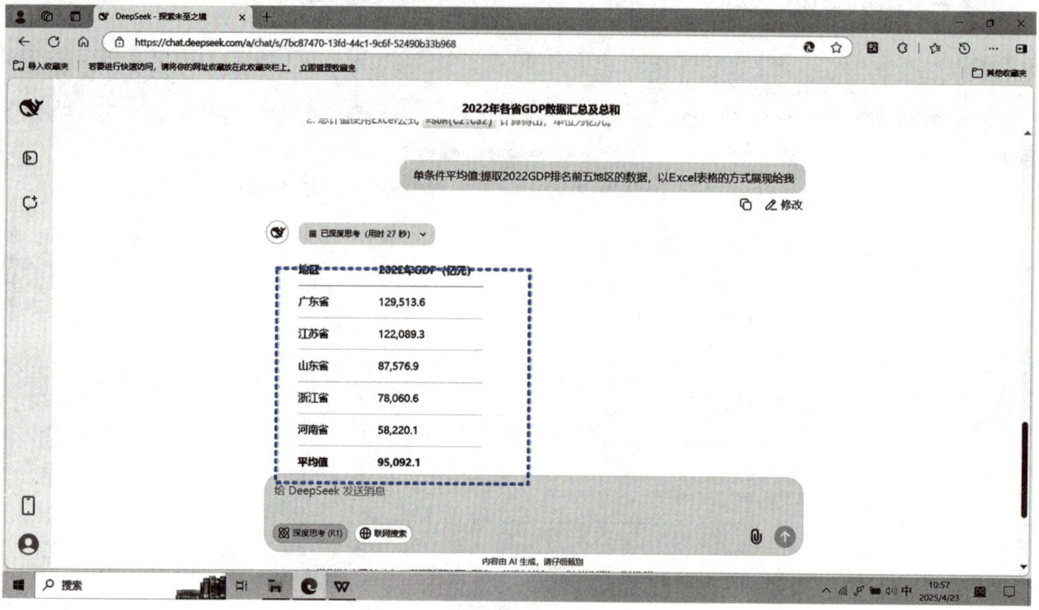

图 3-4　单条件平均值结果

（3）极值。

步骤 1：在上述步骤的基础上继续在 DeepSeek 的输入框中输入："数值最大值：提取出 2023 年 GDP 最大值和所在地区"，如图 3-5 所示。

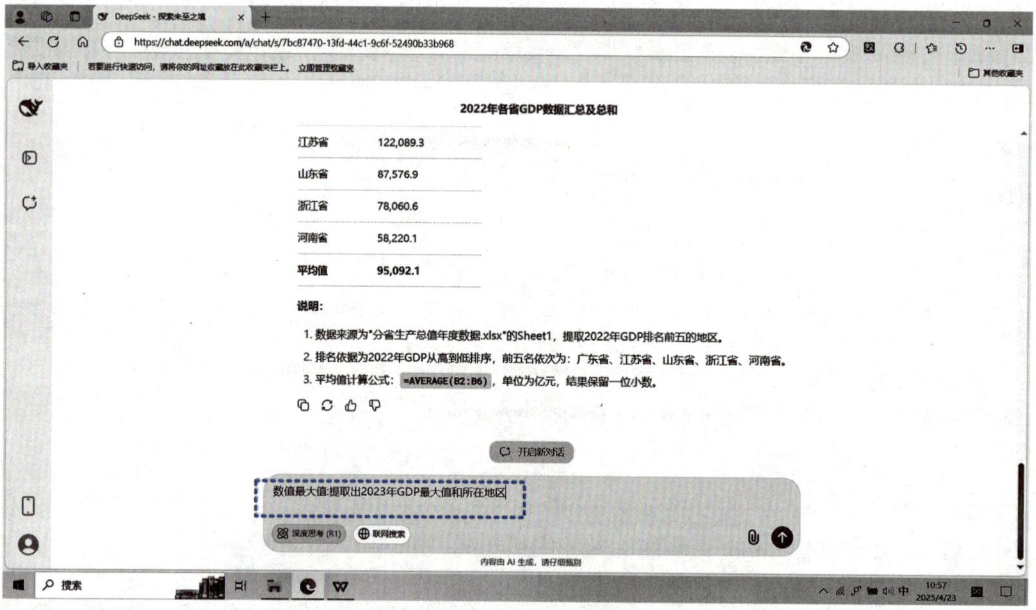

图 3-5　数值最大值

步骤 2：等待结果生成，将生成的结果复制并粘贴到 Excel 表格中，如图 3-6 所示。

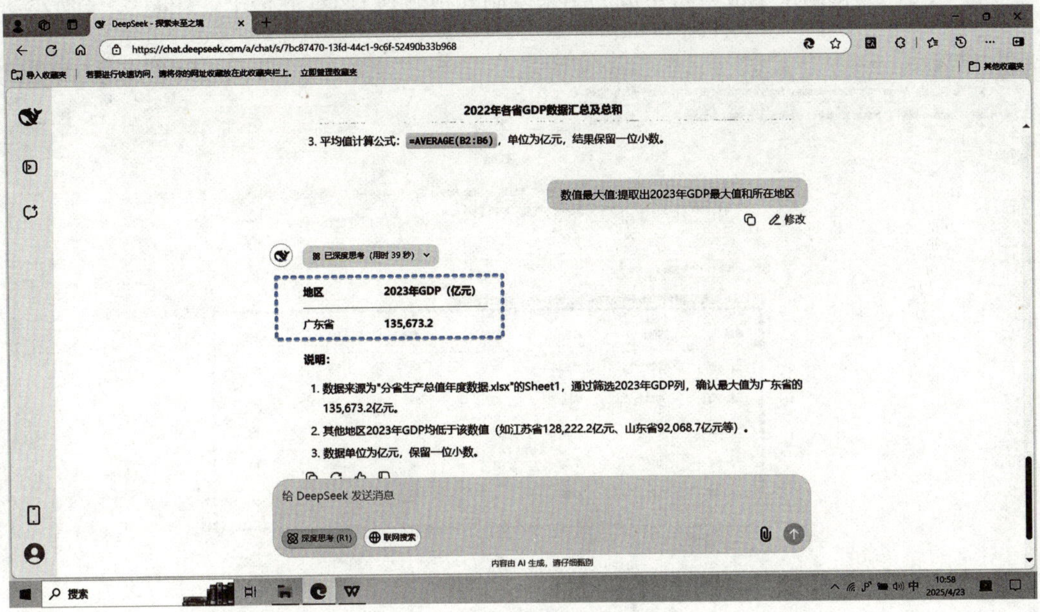

图 3-6　数值最大值结果

（4）逻辑运算。

步骤 1：如果想要快速处理，可以取消点亮“深度思索（R1）”，再单击“上传附件”图标，将需要处理的 Excel 表格上传，最后在输入框中输入：“满足单一条件：对全年级学生总成绩进行等级划分：500—600 为 A，450—499 为 B，420—449 为 C，400—419 为 D，0—399 为 F。以 Excel 表格的方式展示给我”，如图 3-7 所示。

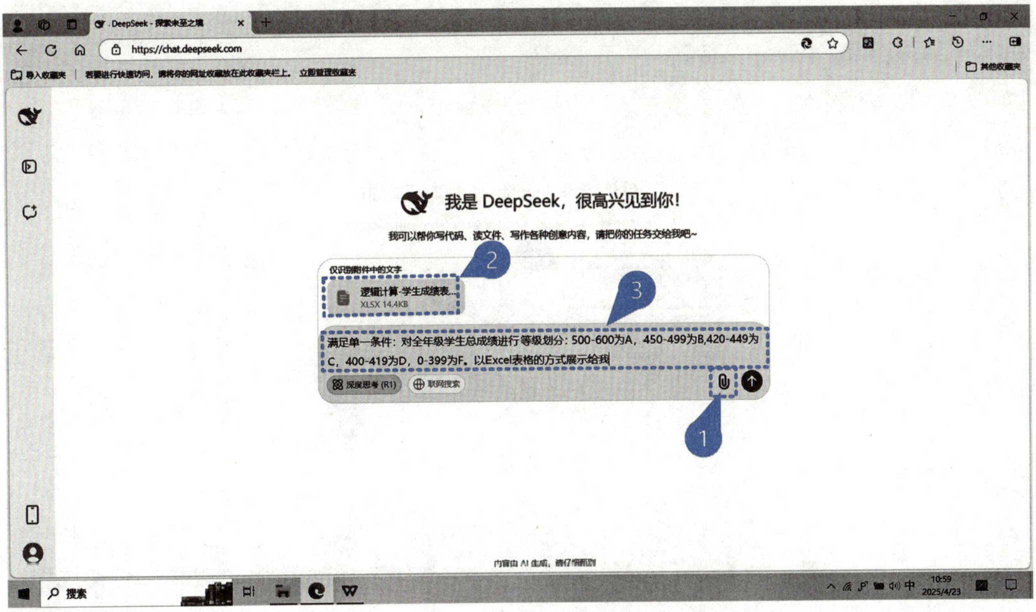

图 3-7　逻辑运算

步骤 2：等待结果生成，将生成的结果复制并粘贴到 Excel 表格中，如图 3－8 所示。

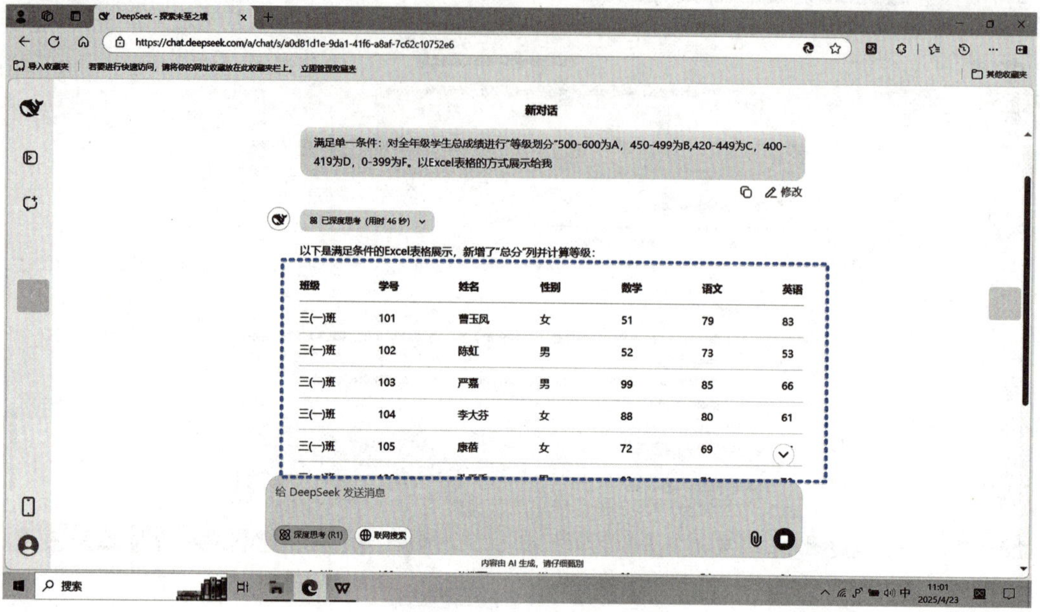

图 3－8　逻辑运算结果

（5）合并运算。

步骤 1：单击"上传附件"图标，将需要处理的 Excel 表格上传，最后在输入框中输入："分类汇总：提取高三（三）班所有同学成绩，以 Excel 表格的方式展示给我"，如图 3－9 所示。

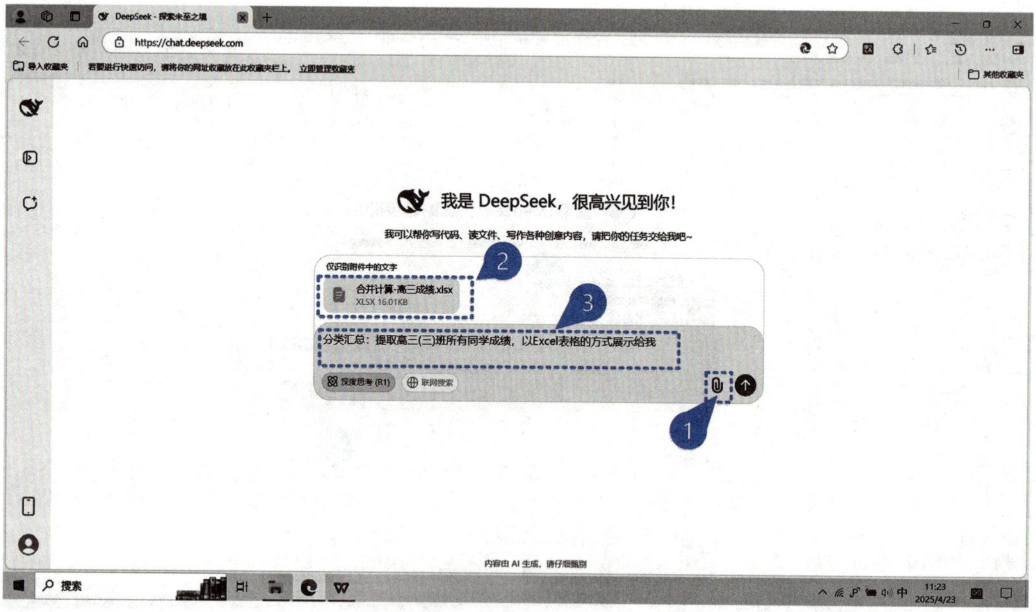

图 3－9　合并运算

步骤 2：等待结果生成，将生成的结果复制并粘贴到 Excel 表格中，如图 3－10 所示。

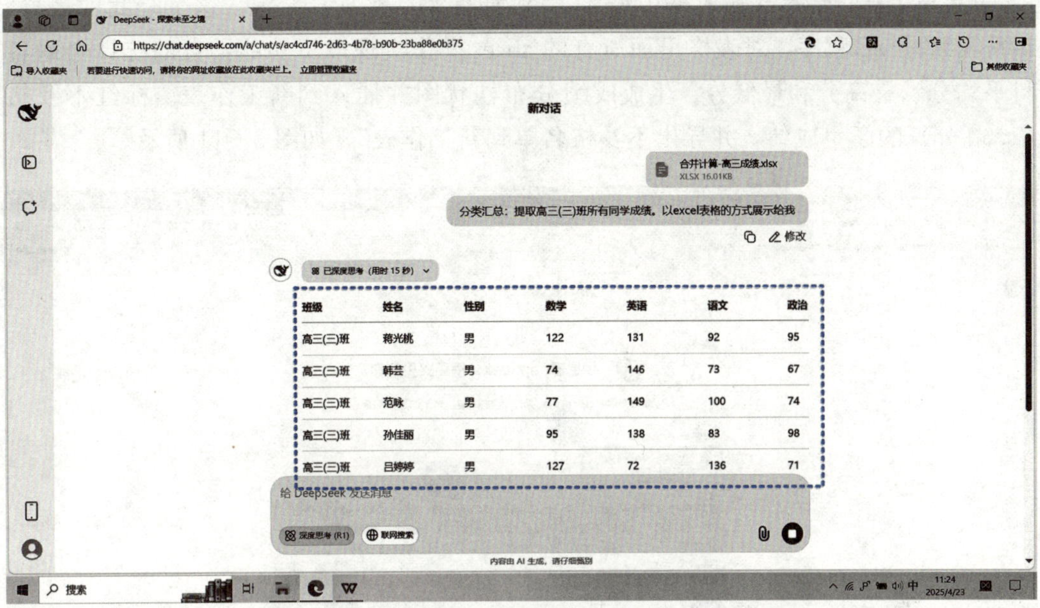

图 3－10　合并运算结果

子任务 2：Excel 中使用 VBA 解决批量问题

VBA（Visual Basic for Applications）代码是 Excel 内置的编程语言，允许用户通过编写自动化脚本来扩展和定制 Excel 的功能。在 Excel 中使用 VBA 代码，主要是为了高效处理重复性任务（如批量操作数据、生成动态报表、自动执行复杂计算等），或实现 Excel 原生功能无法直接完成的操作（如自定义交互界面、跨文件处理、调用外部程序等），从而显著提升工作效率、减少人为错误，并实现灵活的业务流程自动化。

知识微课堂

Excel 中使用 VBA 解决批量问题

自学 VBA 代码需要投入大量时间学习语法、逻辑及调试技巧，适合有编程基础或长期需求者；而利用 AI 生成 VBA 代码（如通过自然语言描述需求）能快速输出可执行脚本，大幅降低学习门槛，即时解决实际问题，尤其适合新手或紧急任务。AI 写代码的优势在于效率高、错误少、逻辑清晰，并能通过案例反向学习代码逻辑。建议用户掌握基础概念后，优先借助 AI 工具辅助编写，既能快速提升工作效率，又能通过实践逐步理解 VBA 核心思路，实现“用中学”的高效成长。

大学教师或行政人员经常需要处理大量学生成绩数据，例如：计算班级平均分、最高分和最低分，生成成绩分布图，将不及格学生信息标红并单独导出。自动统计全班各科平均分、最高分和最低分，生成成绩分布柱状图并将之插入新工作表。标红不及格（＜60 分）的学生成绩。Excel 中使用 VBA 解决批量问题的具体步骤如下：

步骤 1：在浏览器中输入“DeepSeek”，进入官网，单击“登录”按钮，选择获取手机验证码进行登录。

步骤 2：单击点亮“深度思索（R1）”，再单击“上传附件”图标，将需要处理的 Excel 表格上传，最后在输入框中输入：“假如你是一名 VB 专家，这个是我的表格，请帮我编写 VB 程序，对表格里面所有的 sheet 操作实现以下功能：自动统计全班各科平均分、最高分和最低分。生成成绩分布柱状图并插入到新工作表。标红不及格（<60 分）的学生成绩，并导出不及格名单到新工作表”，如图 3－11 所示。

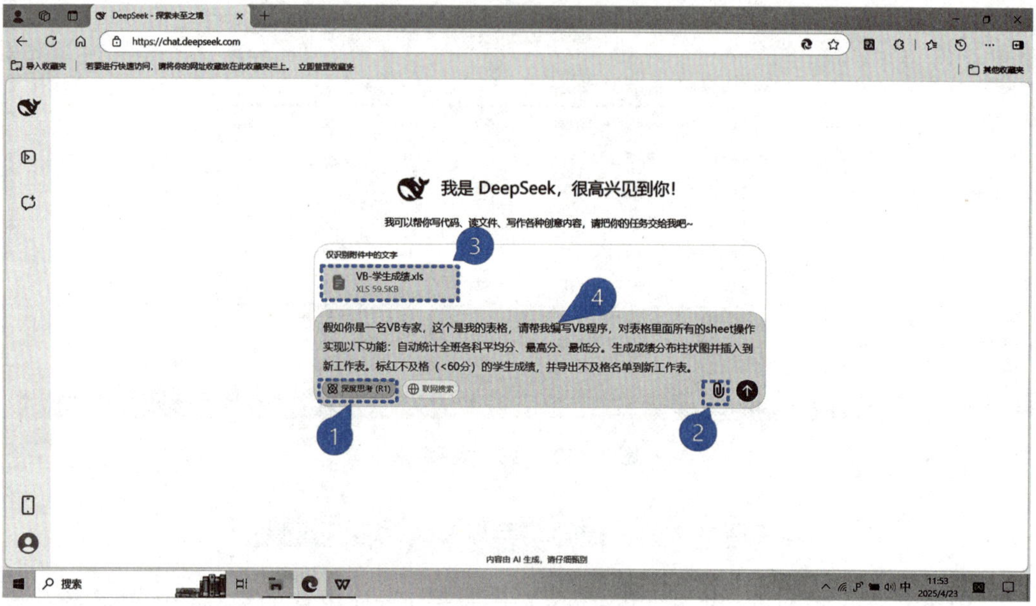

图 3－11　生成 VBA 代码

步骤 3：等待结果生成，复制生成的结果，如图 3－12 所示。

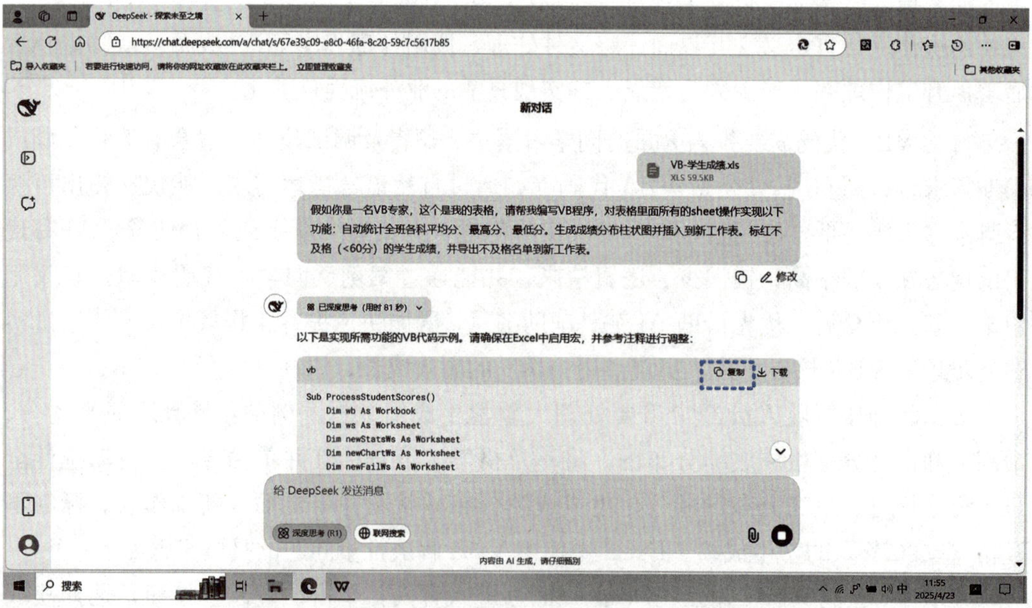

图 3－12　复制 VBA 代码

步骤 4：打开 Excel 表格，运行“VB 编辑器”，如图 3－13 所示。

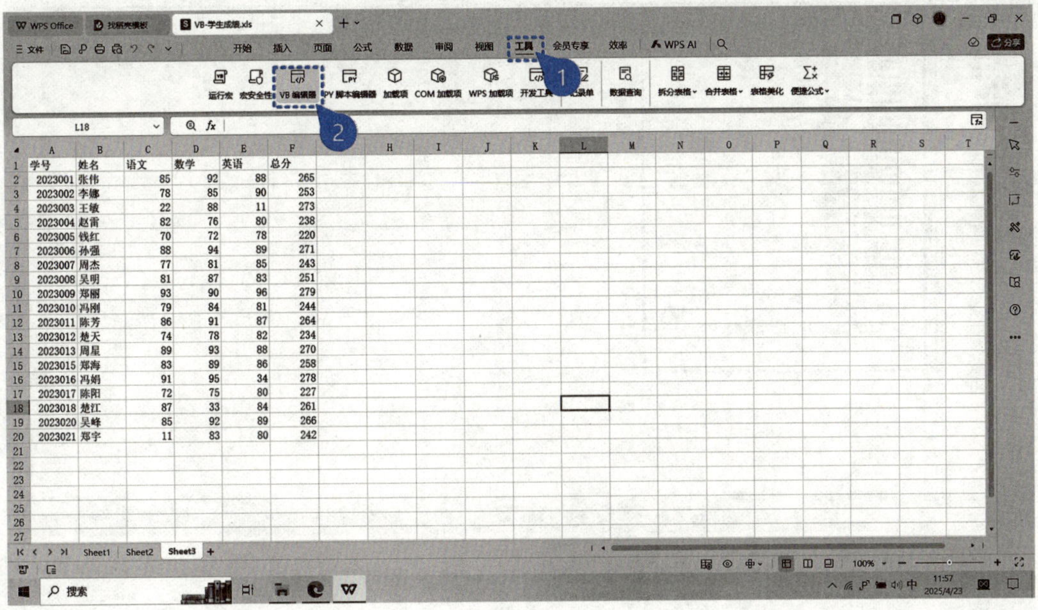

图 3－13　Excel 工具

步骤 5：新建模块，如图 3－14 所示。

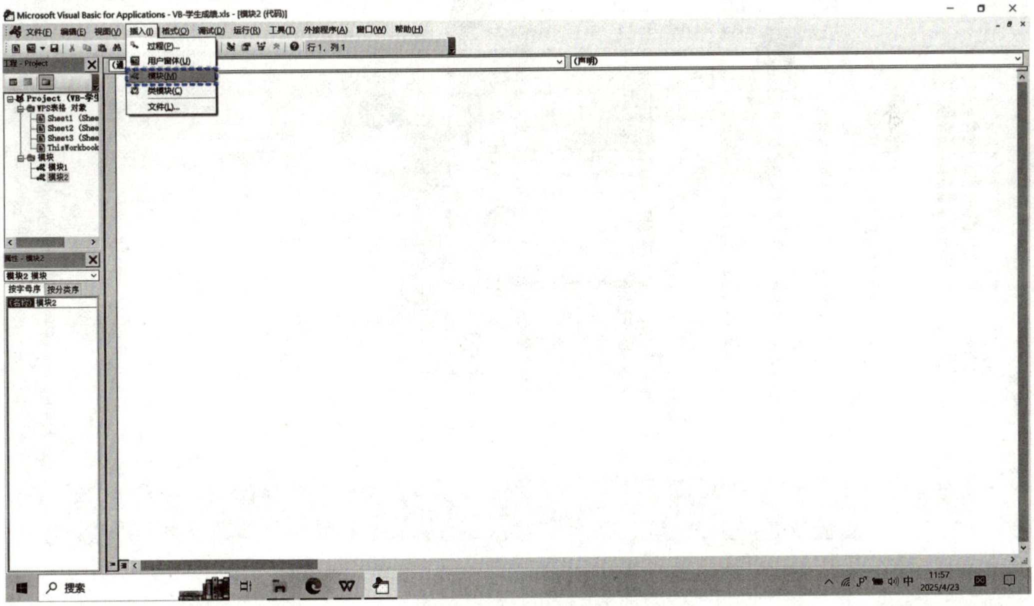

图 3－14　Excel 工具模块

步骤 6：在新建的模块中，粘贴步骤 2 复制的 VBA 代码，如图 3－15 所示。

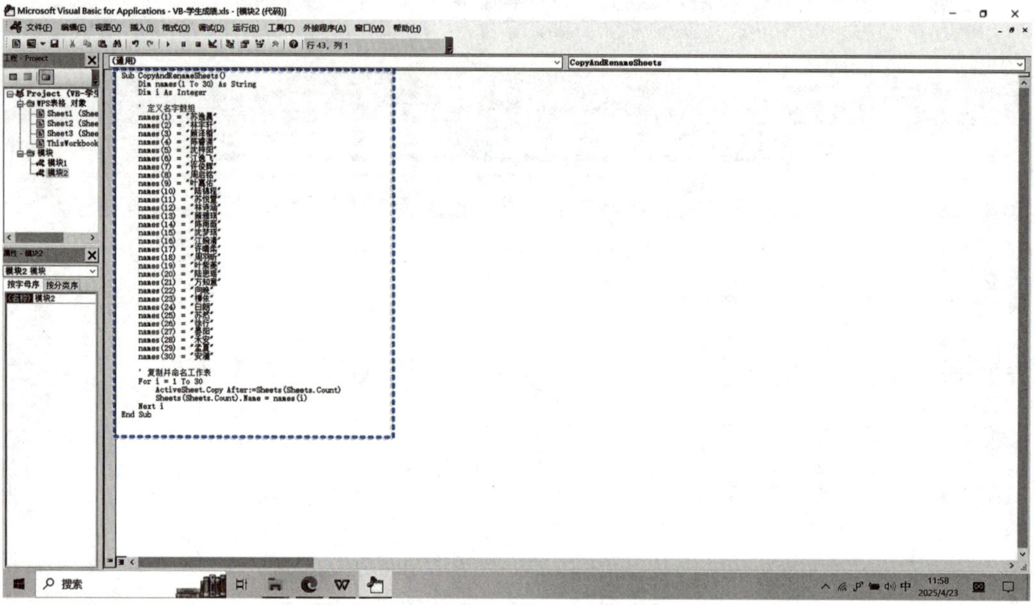

图 3 - 15　粘贴 Excel 模块代码

步骤 7：关闭“VB 编辑器”窗口，在工具选项卡中，单击“运行宏”，选中刚刚建立好的 VBA 代码名称，单击“运行”，如图 3 - 16 所示。

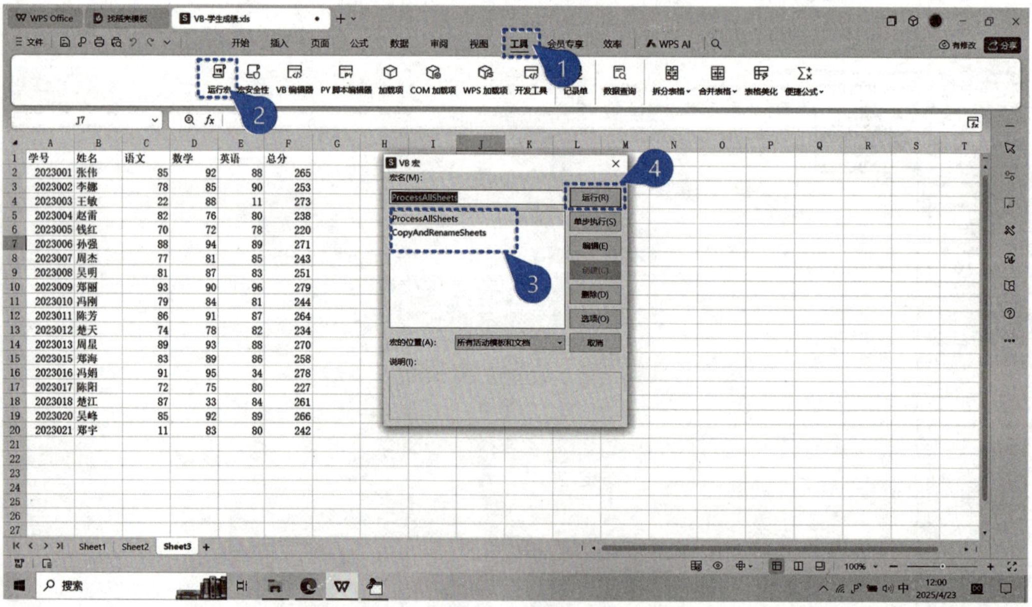

图 3 - 16　Excel 运行宏

步骤 8：等待结果生成，如图 3 - 17 所示。

AI 大模型的 VBA 代码有的时候不会一次成功，会遇到问题，当不好解决的时候，可以反馈给大模型，让它进行修改。

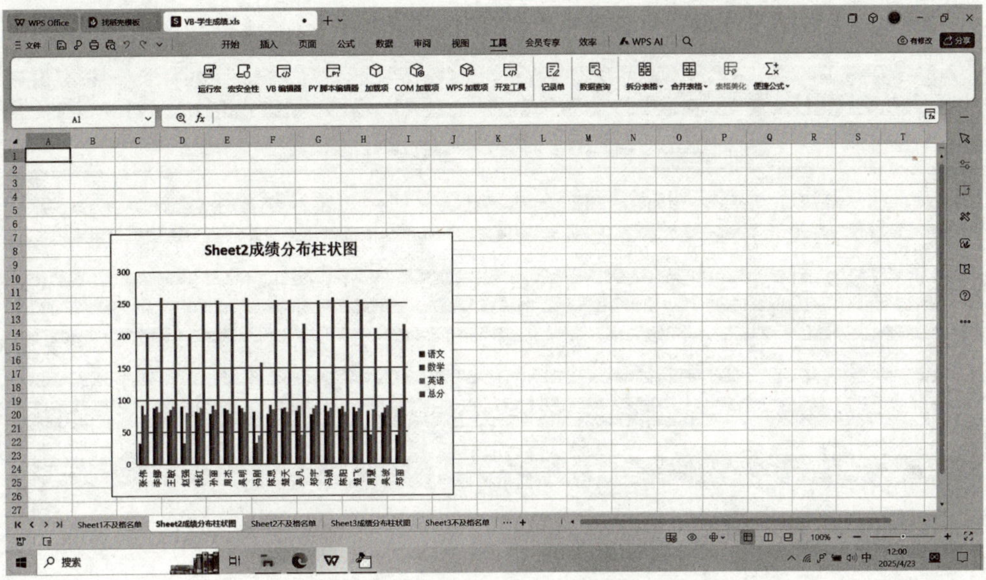

图 3－17 Excel 运行宏结果

子任务 3：Excel 中使用 AI 条件格式标记

Excel 中的“AI 条件格式标记”是指借助人工智能自动分析数据特征（如异常值、趋势或分布），智能匹配条件格式规则（如颜色梯度、图标集等），动态高亮或标注关键信息，无需手动设置复杂规则即可直观呈现数据洞察，显著提升分析效率。这里我们使用 WPS 出品的 WPS AI 工具，具体操作步骤如下：

步骤 1：打开一张 Excel 表格，选择 WPS AI 中的 AI 条件格式，输入想要标记的需求，例如：将 C 列在 80—90 之间的整行标记为红色，如图 3－18 所示。

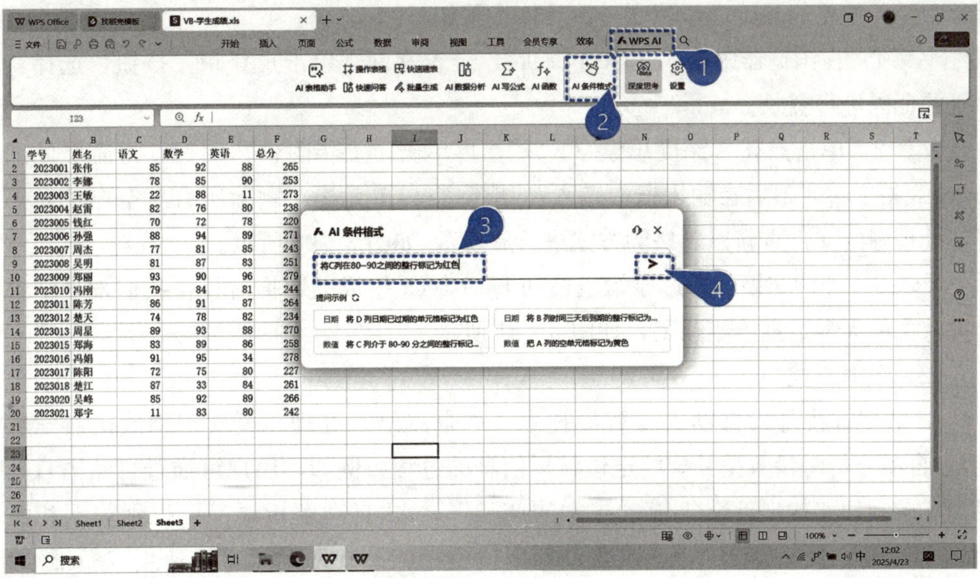

图 3－18 AI 条件格式

步骤 2：等待结果生成，如图 3 - 19 所示。

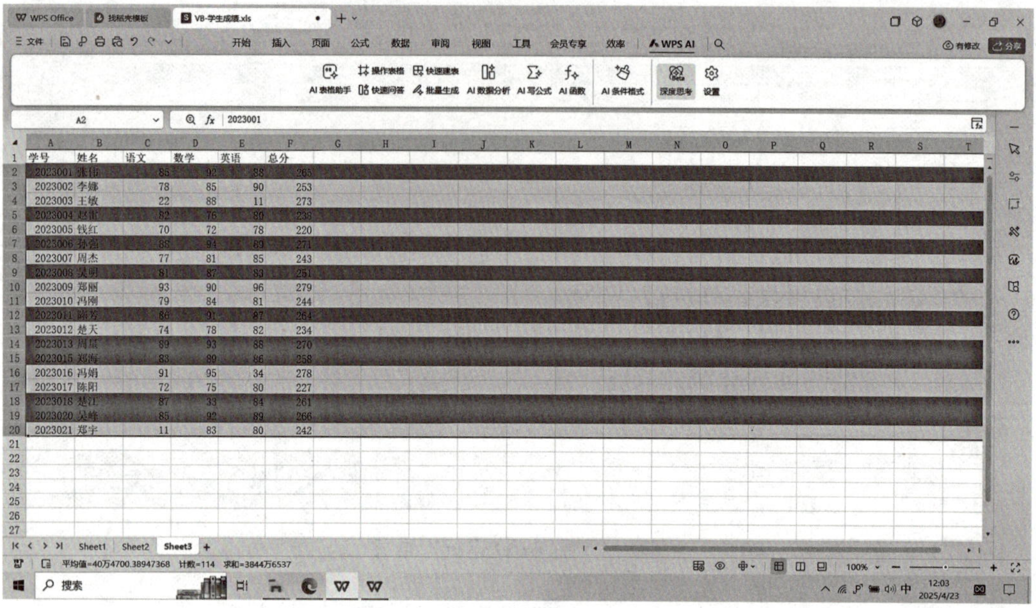

图 3 - 19　AI 条件格式结果

子任务 4：Excel 中使用 AI 进行数据处理

（1）数据清洗。

数据清洗是指在数据分析前对原始数据进行检测、修正或删除错误、重复、缺失及不一致内容的过程（如处理空值、纠正格式错误、去除重复记录、统一单位或命名规则等），旨在提高数据质量与准确性，确保后续分析或建模结果的可靠性。它是数据科学中至关重要的预处理步骤之一。具体步骤如下：

步骤 1：在浏览器中输入“DeepSeek”，进入官网，单击“登录”按钮，选择获取手机验证码进行登录。

步骤 2：单击点亮“深度思索（R1）”，再单击“上传附件”图标，将需要处理的 Excel 表格上传，最后在输入框中输入：“删除空白单元格：删除所有有空白单元格的行，处理好的文件重新以表格的方式进行展现”，如图 3 - 20 所示。

步骤 3：等待结果。通过原始表格和 DeepSeek 生成的数据对比，我们发现结果已经把缺失的大学数据给删除了，如图 3 - 21 所示。

（2）数据查找。

AI 数据查找是指借助人工智能技术（如自然语言处理、模式识别或机器学习模型），自动分析海量数据并智能定位目标信息的过程。例如，用户可通过自然语言描述模糊需求（如“找出近半年销量异常的产品”），AI 自动解析语义、识别数据相关性（如时间趋势、统计离群值），或通过预测模型推测潜在匹配项，快速生成精准结果，大幅提升复杂、非结构化场景下的数据检索效率与深度。具体步骤如下：

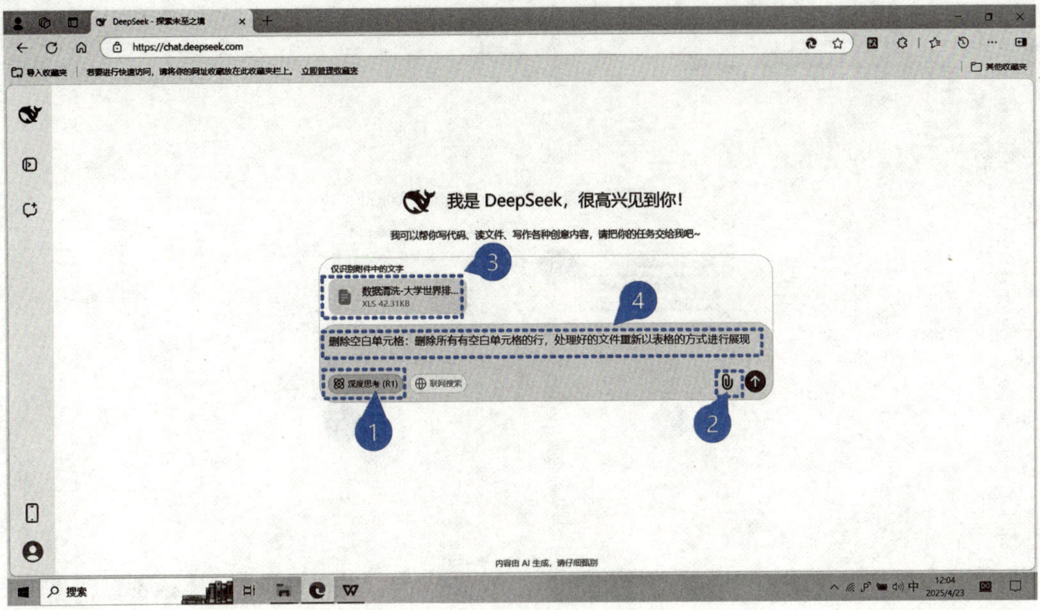

图 3 - 20　数据清洗

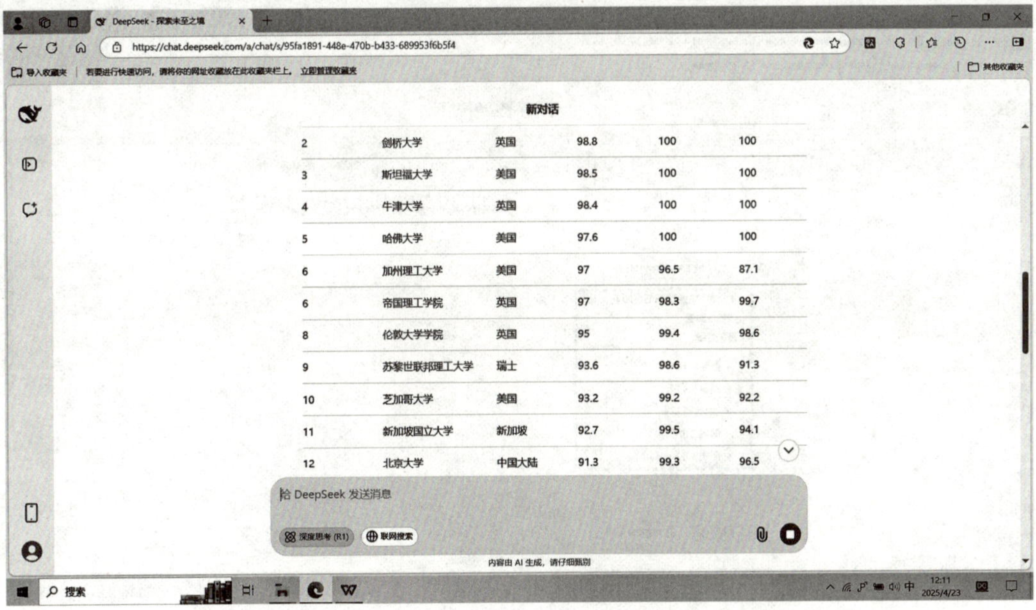

图 3 - 21　DeepSeek 修改后的表格

步骤 1：在 DeepSeek 中单击“上传附件”图标，将需要处理的 Excel 表格上传，再在输入框中输入：“单条件查找：查找学号为 211 的学生姓名以及各科成绩”，如图 3 - 22 所示。

步骤 2：等待结果生成，如图 3 - 23 所示。

(3) 多表合并。

多表合并是指将多个结构相同或相关的数据表（如 Excel 工作表、数据库表等）通

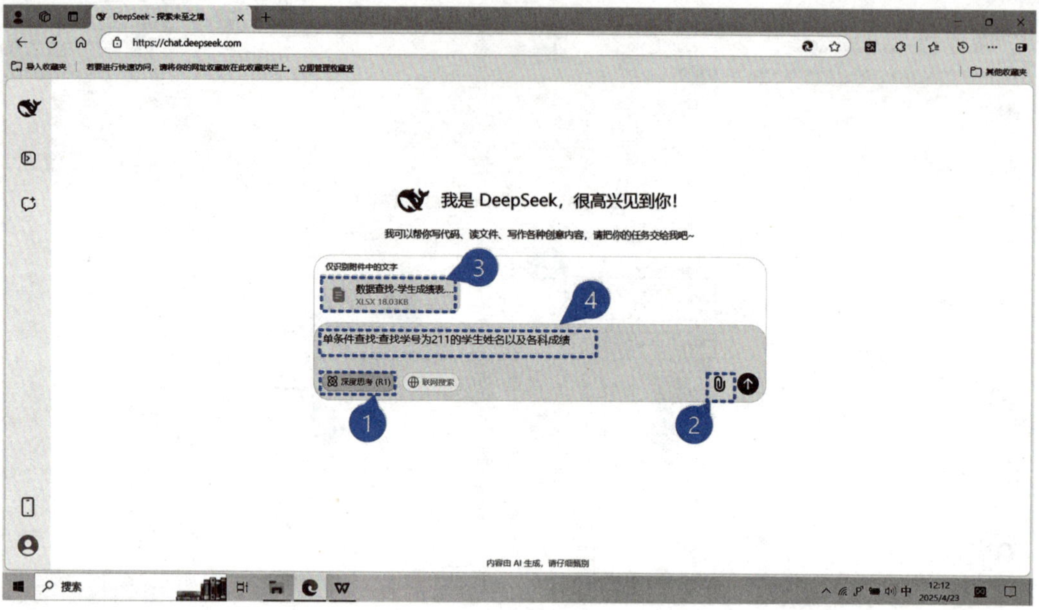

图 3-22　数据查找

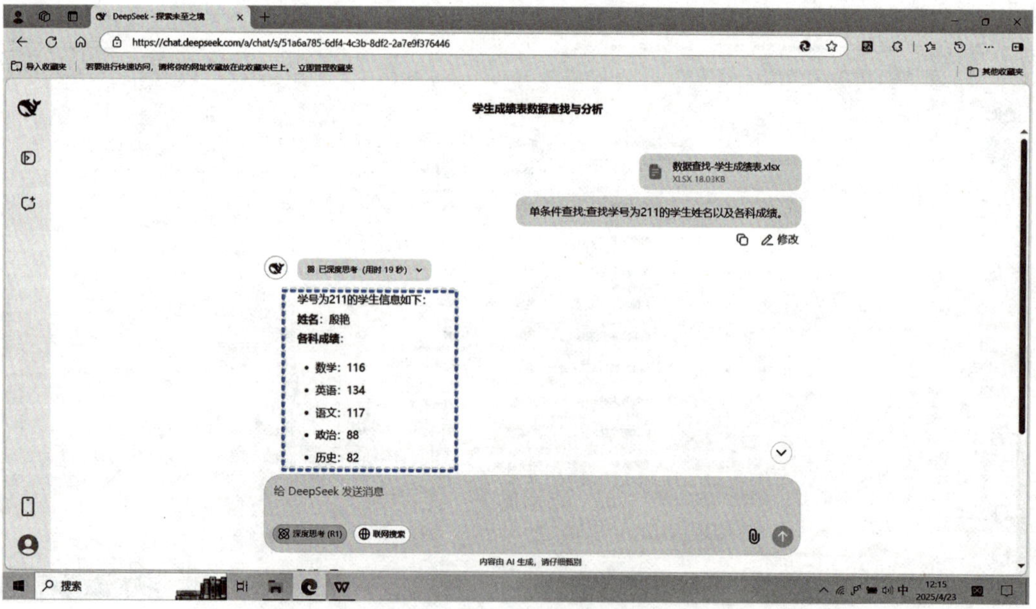

图 3-23　数据查找结果

过特定规则（如字段匹配、行/列追加等）整合为单一表格的过程，常用于汇总分散数据（如不同月份销售记录、多部门统计表），需处理重复值、格式统一及数据对齐问题，以支持全局分析。这里我们使用 DeepSeek 做多表合并，具体步骤如下：

步骤 1：在 DeepSeek 中单击“上传附件”图标，将需要处理的 Excel 表格上传，再在输入框中输入：“按照‘图书编号对照表’中的图书编号，对‘销售订单明细表’操作，把图书名称和单价两个字段补全，以完整表格方式展示”，如图 3-24 所示。

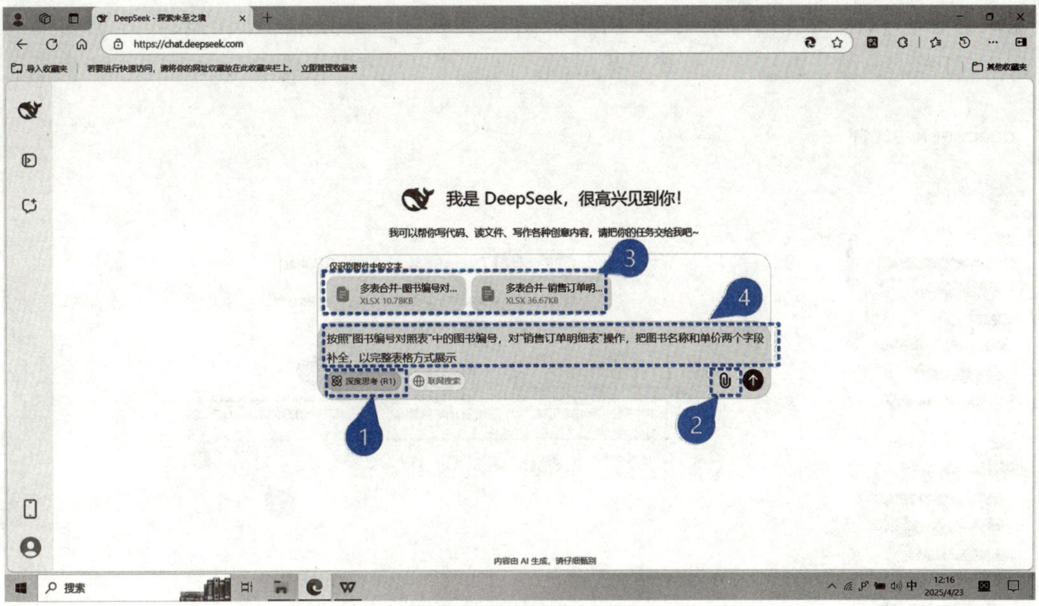

图 3-24　多表合并

步骤 2：等待结果生成，如图 3-25 所示。

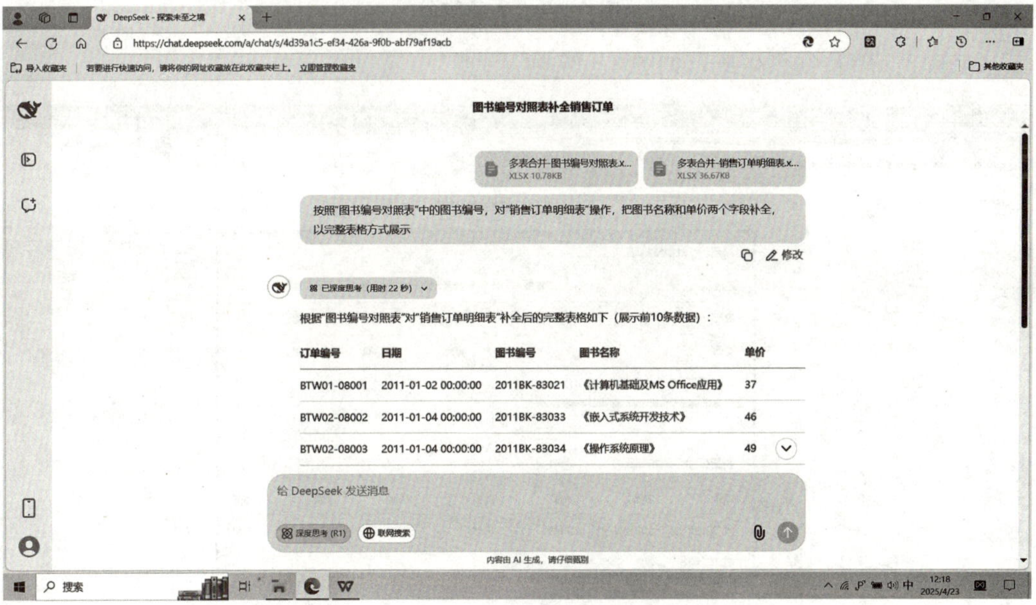

图 3-25　多表合并结果

（4）多表 Sheet 拆分。

多表 Sheet 拆分是指将 Excel 中一个工作表内的数据按预设规则（如特定字段值、分类条件或行数区间）自动分割成多个独立工作表的过程。例如，将全校成绩表按班级拆分为多个班级子表，便于分模块管理或分析。以下是多表拆分的具体步骤：

步骤 1：在 DeepSeek 中单击“上传附件”图标，将需要处理的 Excel 表格上传，再在输入框中输入：“表格拆分：把不同班级的学生成绩，拆分成不同的表，分别为高三（一）班学生成绩、高三（二）班学生成绩、高三（三）班学生成绩”，如图 3－26 所示。

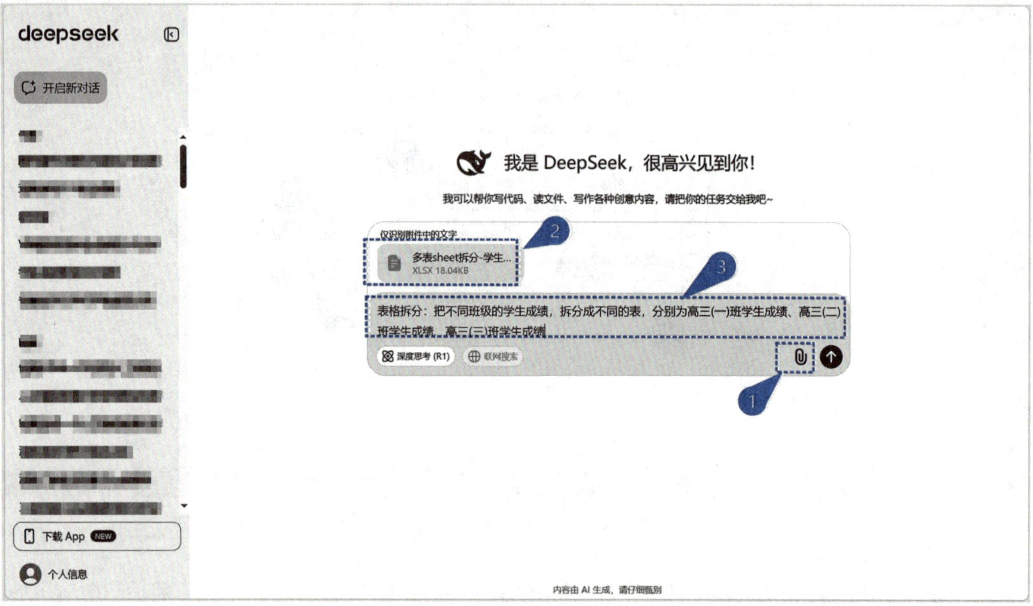

图 3－26　多表拆分

步骤 2：等待结果生成，如图 3－27 所示。

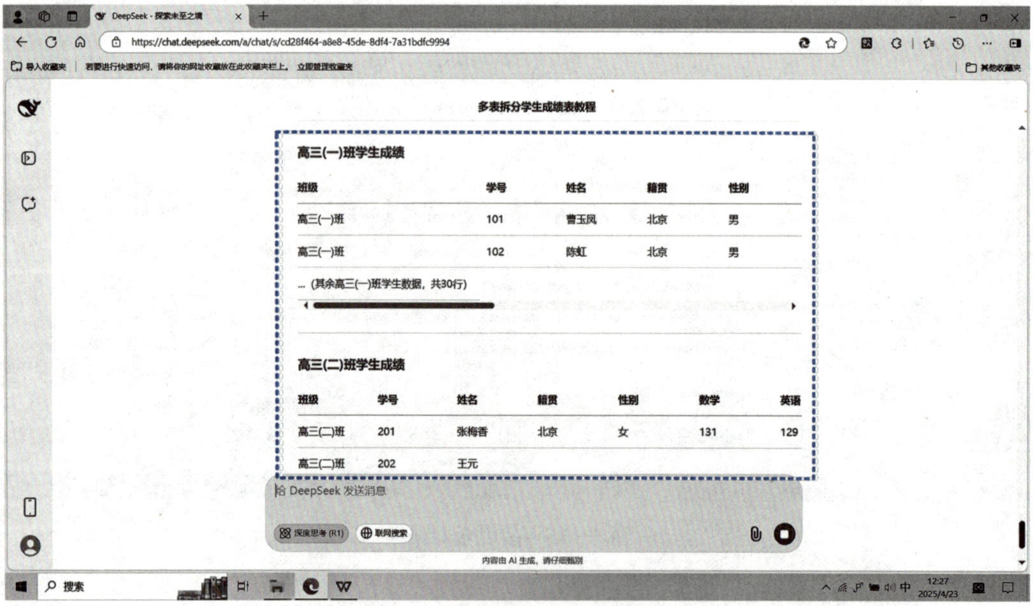

图 3－27　多表拆分结果

子任务 5：Excel 中使用 AI 进行数据分析

在 Excel 中利用 AI 进行数据分析，是指通过 AI 工具自动识别数据模式、生成可视化图表、预测趋势或提供智能建议（如异常值检测、相关性分析、分类汇总等），无需复杂公式即可快速挖掘数据价值。例如，自动生成销售趋势预测或高亮关键统计结果，显著降低分析门槛并提升决策效率。

（1）对比分析。

对比分析是数据分析中通过横向（不同对象/群体）或纵向（不同时间/阶段）比较数据差异，揭示规律或问题的方法。例如，对比不同地区销售额、同比/环比增长率，或实际结果与目标值的偏差，以识别优势与短板、趋势变化或异常波动，辅助决策优化（如资源分配、策略调整）。其核心是利用数据间的关联与差异，提炼出有价值的业务。具体操作步骤如下：

步骤1：在DeepSeek中单击“上传附件”图标，将需要处理的Excel表格上传，再在输入框中输入：“对比分析7月和8月的居民消费价格”，如图3-28所示。

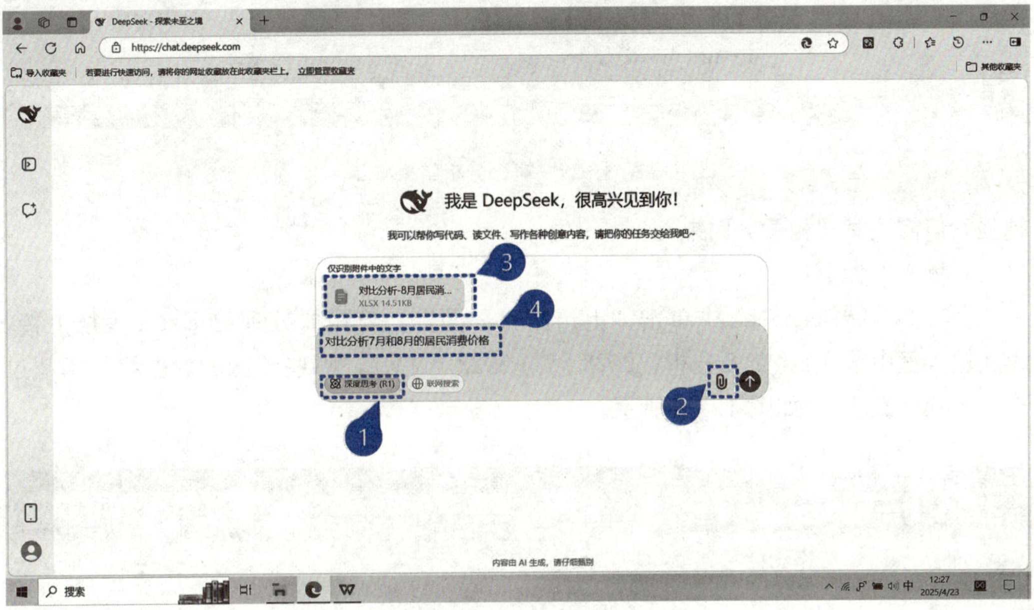

图3-28 对比分析

步骤2：等待分析结果，如图3-29所示。

（2）交叉分析、关联分析、相关性分析。

交叉分析是指通过对比两个或多个变量的组合数据（如性别与消费偏好、地区与产品销量），分析不同维度间的关联性，常用列联表或热力图呈现。例如，“男性用户中购买电子产品的比例”，用于发现细分群体的差异或潜在规律。

关联分析是指挖掘数据中频繁共现的项集或事件（如购物车中“啤酒与尿布”的组合），通过支持度、置信度等指标量化关联强度，常用于市场篮子分析或推荐系统，揭示隐藏的连带关系。

相关性分析是指衡量两个变量间的线性关系程度（如身高与体重），常用皮尔逊相关系数（−1到1），正值表示同向变化，负值表示反向变化，绝对值越大表示相关性

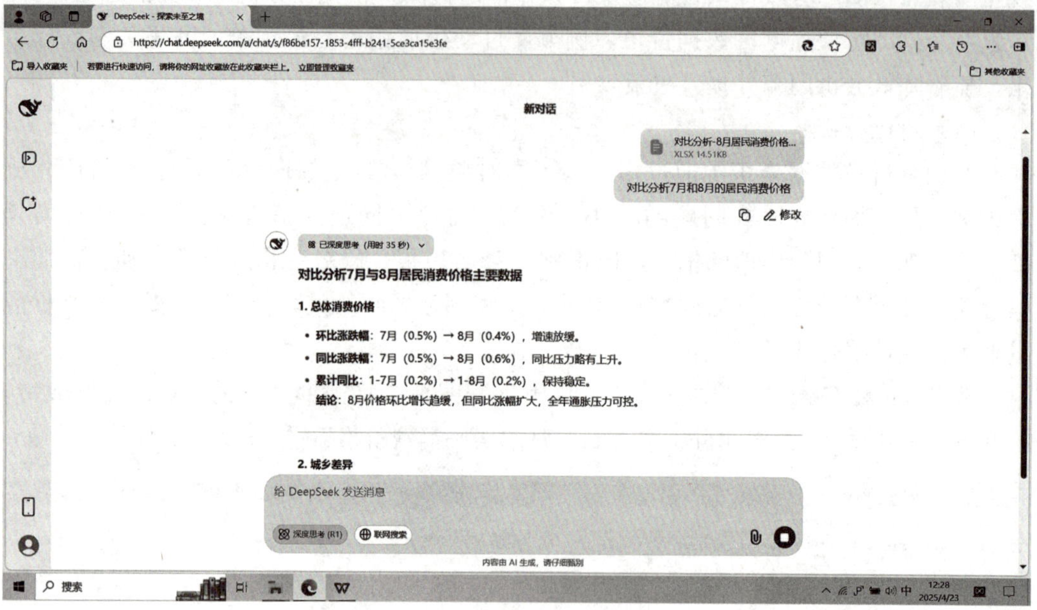

图 3－29　对比分析结果

越强，但需注意“相关≠因果”。

具体步骤如下：

步骤 1：在 DeepSeek 中单击“上传附件”图标，将需要处理的 Excel 表格上传，再在输入框中输入：“交叉分析：2023 年与 2022 年相比，哪些地区的数据增长率超过全国平均增长率”，如图 3－30 所示。

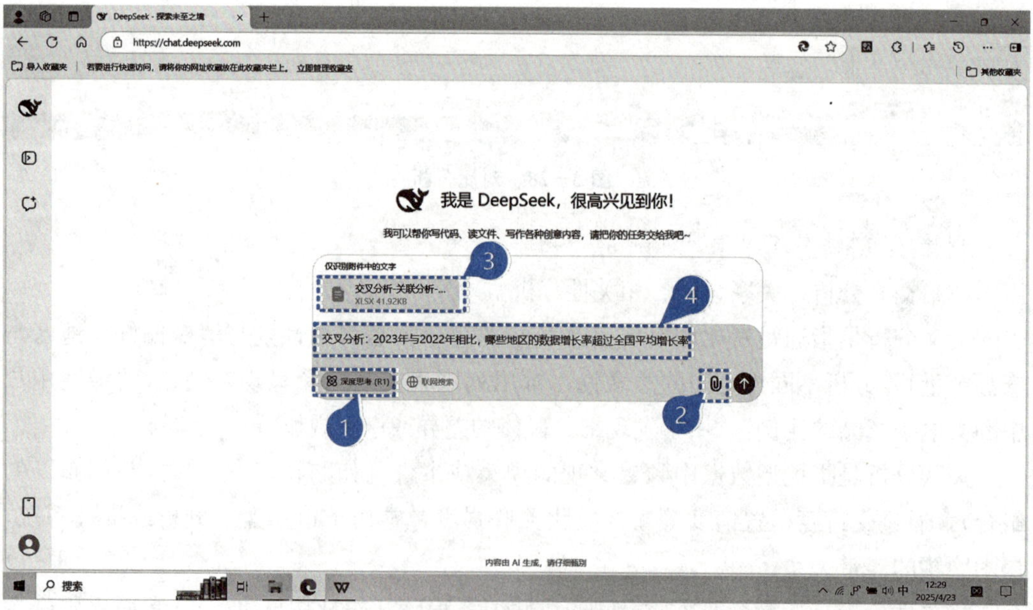

图 3－30　交叉分析

步骤 2：等待交叉分析结果生成，如图 3-31 所示。

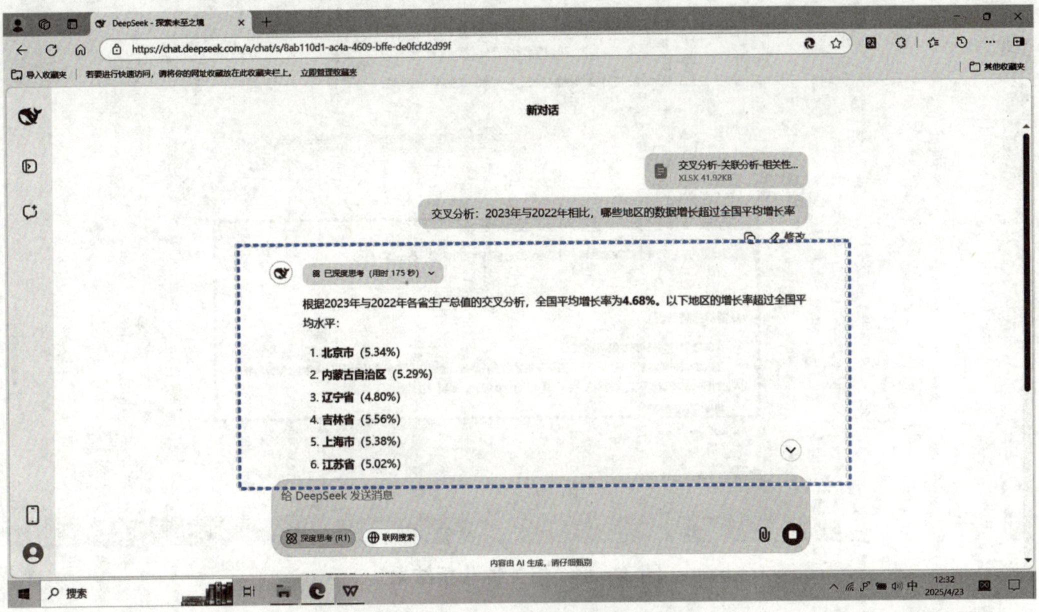

图 3-31　交叉分析结果

步骤 3：继续输入：“数据最高的三个地区，2023 年相比 2022 年的增长情况如何？”

步骤 4：等待关联分析结果生成，如图 3-32 所示。

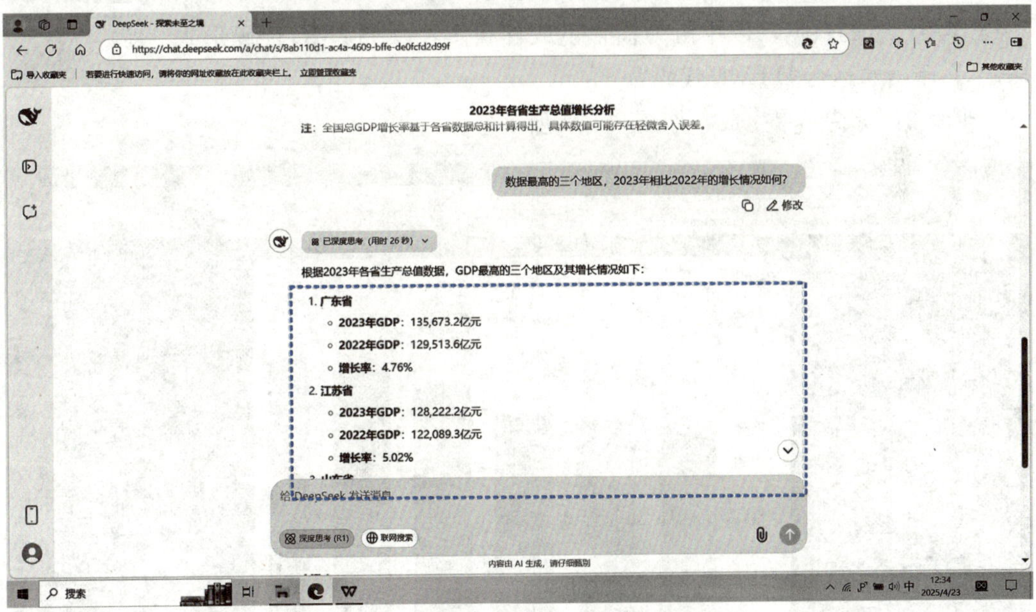

图 3-32　关联分析结果

步骤 5：继续输入：“2014 年至 2023 年，各地区的数据增长与时间之间是否存在相关性？”

步骤 6：等待相关性分析结果生成，如图 3-33 所示。

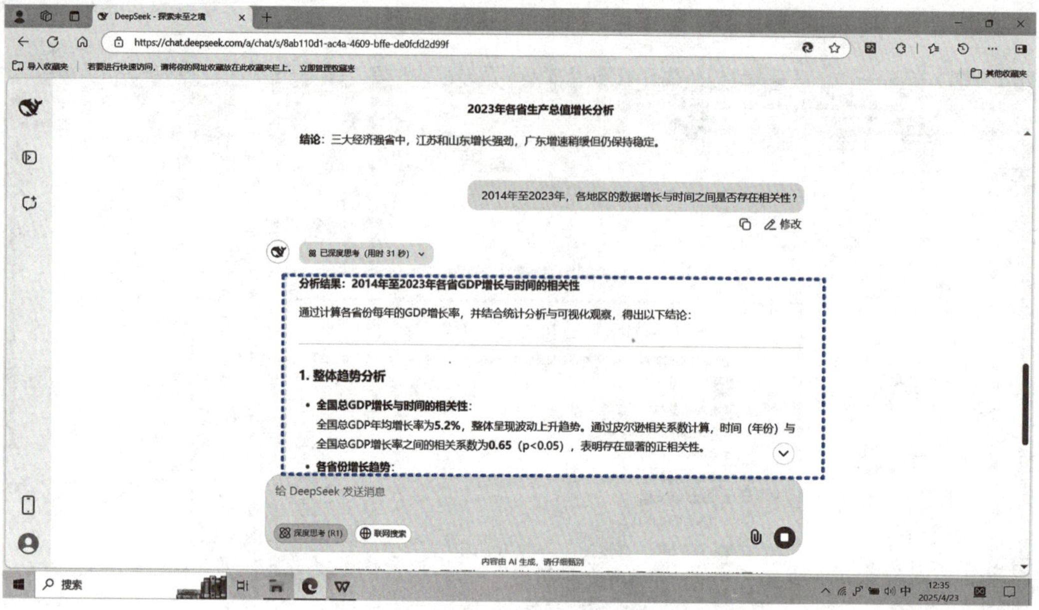

图 3-33　相关性分析结果

子任务 6：Excel 中使用 AI 生成图表

知识微课堂

Excel 中使用 AI 生成图表

（1）柱状图。

步骤 1：在子任务 5 的基础上，继续提问，输入：“提取 2018 年到 2023 年浙江省的数据，以年份为横轴生成柱状图，以 HTML 代码形式输出。”单击“运行 HTML 代码”。

步骤 2：等待结果生成，如图 3-34 所示。

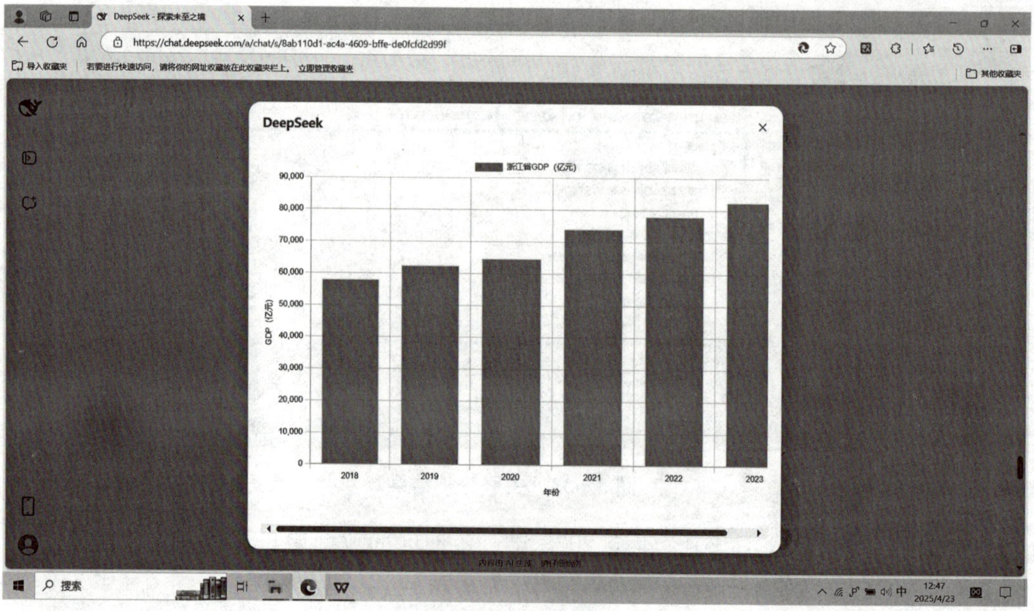

图 3-34　柱状图

（2）饼图。

步骤 1：在输入框中输入：“提取 2023 年东三省的数据，将这些数据生成饼图，以 HTML 代码形式输出。”单击“运行 HTML 代码”。

步骤 2：等待结果生成，如图 3－35 所示。

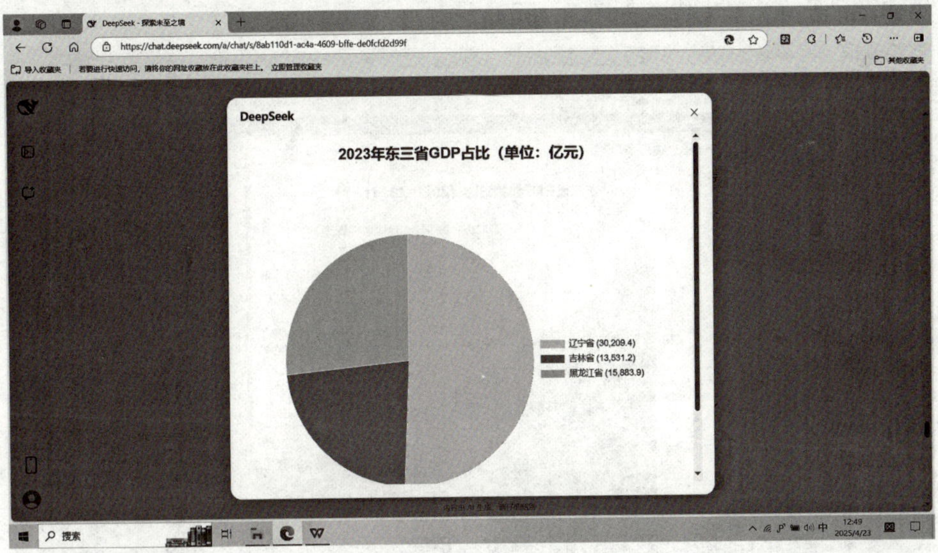

图 3－35 饼图

（3）折线图。

步骤 1：在输入框中输入：“提取 2018 年到 2023 年浙江、山东、北京的数据，横轴为省份，纵轴为 GDP 增速，绘制折线图，以 HTML 代码形式输出。”单击“运行 HTML 代码”。

步骤 2：等待结果生成，如图 3－36 所示。

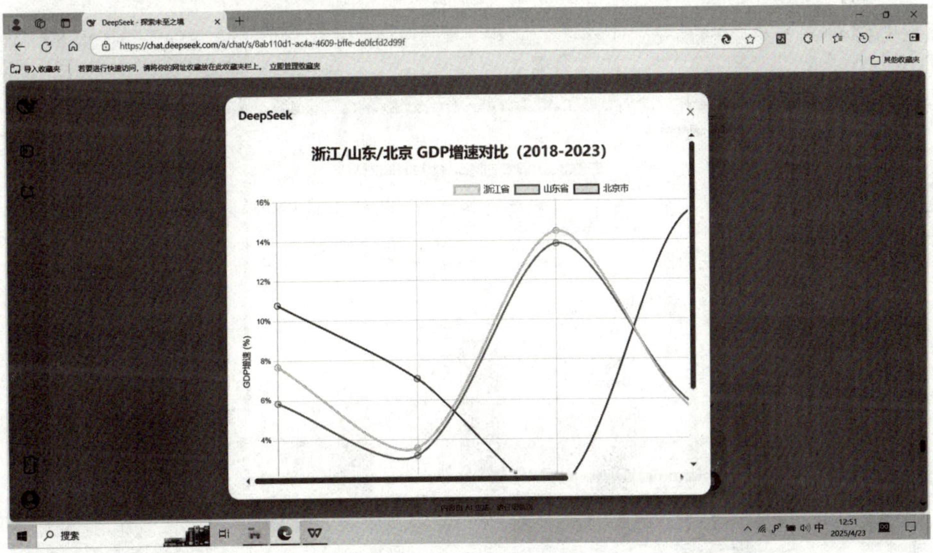

图 3－36 折线图

（4）面积图。

步骤 1：在输入框中输入："提取 2020 年到 2023 年东三省的数据，将这些数据生成面积图，横轴为省份，纵轴为 GDP 年度数据，以 HTML 代码形式输出。"单击"运行 HTML 代码"。

步骤 2：等待结果生成，如图 3－37 所示。

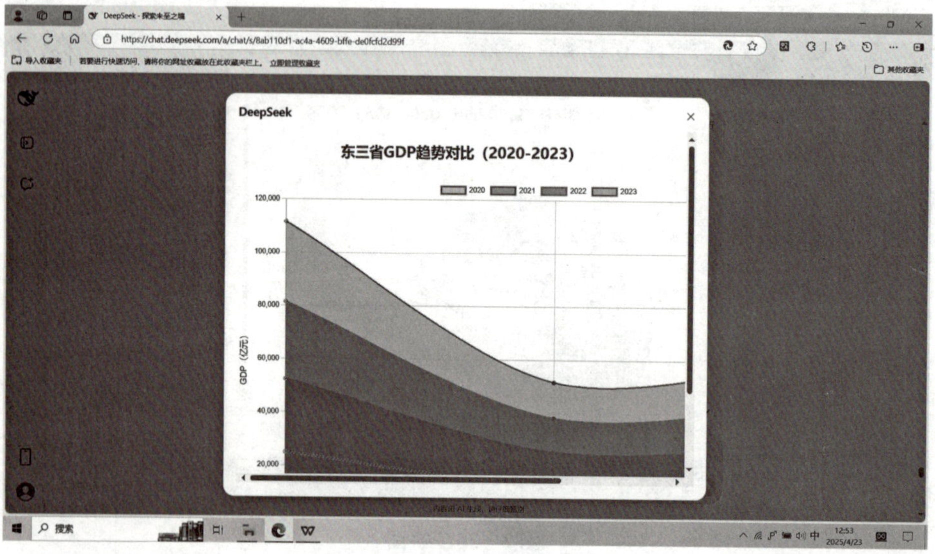

图 3－37　面积图

（5）组合图。

步骤 1：在输入框中输入："提取 2022 年和 2023 年浙江、山东、北京、广州的数据，横轴为省份，纵轴为各省 2023 年 GDP 和 GDP 增速，生成柱状图和折线图的组合图，以 HTML 代码形式输出。"单击"运行 HTML 代码"。

步骤 2：等待结果生成，如图 3－38 所示。

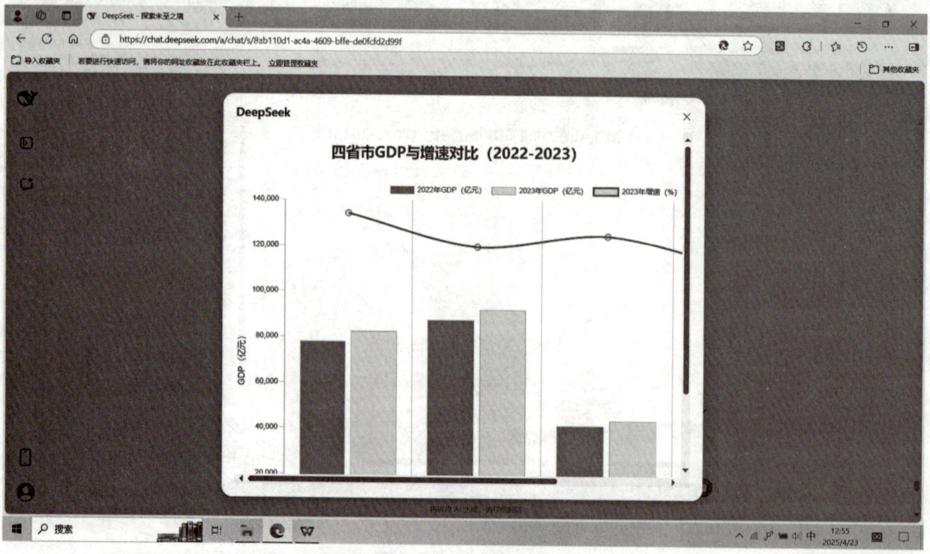

图 3－38　组合图

子任务 7：基于 DeepSeek 的 OfficeAI 助手部署

OfficeAI 是一款智能 AI 办公工具软件，专为 Microsoft Office 和 WPS 用户打造。它通过自动化、数据分析及自然语言处理等技术，实现文档智能生成、数据自动处理、报表分析、错误检查等功能。具体操作步骤如下：

步骤 1：在浏览器中搜索“OfficeAI 助手”，进入官网，下载并安装，如图 3－39 所示。

图 3－39 OfficeAI 助手官网

步骤 2：配置 DeepSeek 的 API，打开官网，单击右上方的“API 开放平台”，如图 3－40 所示。

图 3－40 DeepSeek 官网

步骤 3：API 是收费的，因此在使用前，需要确保自己账户上面是有金额的，如图 3-41 所示。

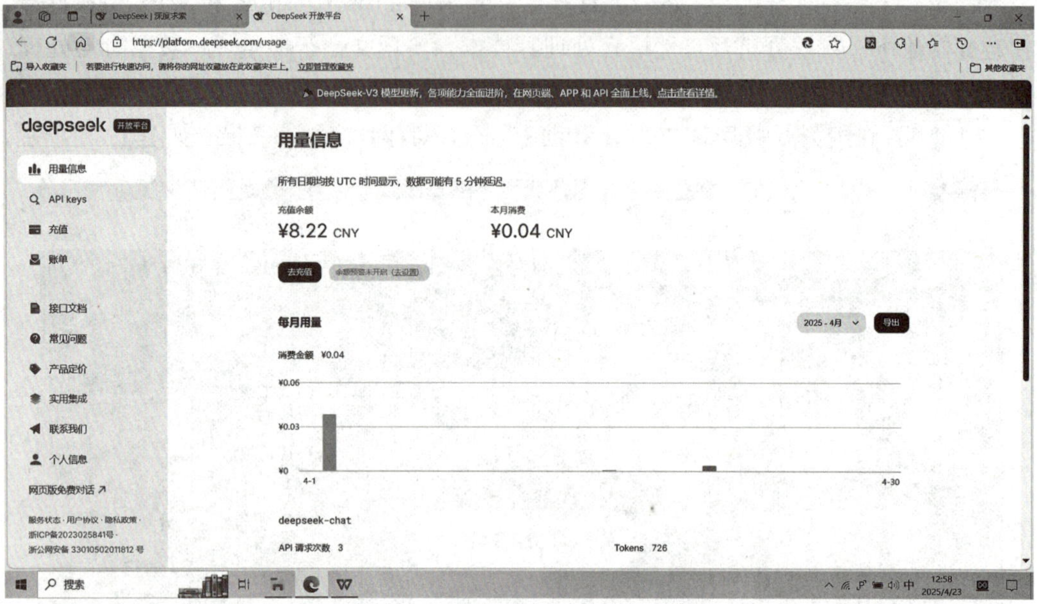

图 3-41　DeepSeek 用户用量信息

步骤 4：选择左边的“API keys”，单击“创建 API key”，输入名称，然后单击“创建”按钮，如图 3-42 所示。

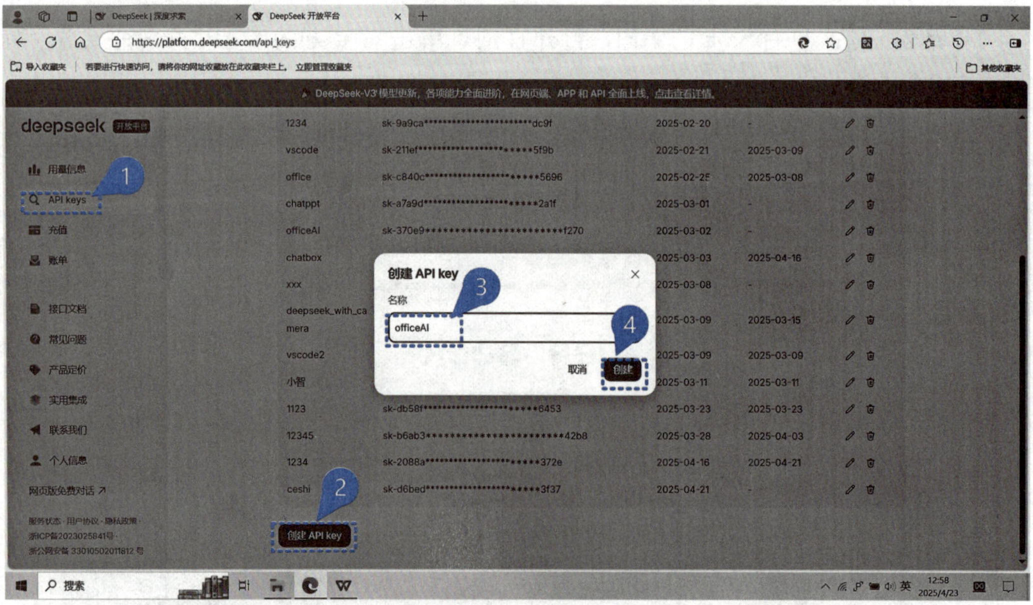

图 3-42　API keys

步骤 5：单击“复制”按钮。DeepSeek 为了确保用户密钥的安全，密钥只会在创建时显示一次，后面就不会再显示了。如果大家忘记了自己的密钥，重新再建立一个即可，如图 3-43 所示。

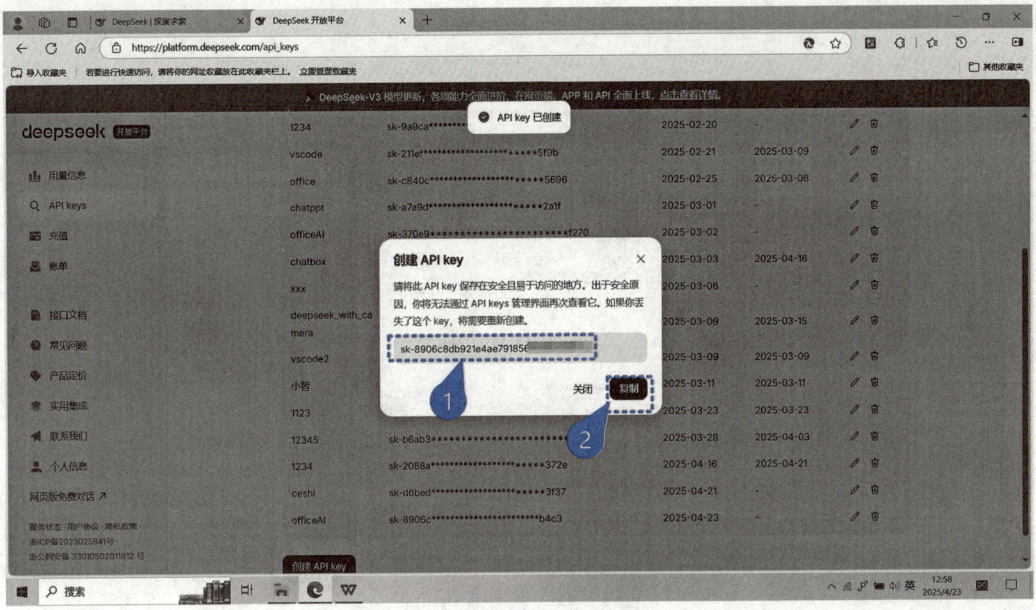

图 3-43 创建 API key

步骤 6：打开桌面上的“OfficeAI 助手”，进入主页面，单击“设置”，如图 3-44 所示。

图 3-44 OfficeAI 助手主页面

步骤 7：进行 API 的配置，将步骤 5 复制的 API 密钥进行粘贴，然后单击“保存”

按钮，如图 3 - 45 所示。

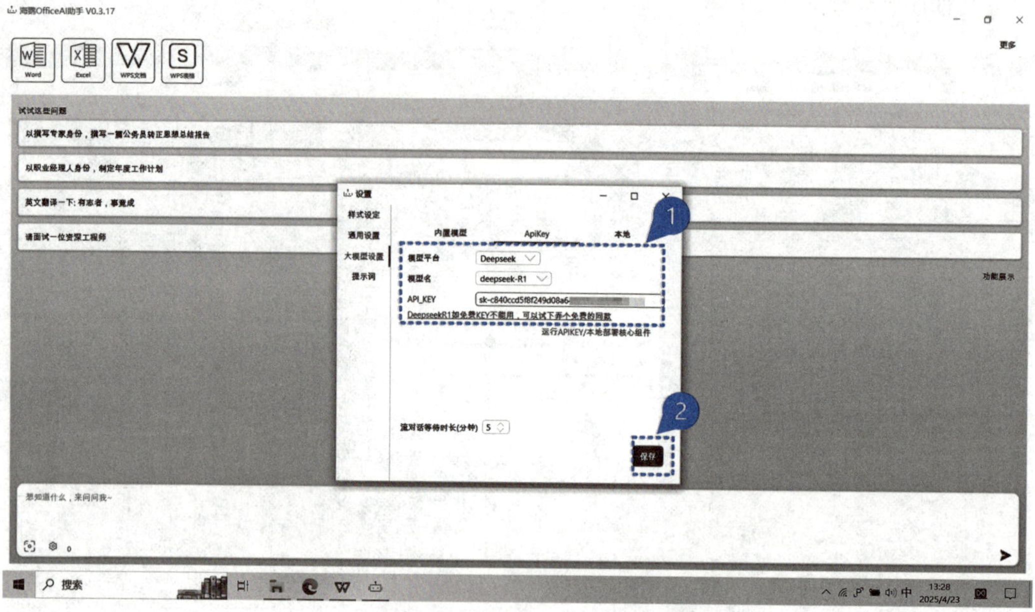

图 3 - 45　粘贴 API key

步骤 8：打开 WPS，新建文档，单击"OfficeAI"，我们可以在这里通过 API 与 DeepSeek 满血版进行聊天，如图 3 - 46 所示。

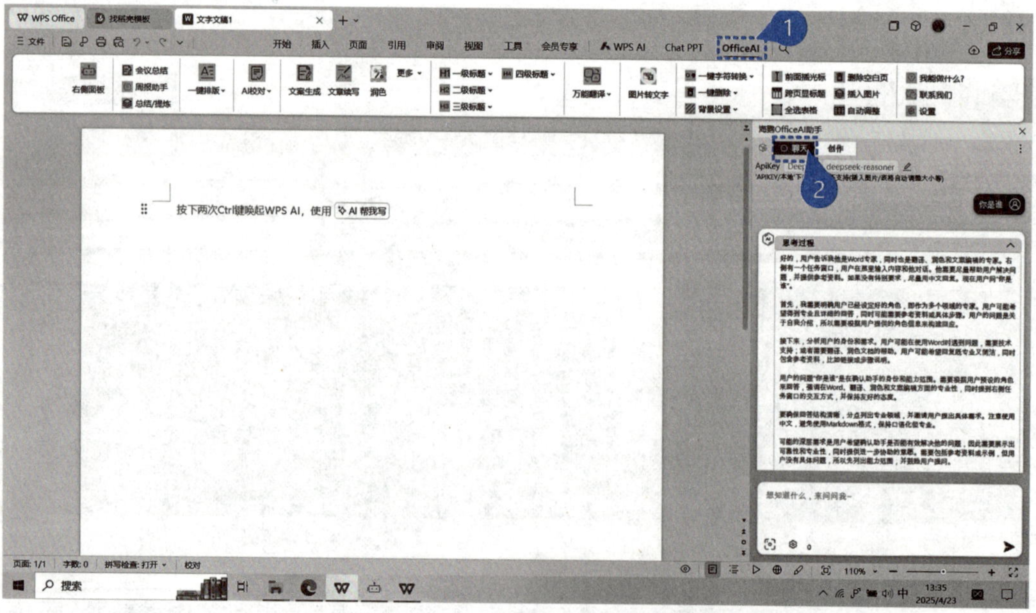

图 3 - 46　OfficeAI 助手聊天窗口

步骤 9：也可以单击各类模板，进行快捷创作，例如：工作进展汇报，如图 3 - 47 所示。

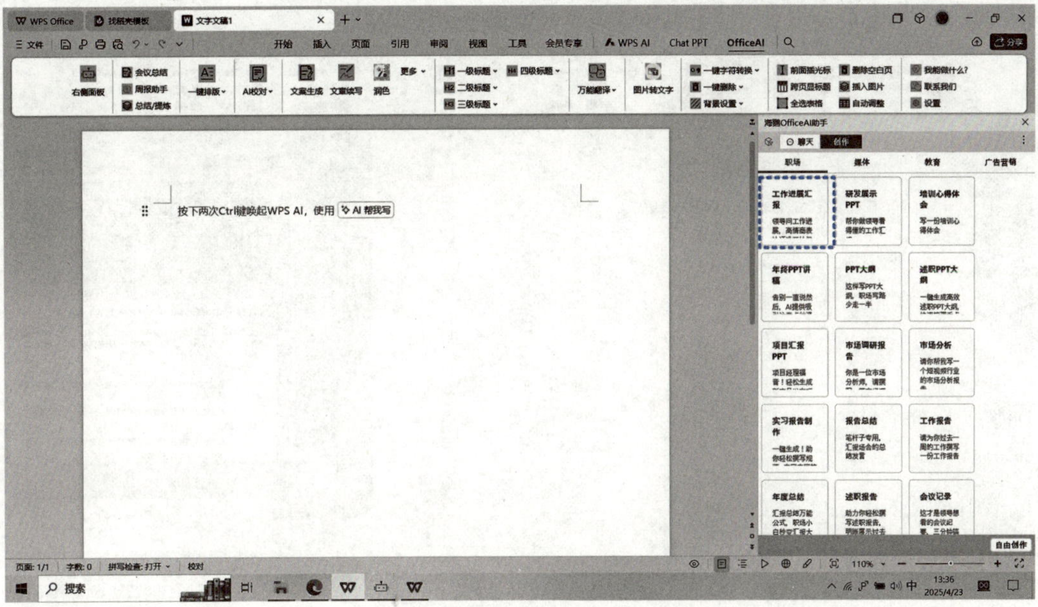

图 3－47 OfficeAI 助手模板

步骤 10：可以选择添加字段，补充详细的工作内容，然后单击“确定”按钮，如图 3－48 所示。

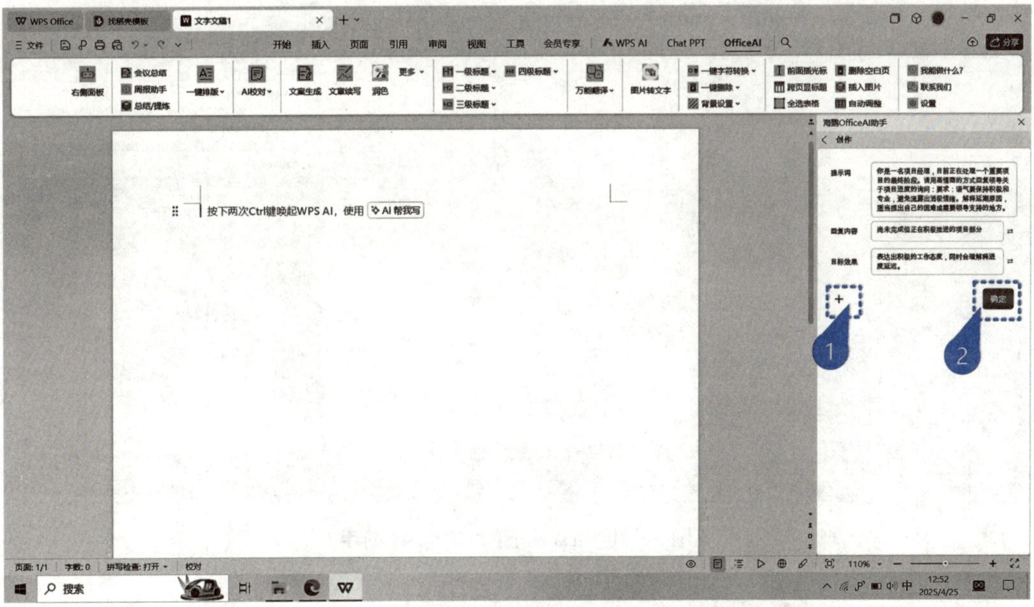

图 3－48 OfficeAI 助手模板修改

步骤 11：等待 DeekSeek 处理完毕，如图 3－49 所示。

步骤 12：打开 WPS，新建表格，单击“OfficeAI”，再单击“右侧面板”，可以在输入框中输入有关 Excel 表格的任何问题，DeepSeek 会帮你解决，如图 3－50 所示。

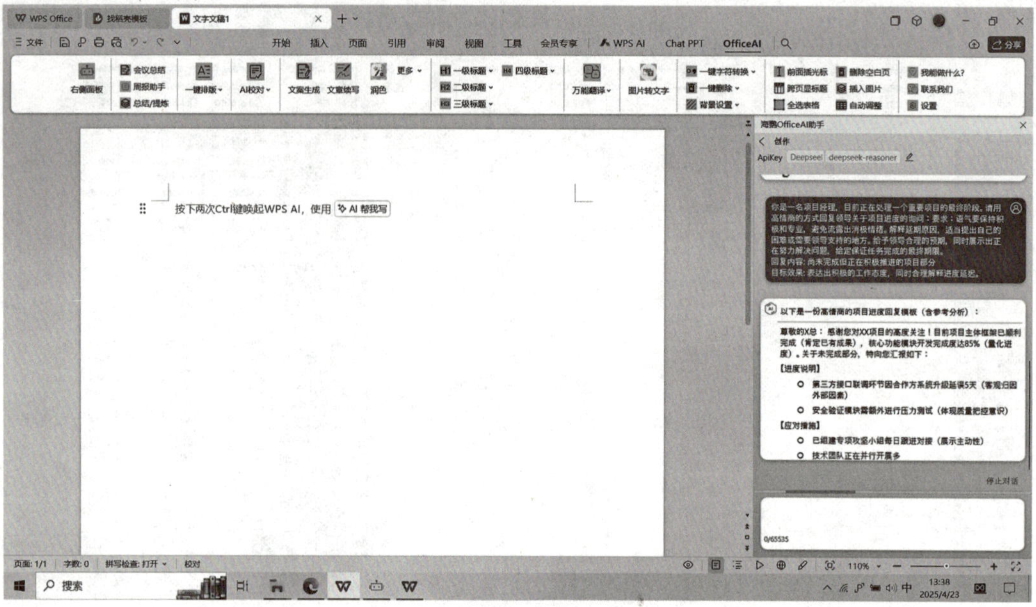

图 3 - 49　OfficeAI 结果生成

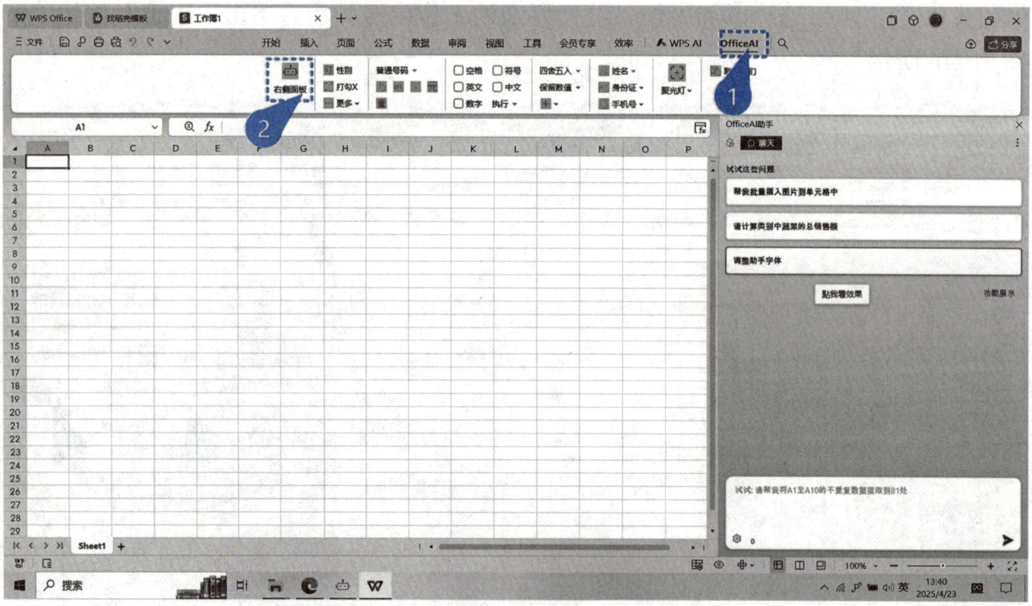

图 3 - 50　Excel 上的 OfficeAI 助手

子任务 8：AI 一键生成 PPT 大纲的 Markdown 格式

PPT 大纲是演示文稿的核心结构框架，通过层级化的标题与要点（如章节、子主题、关键内容）清晰规划内容的逻辑顺序与重点分布。其作用在于快速梳理演讲思路（避免内容混乱）、提升制作效率（在大纲视图中直接生成幻灯片雏形），并确保信息传递连贯（帮助观众理解整体脉络），尤其适合在初期阶段聚焦内容逻辑而非设计细节。

（1）主题生成 PPT 大纲。

输入一个主题，AI 就会自动解析并为你生成对应的 PPT 大纲。这里我们用到的工具是 DeepSeek。具体操作步骤如下：

步骤 1：在浏览器中搜索“DeepSeek”，进入官网，单击左下角的“登录”按钮，进入主页面。

步骤 2：在输入框中输入提示词，进行任务描述，确立目标，补充特殊需求，确认输出格式，如图 3－51 所示。

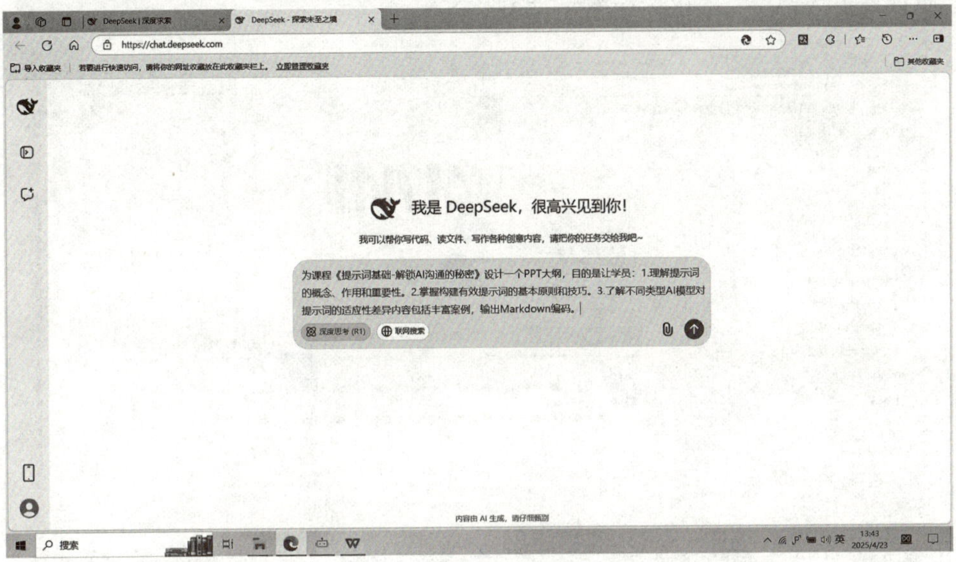

图 3－51　主题生成 PPT 大纲

步骤 3：等待结果生成。这里为了方便展示，我们使用 Markdown 在线转换工具，如图 3－52 所示。

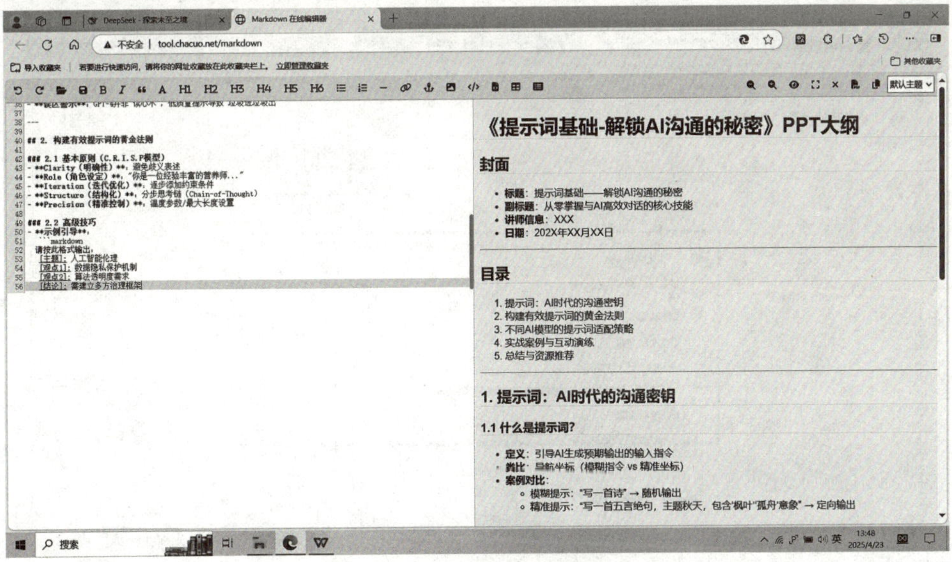

图 3－52　Markdown 在线转换

（2）文案生成 PPT 大纲。

上传文案后，AI 就会自动解析并生成对应的 PPT 大纲。这里我们使用的工具是 Kimi，Kimi 擅长处理长文本。具体操作步骤如下：

步骤 1：在浏览器中搜索“Kimi”，进入官网，单击左下角的“登录”按钮，进入主页面。

步骤 2：单击点亮“k1.5 长思考”和“联网搜索”，在输入框中输入提示词，进行任务描述，确立目标，补充特殊需求，确认输出格式，再上传附件，将参考的文件上传，最后单击“发送”图标，如图 3－53 所示。

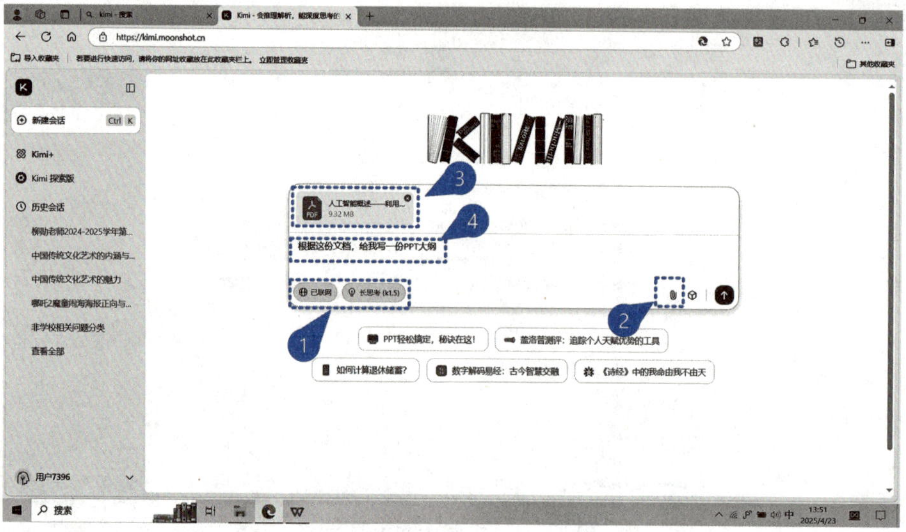

图 3－53　Kimi 助手主页面

步骤 3：等待结果生成。这里为了方便展示，我们使用 Markdown 在线转换工具，如图 3－54 所示。

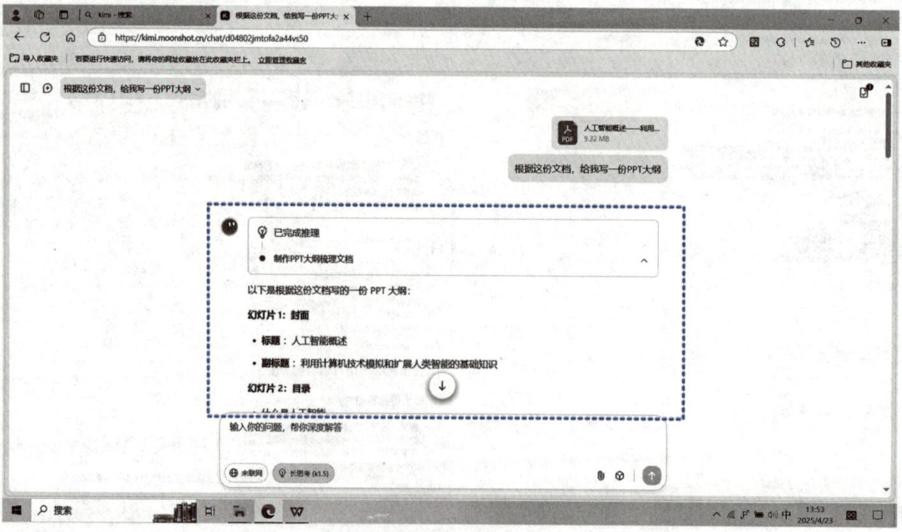

图 3－54　Kimi 助手生成 PPT 大纲

（3）网页生成 PPT 大纲。

上传链接后，AI 就会自动解析并生成对应的 PPT 大纲。这里我们使用的工具是天工，天工会自动解析网页内容，然后进行 PPT 的排版。具体操作步骤如下：

步骤 1：找到你感兴趣的网页内容进行网址复制。例如：搜狐新闻的人工智能相关网页，如图 3－55 所示。

图 3－55　搜狐新闻的人工智能相关网页

步骤 2：在浏览器中搜索“天工”，进入官网，单击左下角的“登录”按钮，进入主页面。

步骤 3：单击“AI 写作”，单击上传链接，将步骤 1 的网址粘贴，然后单击回车键，如图 3－56 所示。

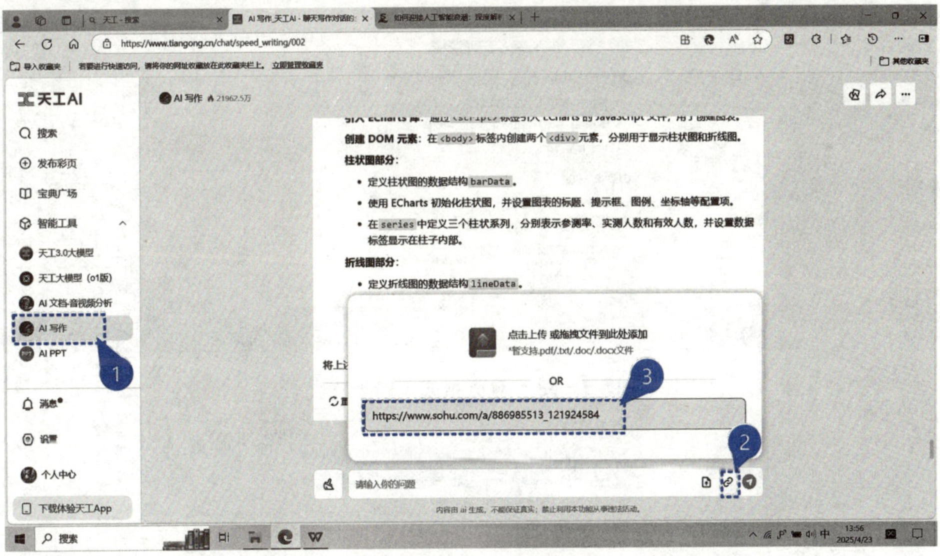

图 3－56　天工 AI 写作

步骤 4：输入提示词，单击“发送”图标，如图 3－57 所示。

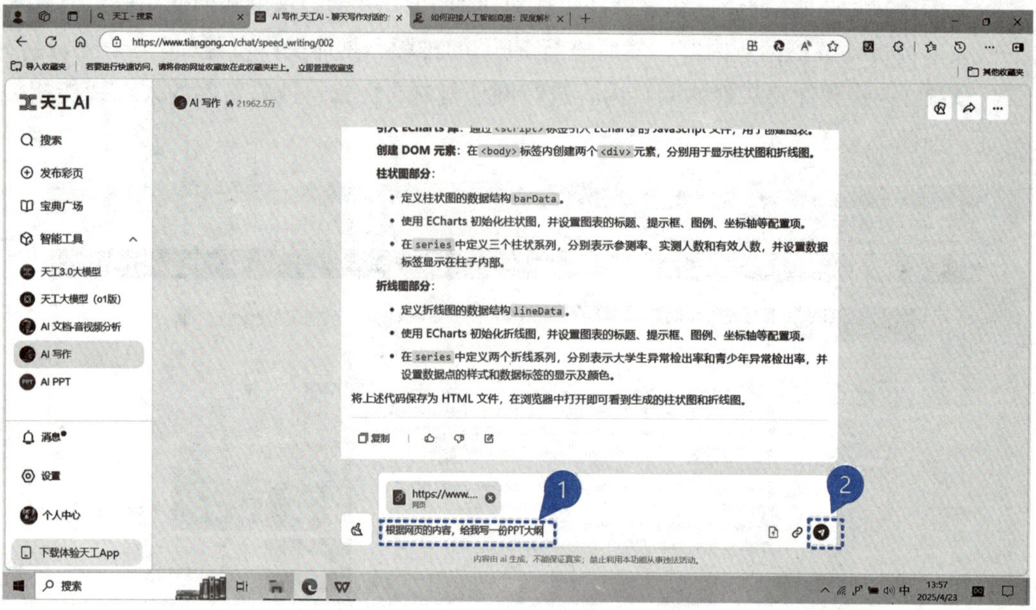

图 3－57　天工 AI 写作生成 PPT 大纲

步骤 5：等待结果生成，如图 3－58 所示。

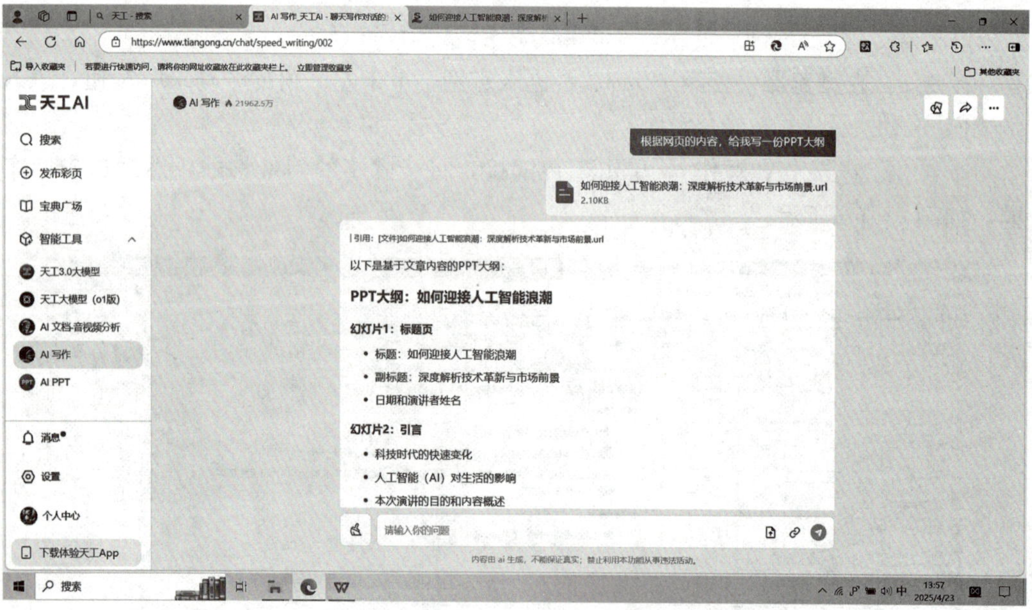

图 3－58　网页生成 PPT 大纲

子任务 9：AI 生成 PPT

（1）主题生成 PPT。

AI 主题生成 PPT 是一种利用人工智能技术，根据用户输入的主题或关键词自动生成演示文稿（PPT）的功能。它能够帮助用户快速创建专业、美观的 PPT，节省时间和精力。这里我们使用的工具是讯飞智文，具体操作步骤如下：

步骤 1：在浏览器中搜索“讯飞智文”，进入官网，单击右上角的“登录”按钮，进入主页面，如图 3－59 所示。

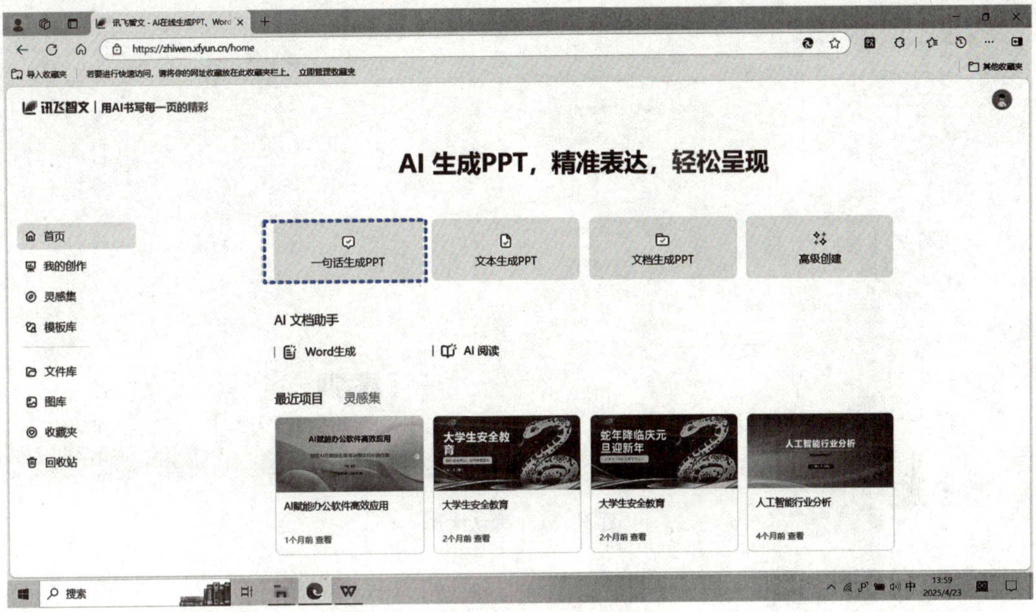

图 3－59　讯飞智文主页面

步骤 2：输入你想要生成的 PPT 主题，确定好配图类型以及演讲备注，单击“生成”图标，如图 3－60 所示。

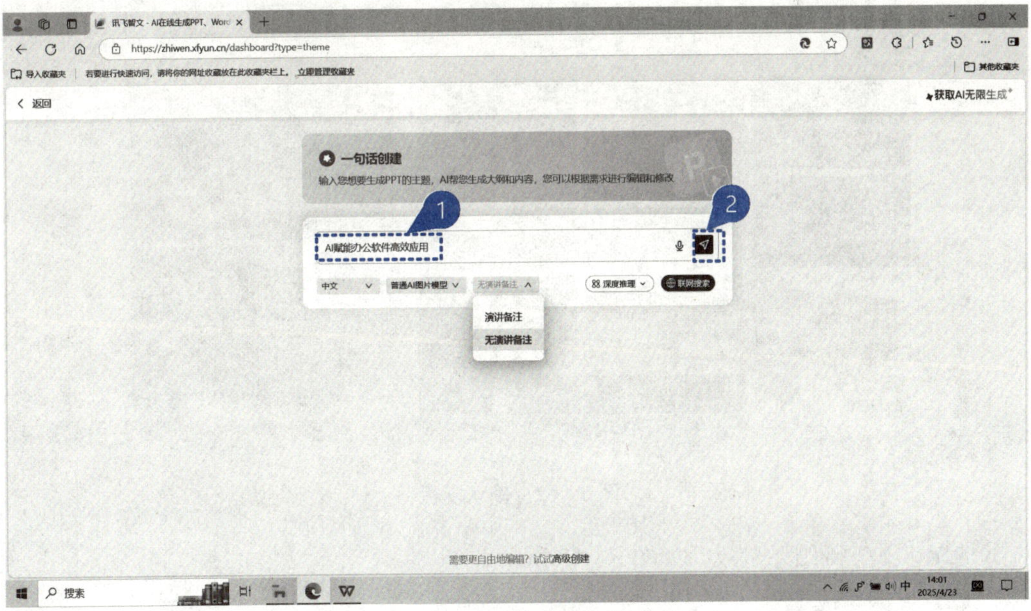

图 3－60　一句话生成 PPT

步骤 3：生成好大纲，调整大纲，单击“确认”，如图 3－61 所示。

图 3－61 确认大纲

步骤 4：确认好模板，如图 3－62 所示。

图 3－62 确认模板

步骤 5：等待结果生成，如图 3－63 所示。

（2）大纲生成 PPT。

AI 大纲生成 PPT 是一种利用人工智能技术，根据用户提供的大纲或关键点自动生

图 3-63　PPT 生成效果

成演示文稿（PPT）的功能。它能够帮助用户将结构化的内容快速转化为专业、美观的 PPT，提升工作效率和演示效果。这里我们用到的工具是阿里出品的通义千问，具体操作步骤如下：

步骤 1：在浏览器中搜索“通义千问”，进入官网，单击右上角的“登录”按钮，进入主页面。

步骤 2：选择“效率”，单击“PPT 创作”，如图 3-64 所示。

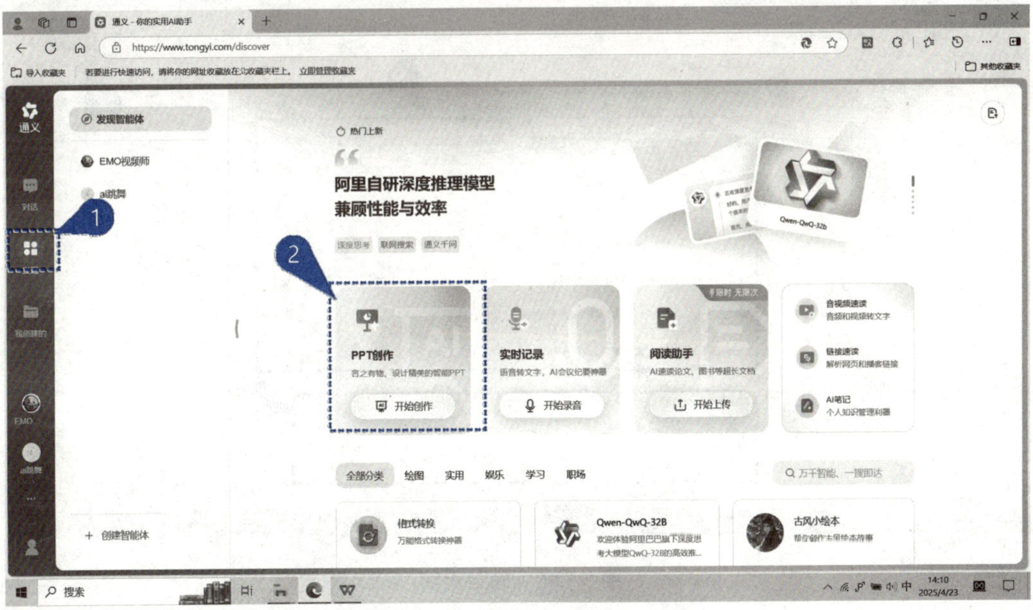

图 3-64　“通义千问”PPT 制作

步骤 3：挑选好自己的模板，将子任务 8 生成的 PPT 大纲粘贴到输入区，单击“下一步”按钮，如图 3-65 所示。

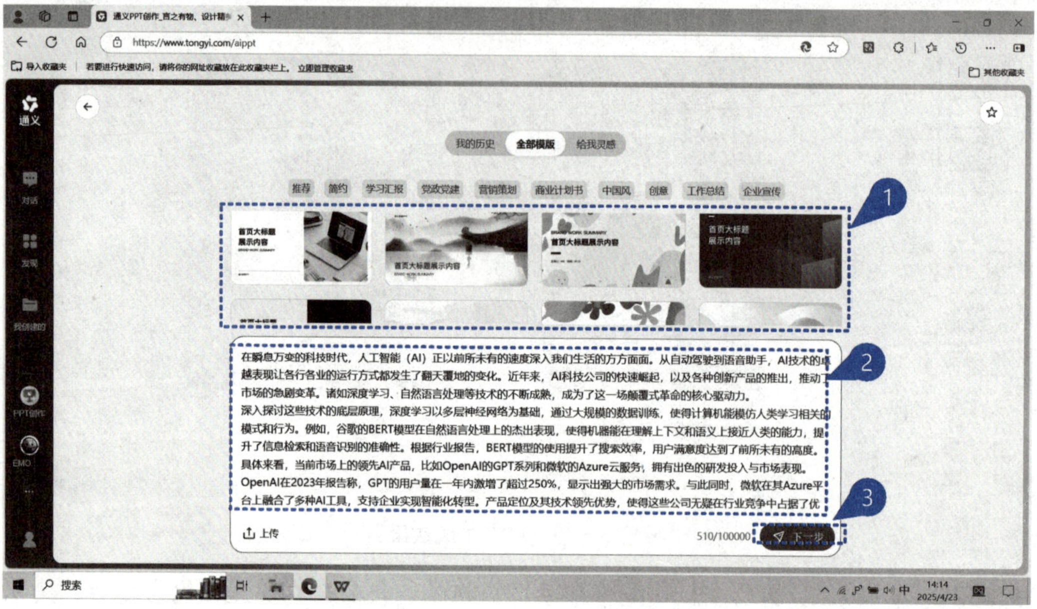

图 3-65 选择与填写大纲

步骤 4：确认好大纲，再确认此次场景，最后单击“下一步”按钮，如图 3-66 所示。

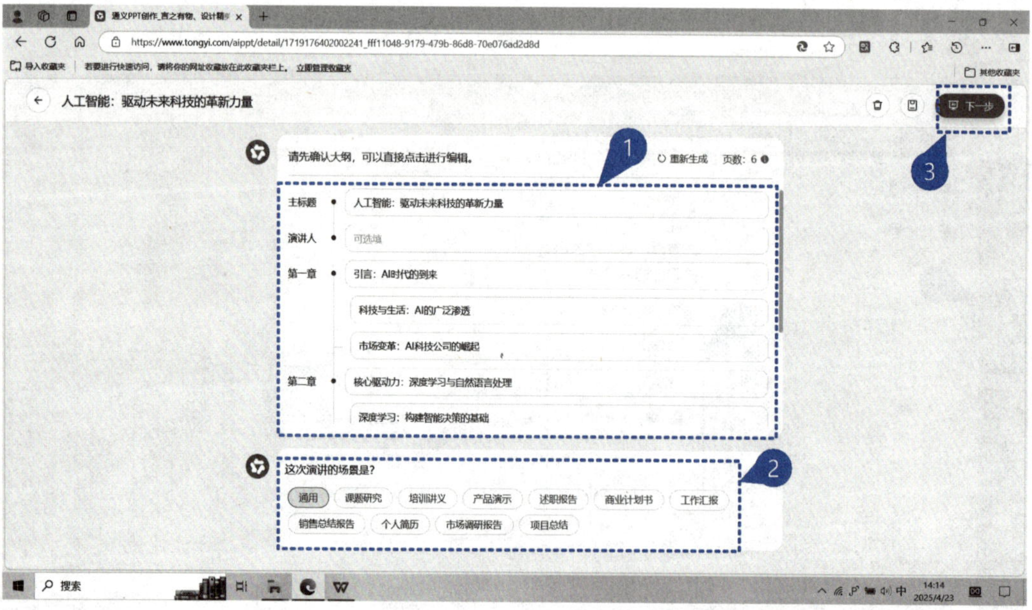

图 3-66 确定大纲

步骤 5：选择模板，如图 3-67 所示。

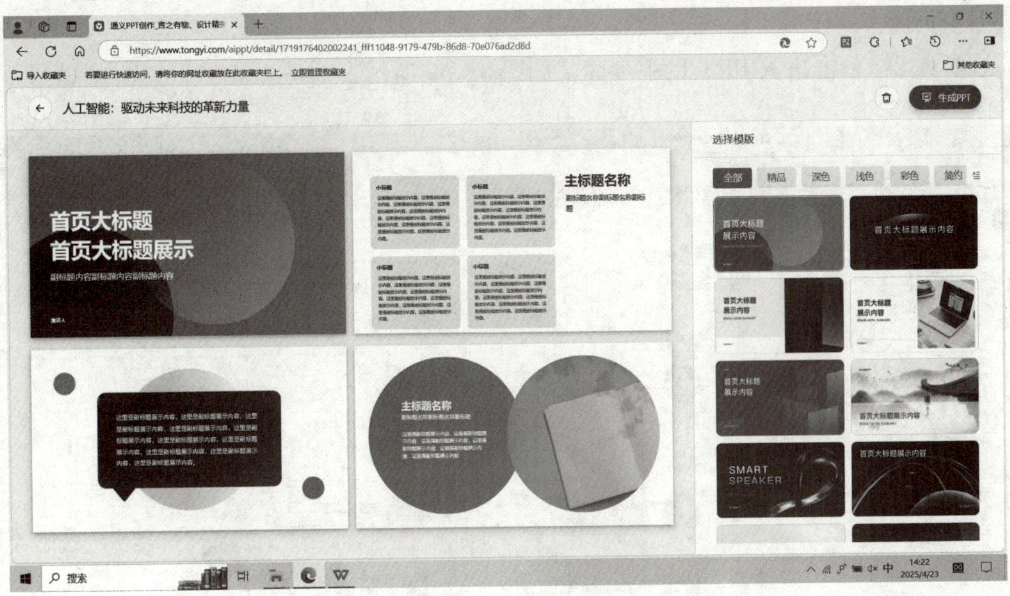

图 3-67　选择模板

步骤 6：等待结果生成，如图 3-68 所示。

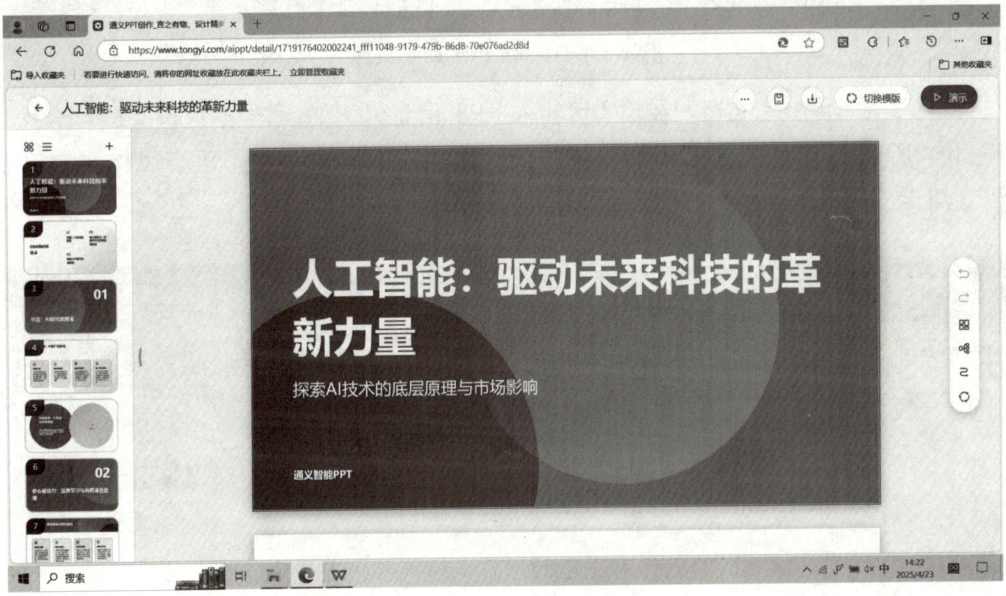

图 3-68　生成结果

（3）文档生成 PPT。

AI 文档生成 PPT 是一种利用人工智能技术，将用户提供的文档（如 Word、PDF 等）自动转化为演示文稿（PPT）的功能。它能够帮助用户快速将已有的文档内容转化为专业、美观的 PPT，提升工作效率和演示效果。这里我们使用 Kimi 进行 PPT 创作，具体操作步骤如下：

知识微课堂

文档生成 PPT

步骤 1：在浏览器中搜索“Kimi”，进入官网，单击“登录”按钮，进入主页面。

步骤 2：单击进入 PPT 助手页面，如图 3－69 所示。

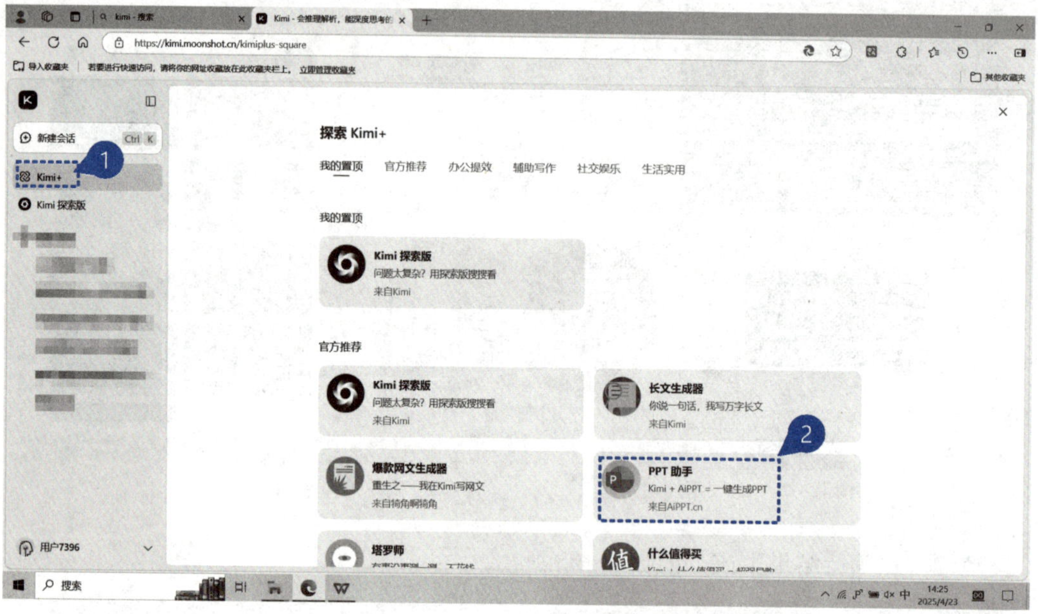

图 3－69　Kimi PPT 助手页面

步骤 3：上传参考文档，在输入区输入 PPT 信息。例如：“根据这份文档，给我制作一份 PPT，目的是让大家了解人工智能，面向对象是大学生，语言风格要搞笑多变”。单击“发送”图标，如图 3－70 所示。

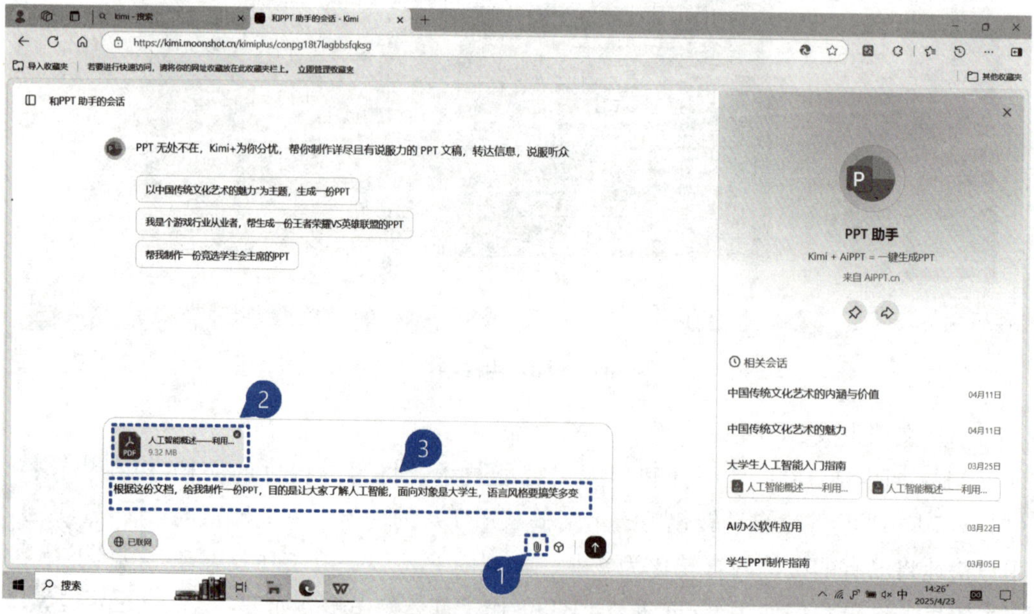

图 3－70　输入 PPT 信息

步骤4：等待文件解析成功，单击“一键生成 PPT”，如图 3-71 所示。

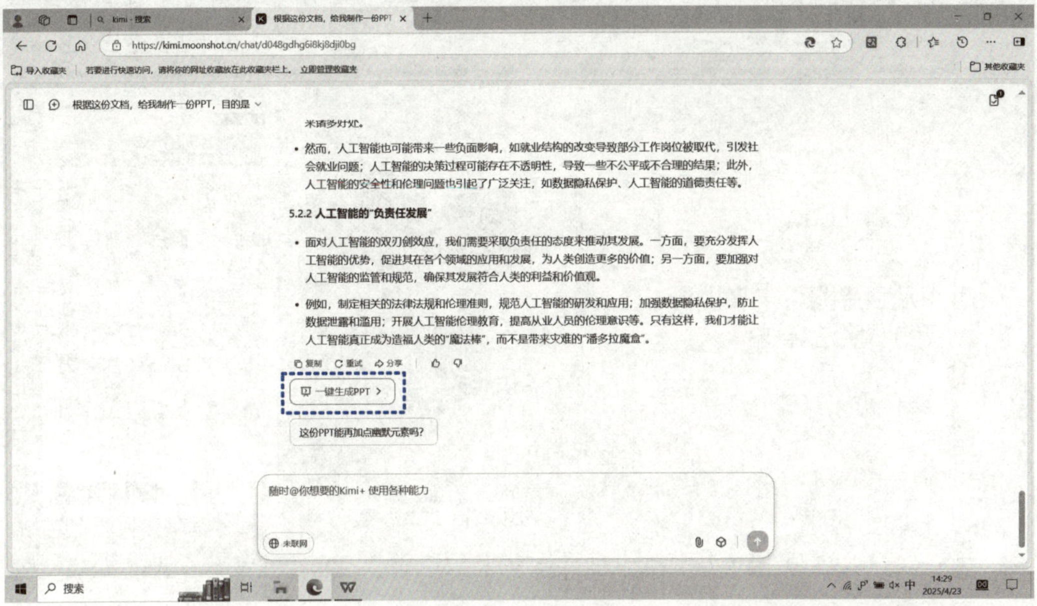

图 3-71　一键生成 PPT

步骤5：挑选模板、场景、设计风格、主题颜色，再单击“生成 PPT”，如图 3-72 所示。

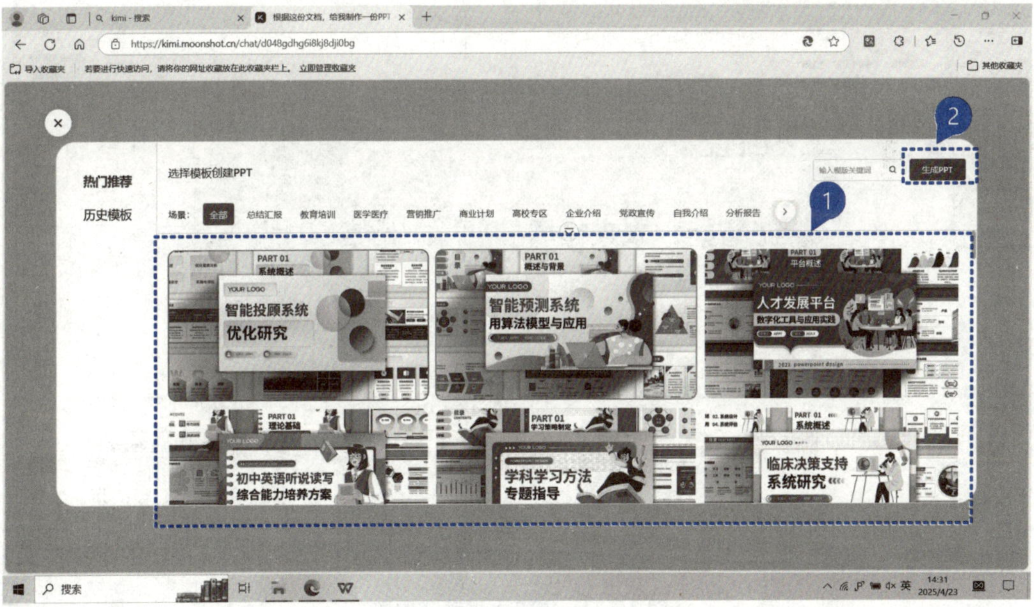

图 3-72　选择 PPT 模板

步骤6：等待结果生成。也可以单击“去编辑”，进行 PPT 编辑，如图 3-73 所示。

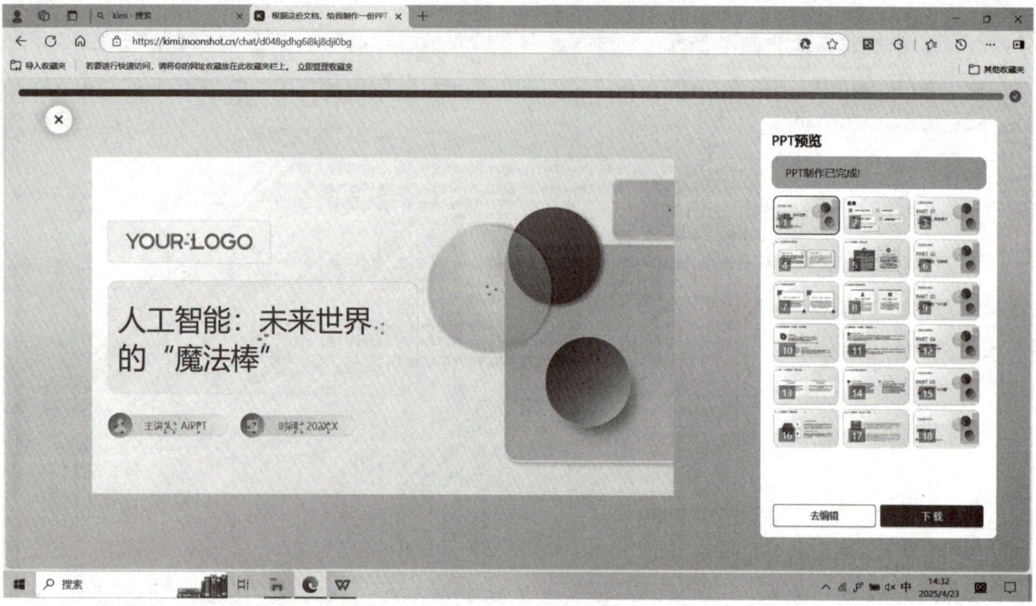

图 3-73 PPT 预览

步骤 7：单击“大纲编辑”，对大纲进行动态调整，如图 3-74 所示。

图 3-74 PPT 大纲动态调整

步骤 8：调整大纲的同时，PPT 也会动态进行调整，如图 3-75 所示。

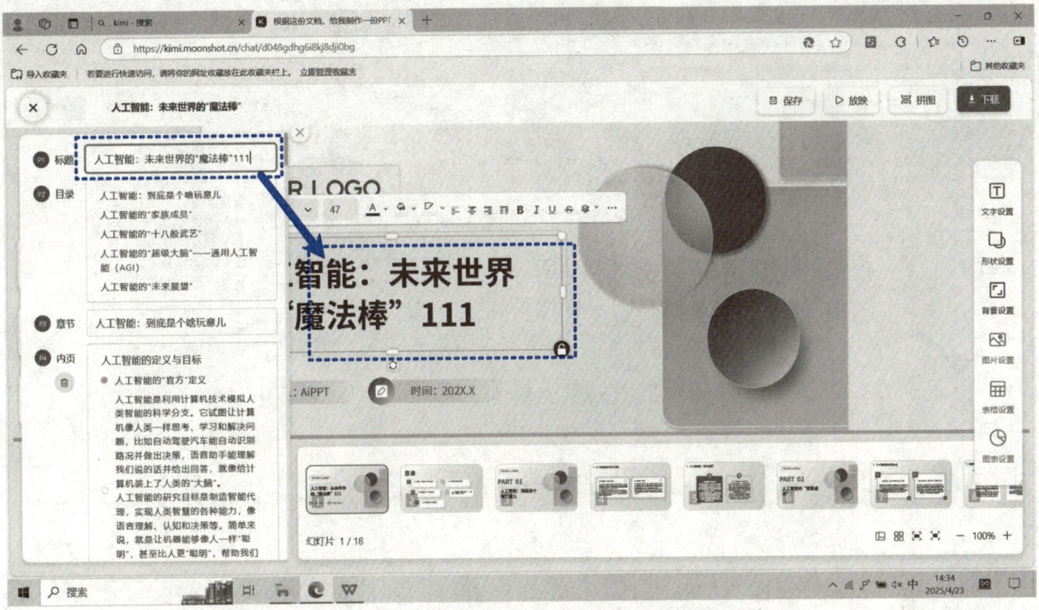

图 3 - 75　PPT 动态调整

步骤 9：也可以单击“模板替换”，选择自己喜欢的模板类型，如图 3 - 76 所示。

图 3 - 76　替换 PPT 模板

步骤 10：单击“插入元素”，插入文本、形状、图片、素材、表格或图表，在线编辑 PPT，如图 3 - 77 所示。

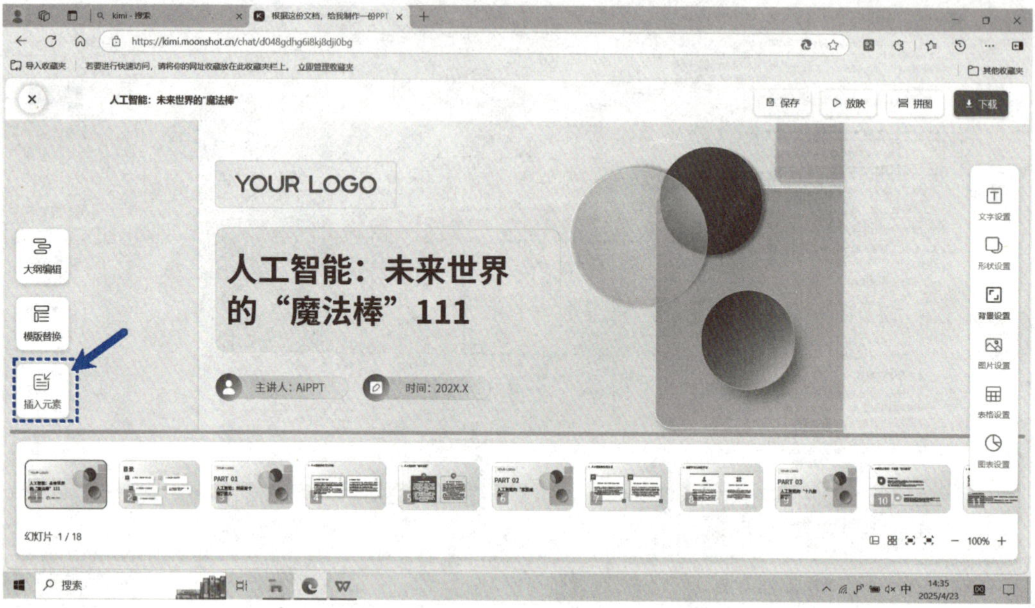

图 3-77　插入元素

步骤 11：也可以选中对应的元素进行编辑，例如：文字、形状、图片和表格等，如图 3-78 所示。

图 3-78　编辑插入元素

步骤 12：调整完成后，可以单击右上角的"下载"按钮进行下载，如图 3-79 所示。

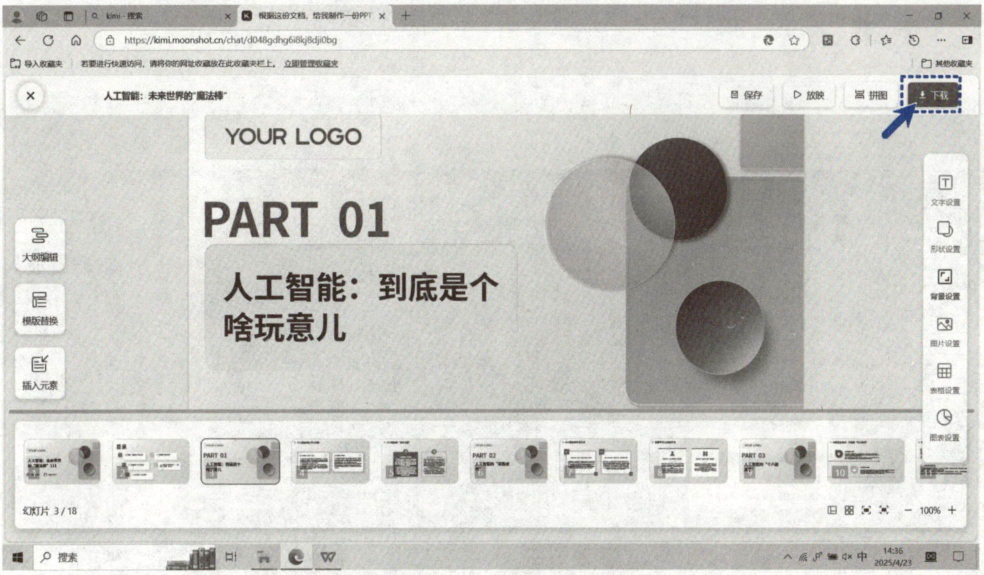

图 3-79　下载生成的 PPT

子任务 10：ChatPPT 的下载安装

ChatPPT 是必优科技旗下面向 PPT 使用者提供的 AI 生成 PPT 软件，产品基于 ChatGPT 与韦尼克模型，面向 PPT 用户提供可通过自然语言指令与 Chat 模式进行 PPT 文档创作的 AI 创作服务。目前版本分为在线体验版和 Office 插件版。下载安装的步骤如下：

步骤 1：在浏览器中搜索“ChatPPT”，进入官网，单击“Office 插件版”进行下载，如图 3-80 所示。

图 3-80　下载 ChatPPT Office 插件版

步骤 2：打开安装包，单击“立即安装”，如图 3－81 所示。

图 3－81　安装 ChatPPT Office 插件版

步骤 3：安装成功后，单击“立即打开”，如图 3－82 所示。

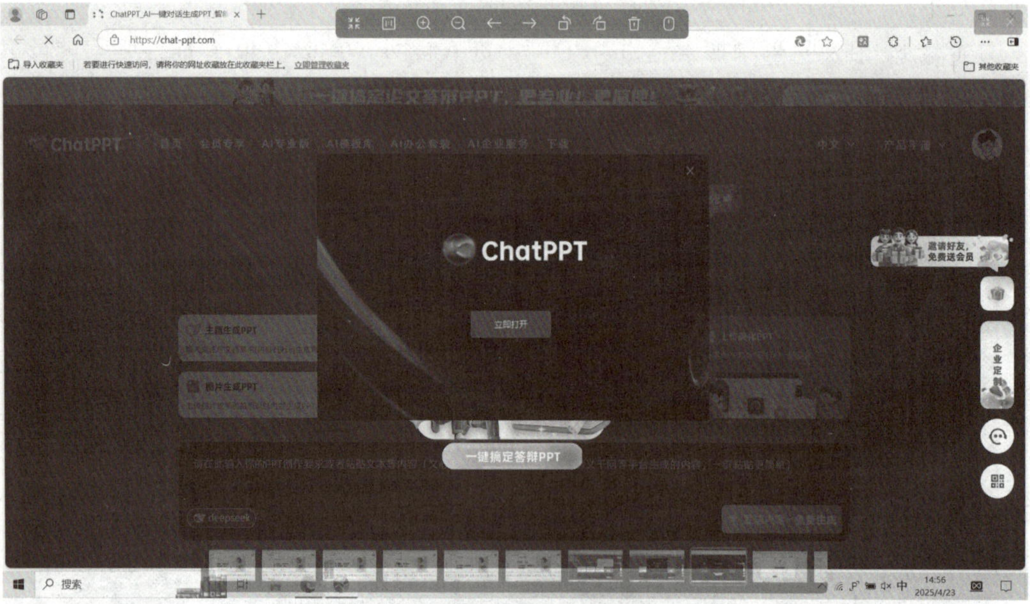

图 3－82　打开 ChatPPT Office 插件版

步骤 4：在 Office 界面进行登录，如图 3－83 所示。

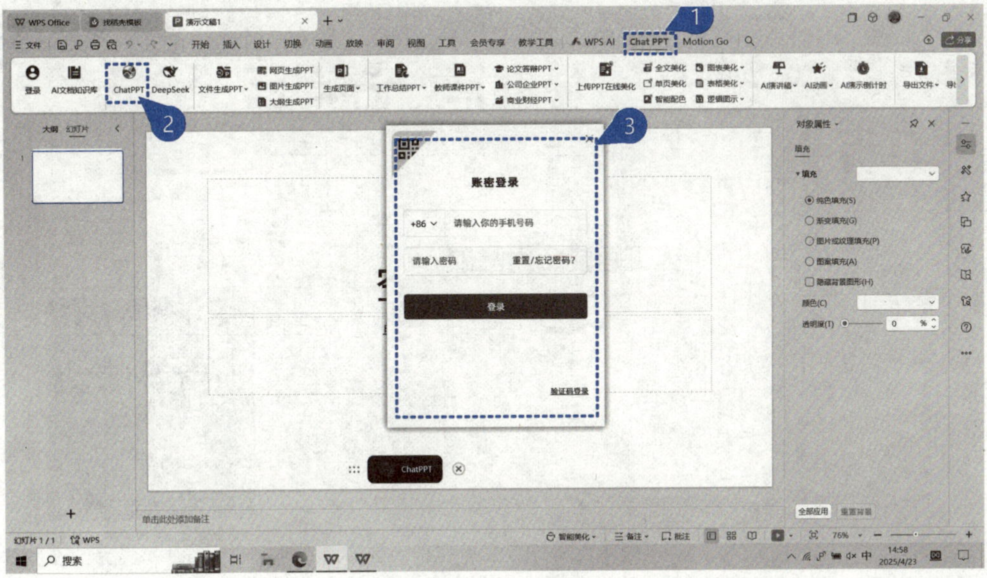

图 3-83 账号登录

子任务 11：AI 一键修改 PPT

知识微课堂

AI 一键修改 PPT

这里我们使用 ChatPPT 对已有的 PPT 进行一键修改。常见的修改包括：字体修改、增加动画、主题色修改和增加演讲稿。

步骤 1：打开 PPT，单击 ChatPPT 选项卡，进入操作界面，如图 3-84 所示。

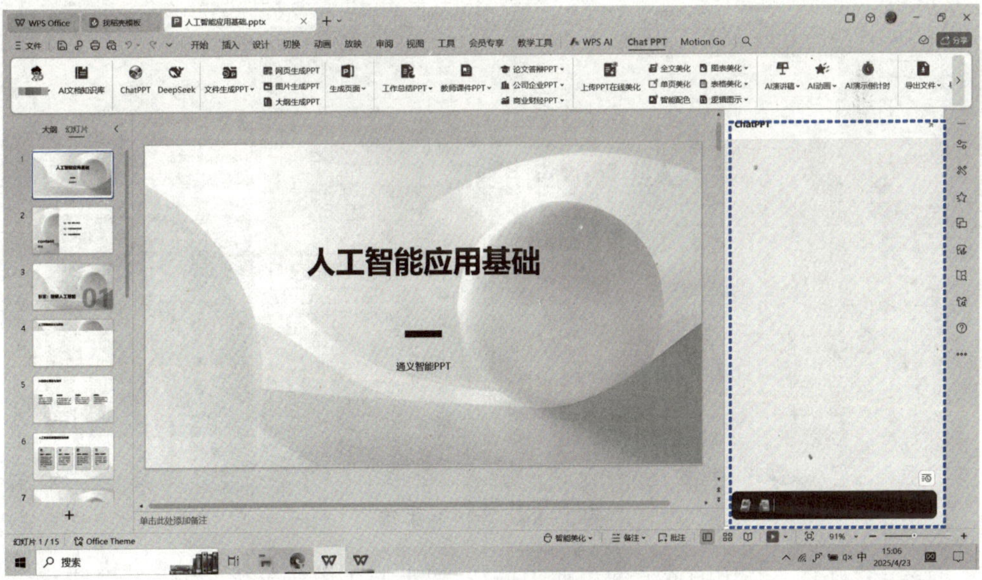

图 3-84 进入操作界面

步骤 2：在输入栏输入“全文动画”，单击回车键，等待片刻后，动画就会生成完毕，如图 3-85 所示。

图 3－85 生成动画

步骤 3：在输入栏中输入“主题色调整为红色”，单击回车键，等待片刻后，主题颜色就会生成完毕。

步骤 4：在输入栏中输入“全文演讲稿，面向对象是学生，风格搞笑幽默”，单击回车键，等待片刻后，演讲稿就会生成完毕，如图 3－86 所示。

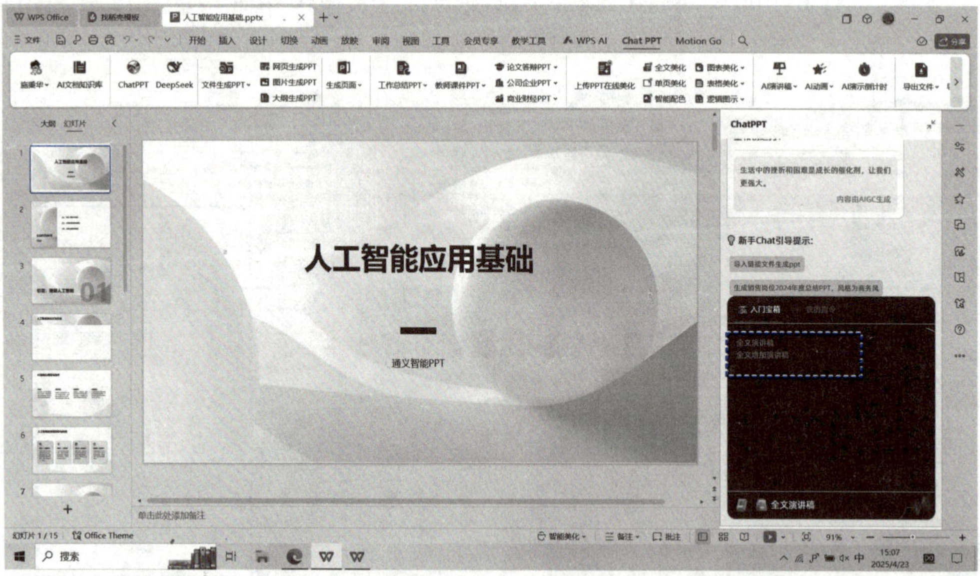

图 3－86 生成演讲稿

步骤 5：在输入栏中输入“导出演讲稿”，单击回车键，等待片刻后，演讲稿就会导出完毕。

步骤 6：在输入栏中输入“全部字体换成微软雅黑”，单击回车键，等待片刻后，全部字体就会更换完毕。

任务小结

本任务系统性地实践了 AI 技术在现代办公场景中的应用：通过 DeepSeek、WPS AI 等工具，实现了 Excel 数据运算（求和、极值、逻辑判断）的自动化，利用 AI 生成 VBA 代码完成成绩统计、图表生成等复杂操作，并通过智能条件格式动态标记关键数据；在数据处理环节，AI 高效执行数据清洗、跨表合并与分类拆分，同时完成对比分析、相关性分析等操作；在 PPT 创作方面，借助讯飞智文、通义千问等工具，实现从主题/文案/网页一键生成大纲到自动设计专业 PPT 的全流程，并支持动态调整模板、动画及演讲稿；通过 DeepSeek 的 API 集成与 ChatPPT 插件，进一步打通自然语言指令与办公软件联动，将代码编写、数据分析和设计优化转化为“零门槛”操作。整个任务验证了 AI 在简化重复劳动、提升分析精度及降低技术依赖方面的价值，为高效、智能的数字化办公提供了完整范例。

任务拓展

在技术实操层面，可以分组完成 AI 与 VBA 融合任务：用 AI 工具对模拟销售数据做季度趋势预测和客户聚类分析，同步开发带数据校验功能的 VBA 成绩录入界面，还可以尝试编写跨 Excel 文件的自动汇总脚本，通过对比人工计算结果理解技术优势。

在工具联动训练中，先将课堂分析的班级成绩 Excel 表，用插件自动生成含动态图表的 PPT，再调用简易 API 接口，把期中排名变动推送到小组模拟企业微信群，体验数据流转全流程。

在行业场景练习中，可分组进行：教育组用 AI 模板生成课后测试卷并统计答题数据；财务组制作含异常提示的智能稽核表；行政组设计自动计算请假天数的考勤表，完成后各组交叉审核。

同时，要记录 AI 操作易错点形成班级共享笔记，对模拟的学生成绩等敏感数据，练习用本地化模型做分析，最终形成从单一分析到连贯工作流的完整实践报告。

任务 3.2 AI 设计

知识梳理

AI 设计是通过人工智能技术将复杂的创意过程简化为直观的自然语言交互，使非专业用户也能快速生成商业级作品的创新方式。在任务操作中，AI 家居设计（如酷家乐 AI）可根据“现代简约客厅”等文字描述或手绘草图自动生成 3D 效果图，并支持实时替换家具材质、调整空间布局，甚至关联商品库计算装修预算，帮助室内设计新手快速完成客户提案；AI 海报设计（如千图设计室）则能解析“6·18 促销”等关键词，自动匹配电商模板、智能合成产品图与文字排版，一键生成符合行业规范的高清宣传物料，大幅降低网店运营、活动策划等岗位的设计门槛；而 AI Logo 设计（如标小智）可通过输入“奶茶店”“可爱风格”等需求，自动生成多套原创标识方案，同步规避字体版权风险并提供印刷级矢量文件，满足创业者从品牌定位到视觉落地的全流程需求。这些工具将传统设计中耗时的构图、配色、合规性检查转化为“对话式操作”，使职业院校学生无需精通专业软件即可掌握企业级设计能力，培养“AI 工具应用＋行业需求理解”的复合技能，适配电商美工、室内设计助理、品牌策划等岗位的实战场景，能真正实现“零基础学习，高效率产出”的职业教育目标。

任务实施

1. 任务说明

本任务主要介绍了三个基于人工智能技术的设计任务，分别是 AI 家居设计、AI 海报设计和 AI Logo 设计。每个任务都详细描述了所使用的工具以及具体的操作步骤。在 AI 家居设计中，使用的是酷家乐 AI 设计工具，用户需要上传图片、选择风格模型并描述画面来生成设计方案。AI 海报设计则通过千图设计室 AI 海报工具，用户输入海报内容后可进行标题和副标题的编辑，最后生成海报。AI Logo 设计采用标小智智能 LOGO 设计生成器，用户输入 Logo 名称、选择行业、品牌色系以及字体后，即可生成个性化 Logo。这些任务展示了人工智能技术如何在设计领域提高效率、实现个性化和智能化。

2. 任务操作

子任务 1：AI 家居设计

AI 家居设计是指利用人工智能技术来辅助或自动化家居设计的过程。它结合了计算机视觉、机器学习和自然语言处理等技术，以提供更高效、个性化和智能化的家居设计解决方案。这里我们使用的软件是酷家乐 AI 设计工具，具体操作步骤如下：

知识微课堂

AI 家居设计

步骤 1：在浏览器中搜索“酷家乐 AI”，进入官网，单击“登录”按钮。

步骤 2：上传你需要装修的图片，选择风格模型，并描述画面，最后单击“立即生成”，如图 3－87 所示。

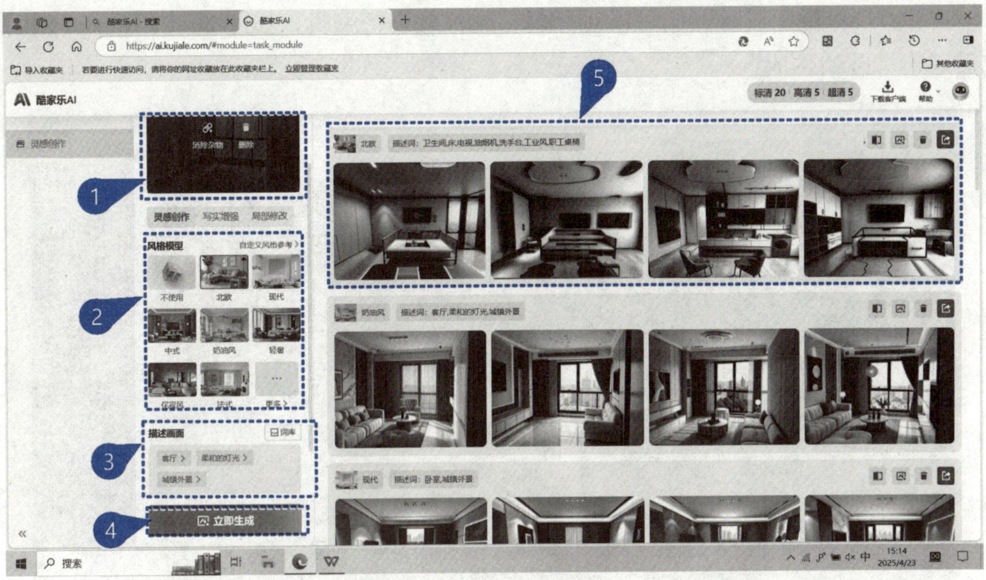

图3-87 生成风格模型

子任务2：AI海报设计

AI海报设计是指利用人工智能技术来辅助或自动完成海报设计的过程。它结合了计算机视觉、自然语言处理和机器学习等技术，使得海报设计变得更加高效、智能和个性化。

步骤1：在浏览器中搜索“千图设计室AI海报”，进入官网，单击“登录”按钮。

步骤2：在输入框中输入想要生成的海报内容。例如：“6·18狂欢盛典，限时全场满300减40”，如图3-88所示。

图3-88 生成海报

步骤 3：等待生成。我们可以对标题、副标题进行编辑，如图 3－89 所示。编辑完成后单击“开始生成”。

图 3－89　编辑标题、副标题

子任务 3：AI Logo 设计

AI Logo 设计是指利用人工智能技术来辅助或自动完成 Logo 设计的过程。它结合了计算机视觉、机器学习和生成对抗网络（GAN）等技术，使得 Logo 设计变得更加高效、创新和个性化。这里我们用到标小智智能 LOGO 设计生成器，具体操作步骤如下：

步骤 1：在浏览器中搜索“标小智智能 LOGO 设计生成器”，进入官网，进行登录，单击“在线 LOGO 设计”，如图 3－90 所示。

图 3－90　“标小智智能 LOGO 设计生成器”主页面

步骤 2：输入你的 Logo 名称，单击“继续”，如图 3－91 所示。

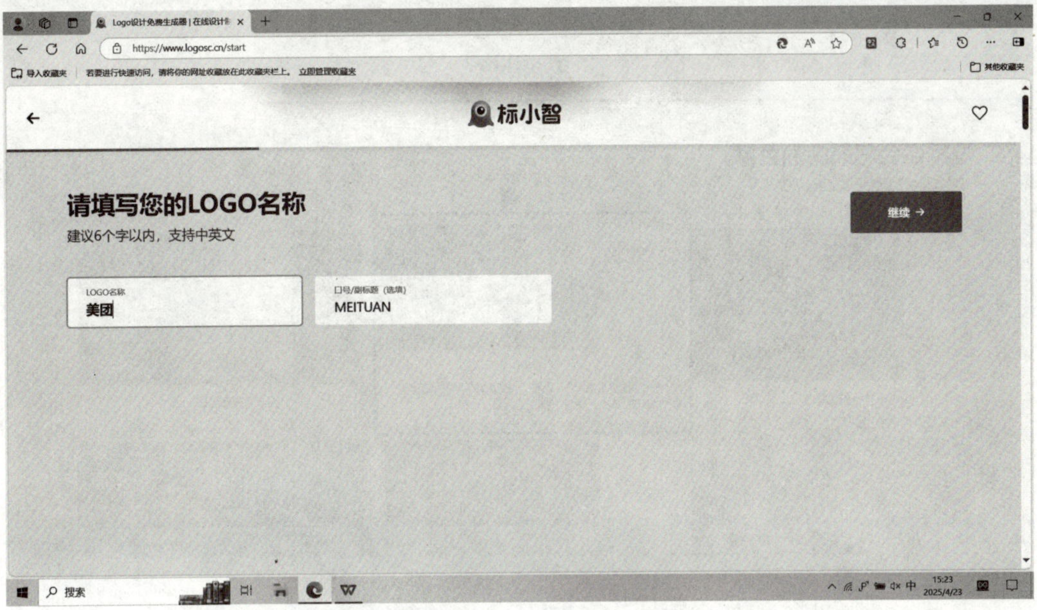

图 3－91　填写 Logo 名称

步骤 3：选择符合条件的行业，如图 3－92 所示。

图 3－92　选择符合的行业

步骤 4：选择对应的品牌色系，单击“继续”，如图 3－93 所示。

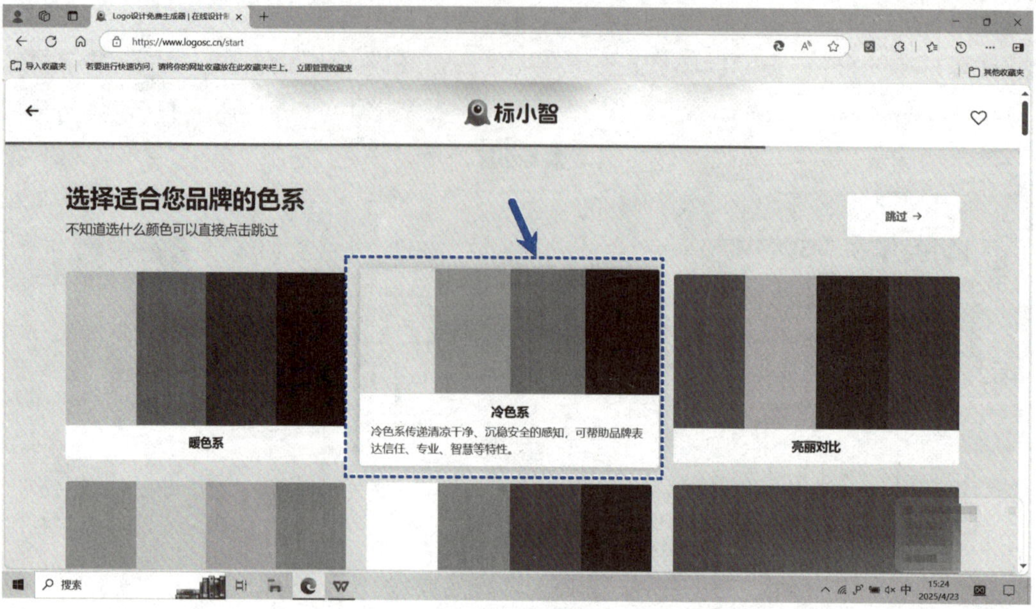

图 3-93　选择对应的品牌颜色

步骤 5：选择 Logo 的字体，单击“生成 LOGO”，如图 3-94 所示。

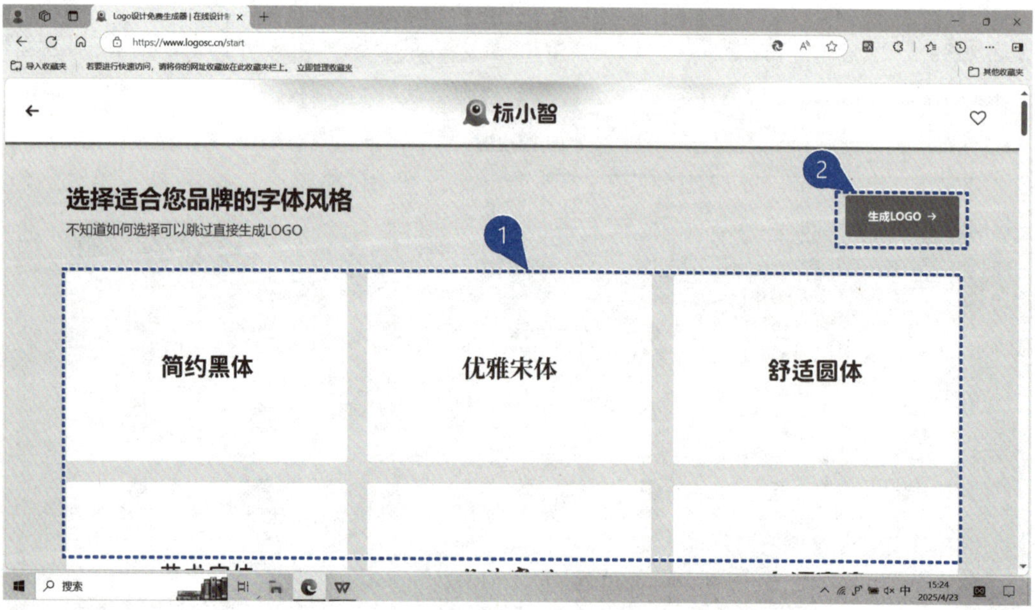

图 3-94　选择字体

步骤 6：等待结果生成，如图 3-95 所示。

图 3-95　生成 Logo

任务小结

AI 家居设计、AI 海报设计与 AI Logo 设计三项任务均依托人工智能技术实现设计流程智能化：通过酷家乐 AI 工具，用户上传装修场景图并选择风格模型后，系统结合计算机视觉与机器学习生成个性化家居方案；千图设计室 AI 海报工具利用自然语言处理技术，将用户输入的促销文案转化为视觉化海报，支持标题与版式动态调整；而标小智智能 LOGO 设计生成器则基于生成对抗网络技术，通过输入品牌名称、行业属性和色系偏好，快速生成兼具专业性与创新性的品牌标识，三项技术分别从空间设计、营销物料创作与品牌形象构建角度，将传统设计流程从数日缩短至几分钟，显著降低了专业门槛并提升了个性化服务效率。

任务拓展

基于现有 AI 设计任务的技术框架，可沿三个维度进行功能拓展：技术融合方面，家居设计可引入 AR 实时渲染技术，实现设计方案在物理空间中的全息投影，同时接入智能家居 API 同步灯光、温控等参数模拟；海报创作可整合 AIGC 多模态模型，支持用户通过语音描述或草图轮廓生成精细构图，并拓展动态海报模板库以适应短视频平台的传播特性；品牌设计可开发 AI 驱动的 VI 系统生成器，基于 Logo 主视觉自动延展名片、信笺、包装等全套视觉物料。应用场景方面，可针对房地产商开发批量户型 AI 优化模块，为电商企业构建节日营销素材自动生成系统，面向创业公司推出品牌形象智能迭代服务。技术迭代方向将重点优化个性化推荐算法：通过用户行为数据分析建立风格偏好预测模型，并引入实时协作功能支持多端同步编辑。最终实现从需求输入到方案落地的全链路智能设计生态。

任务 3.3 AI 法律助手

知识梳理

AI 法律助手是基于自然语言处理与法律知识图谱构建的智能化工具，其核心功能包含 AI 法律咨询与 AI 法律计算器两大模块。在 AI 法律咨询场景中，用户可通过对话界面输入案情描述或法律问题，系统依托海量判例库与法律法规数据库进行语义解析，快速生成有针对性的法律建议，例如合同条款风险预警、劳动纠纷解决路径推荐或交通事故责任划分依据，同时提供相关法条原文及相似案例参考，有效降低法律信息检索门槛；AI 法律计算器模块则聚焦量化分析，通过结构化数据输入（如工资基数、伤残等级、债务利率等）自动完成赔偿金核算、诉讼时效推算、离婚财产分割比例计算等复杂运算，例如在工伤赔偿场景中，用户输入伤情鉴定结果、月平均工资及地区标准后，系统将同步输出医疗费、误工费、伤残补助金等 12 项法定赔偿项目的明细与总额，计算结果精准匹配最新司法解释与地方性法规。两项功能通过“定性分析+定量计算”的组合模式，为个人与企业提供 24 小时在线的法律决策支持，尤其在标准化程度高的民商事领域显著提升了法律服务效率，但需配合律师的专业判断处理复杂非标案件。

任务实施

1. 任务说明

本任务包含 AI 法律咨询与 AI 法律计算器两大功能模块。在 AI 法律咨询模块中，用户可通过“通义法睿”智能平台实现法律信息检索，该系统基于自然语言处理、机器学习和知识图谱技术，支持用户输入商标注册等具体法律问题（如“如何注册商标并确保权益保护”）后自动生成专业解答。AI 法律计算器模块依托百度“法行宝”工具，集成数据分析与法律计算算法，可对工伤赔偿等 9 类法律场景进行智能计算，用户只需回答对应的题目，便可获得精确的赔偿金额或违约金评估结果。两个模块均采用分步引导式操作，用户完成身份验证后，分别在对应页面输入问题或选择计算类型，系统将在 10 秒内生成结构化法律分析报告。

2. 任务操作

子任务 1：AI 法律咨询

AI 法律搜索是指利用人工智能技术来提升法律信息检索的效率和准确性。它结合了自然语言处理、机器学习和知识图谱等技术，帮助用户更快速、精准地找到所需的法律信息。这里我们使用的工具是通义法睿，具体操作步骤如下：

步骤 1：在浏览器中搜索“通义法睿”，进入官网，单击“登录”按钮。

步骤 2：在输入框中输入你要提问的法律问题。例如：“如何注册商标并确保我的商标权益得到全面的法律保护？”如图 3－96 所示。

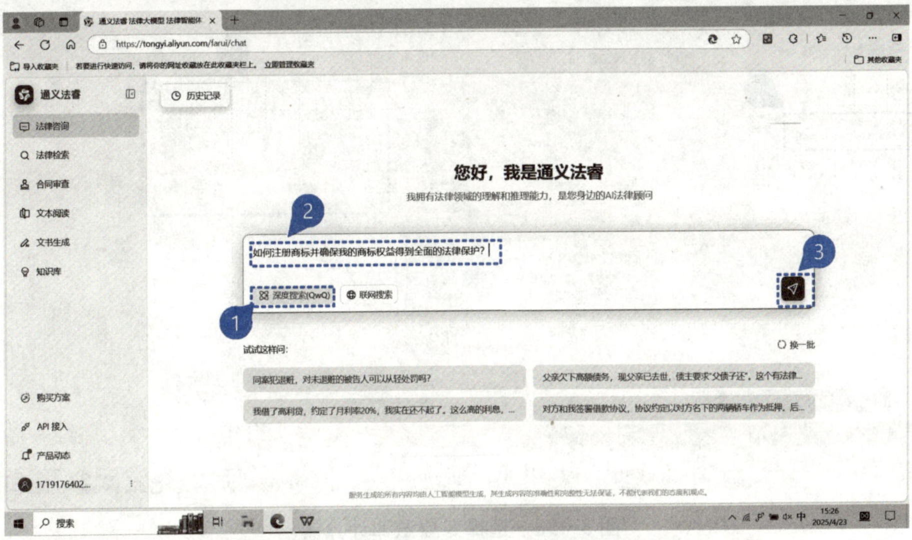

图 3－96　输入所提问的法律问题

步骤 3：等待结果生成，如图 3－97 所示。

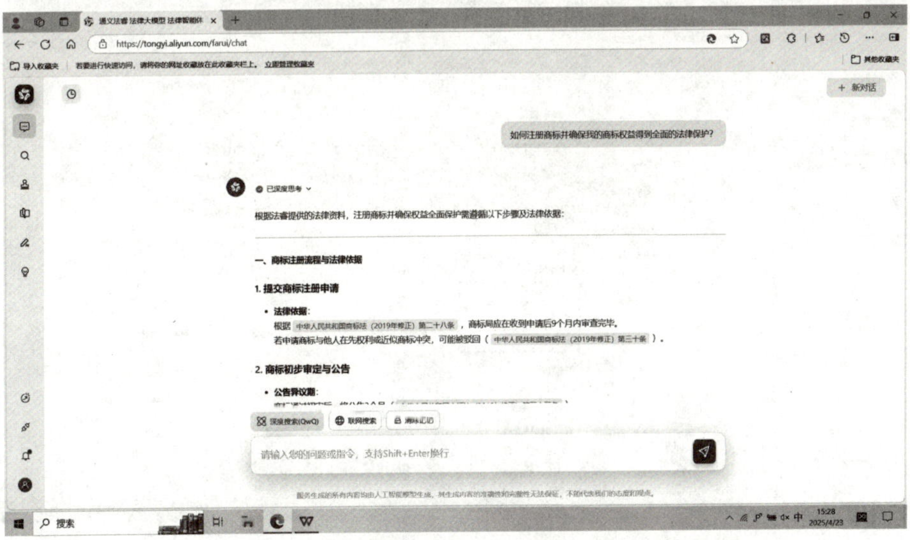

图 3－97　生成结果

子任务 2：AI 法律计算器

AI 法律计算器是一种利用人工智能技术来提供法律相关计算和评估的工具。它结合了自然语言处理、机器学习和数据分析等技术，帮助用户快速、准确地进行法律计算，如赔偿金额、诉讼费用、合同违约金等。这里我们使用的工具是百度出品的法行宝，具体操作步骤如下：

步骤 1：在浏览器中搜索“法行宝”，进入官网，单击“登录”按钮。

步骤 2：在法律工具中，选择专业法律计算器，如图 3－98 所示。

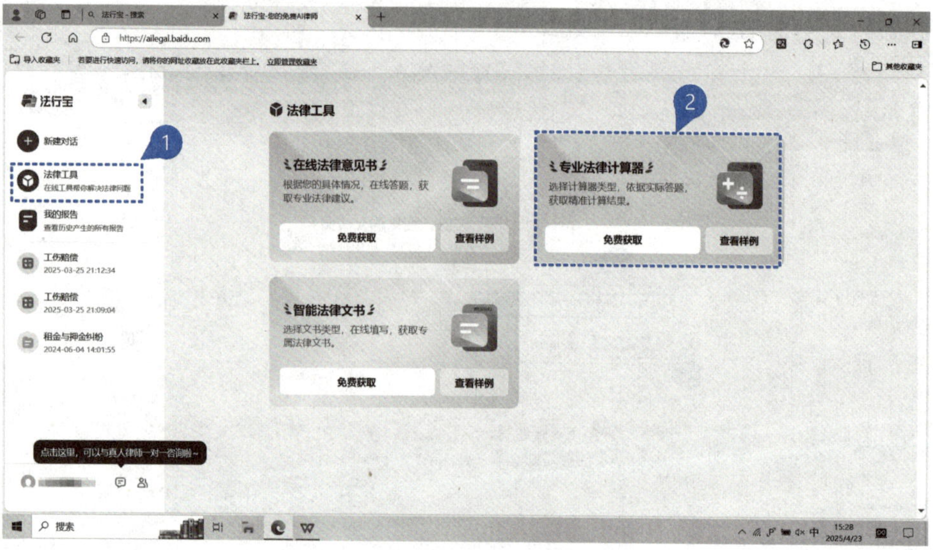

图 3－98　选择专业法律计算器

步骤 3：选择你需要的计算的类型，例如：工伤赔偿，如图 3－99 所示。

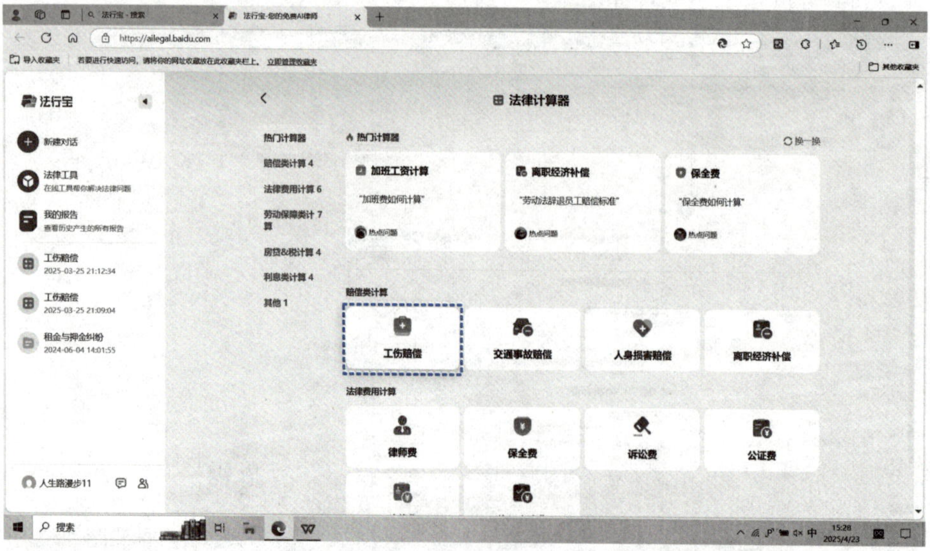

图 3－99　选择需要计算的类型

步骤 4：完成页面右边的选择题，如图 3－100 所示。

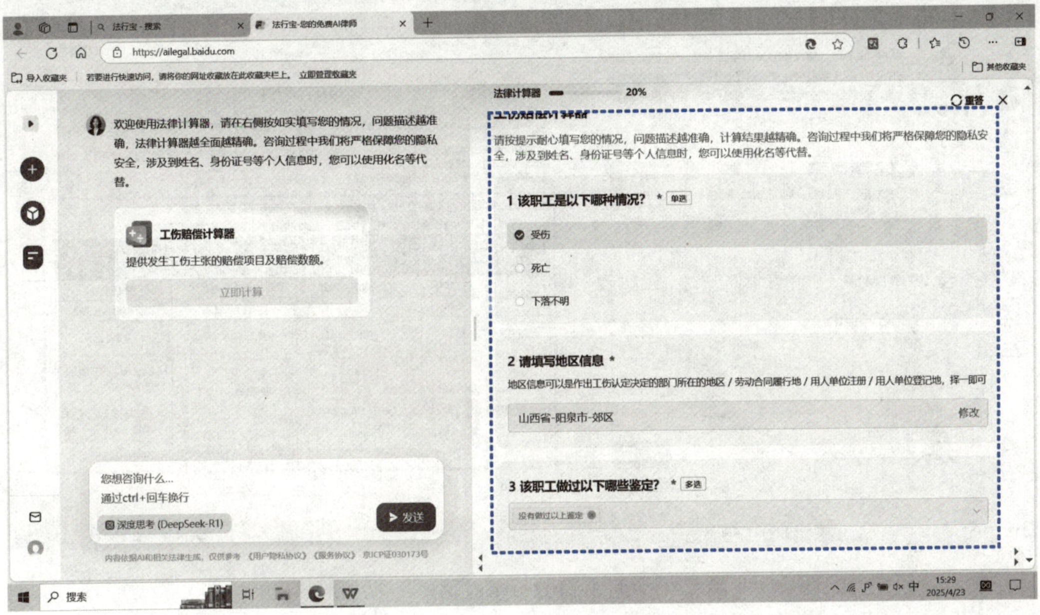

图 3－100　选择题

步骤 5：完成右边的选择题后，单击“生成计算结果”，如图 3－101 所示。

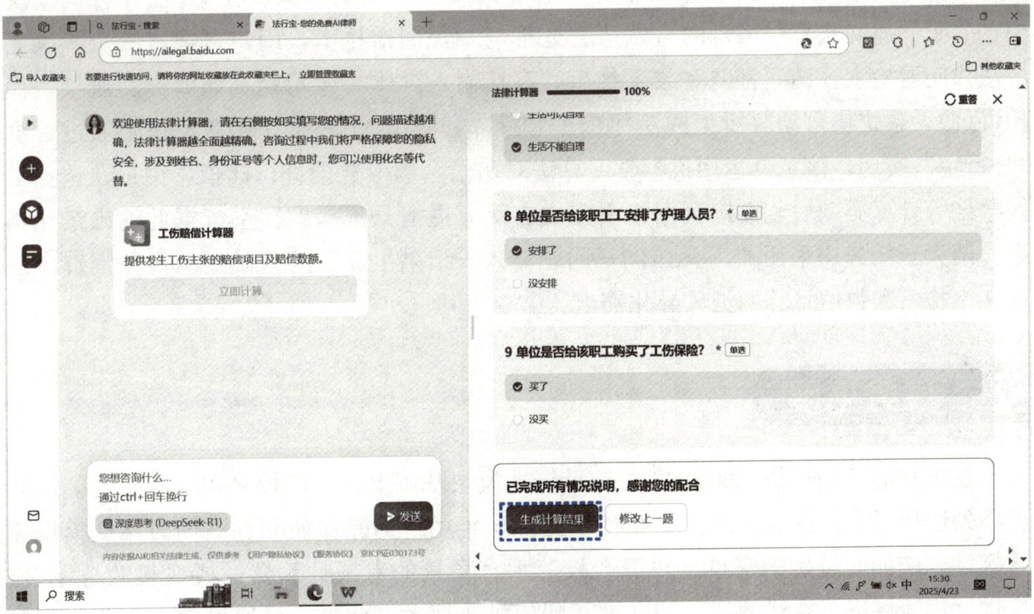

图 3－101　单击“生成计算结果”

步骤 6：等待结果生成，如图 3－102 所示。

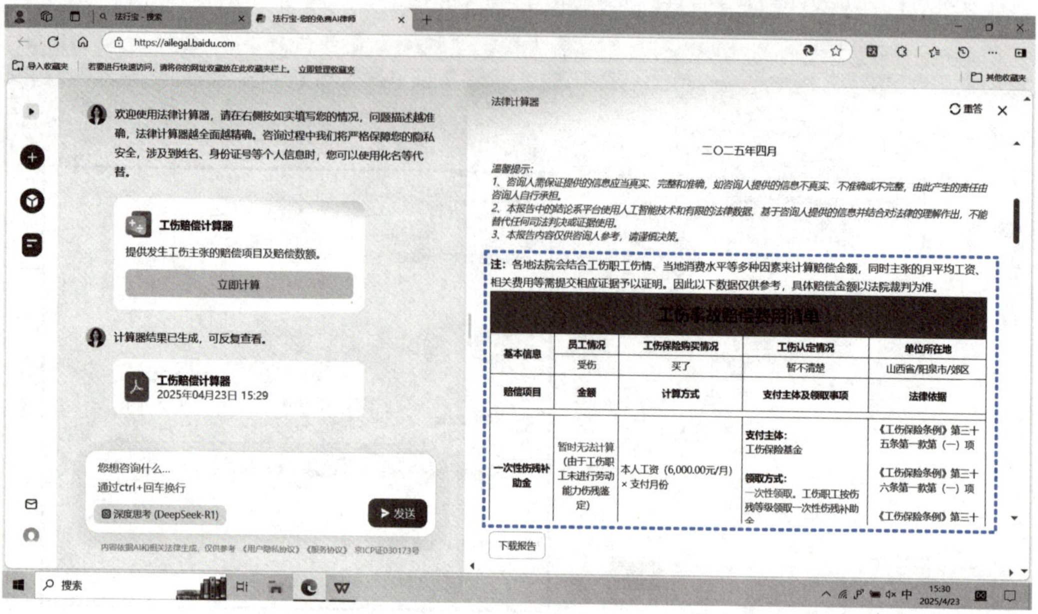

图 3 - 102　生成结果

任务小结

本任务由 AI 法律咨询与 AI 法律计算器两个核心模块构成。在 AI 法律咨询模块中，基于"通义法睿"平台的自然语言处理与知识图谱技术，用户可通过三个步骤完成法律问题检索：访问官网登录系统后，直接输入具体法律问题（如商标注册权益保护咨询），系统将自动解析生成法律依据和操作建议。AI 法律计算器模块则通过百度"法行宝"实现，该工具运用机器学习算法对赔偿金额等数据进行建模，用户在选择工伤赔偿等计算类型后，需按页面指引完成右侧五道情景选择题，系统据此输出量化结果。两大子任务均采用"工具访问—问题输入—结果生成"的基础逻辑，分别解决法律文本检索和数值计算两类差异化需求。

任务拓展

在现有的 AI 法律咨询与 AI 法律计算器模块基础上，可增加多语言支持功能以服务涉外法律需求，并引入语音交互技术提升老年用户的操作便利性；同时拓展模块覆盖领域，例如增设婚姻家事、知识产权等垂直场景的专项计算器，或对接政务平台，提供"法律咨询＋在线调解"的一站式纠纷解决服务。此外，可通过定期更新判例库与法规数据库确保建议的时效性，并开发企业定制版工具，针对合同审查、合规风控等高频需求提供批量处理功能，进一步扩大工具的实用性与适用范围。

任务 3.4 AI 客服

知识梳理

AI 客服（人工智能客服）是基于自然语言处理、机器学习和大数据技术构建的智能化服务系统，旨在模拟人类对话能力，自主解决用户咨询问题。它通过算法理解用户意图，结合预设知识库或实时调取外部数据（如订单信息、产品资料）生成精准回复，可应用于网页、App、社交媒体等多元场景。其核心功能包括自动应答高频问题（如物流查询、退换货政策）、多轮对话引导（处理复杂业务流程）、情绪识别（根据语气调整话术）以及数据分析（挖掘用户需求趋势）。相较于传统客服，AI 客服能实现 24 小时不间断服务，大幅降低人力成本，同时借助持续学习优化应答准确率，目前广泛应用于电商、金融、电信等行业，尤其在促销高峰或突发事件中，能高效分流咨询压力，提升用户体验。然而，其局限性在于对模糊语义或复杂纠纷仍需人工介入。未来，通过与人类客服协同及多模态交互（如结合语音、图像）的深化，AI 客服将逐步实现更拟人化、场景化的服务能力。

任务实施

1. 任务说明

本任务需通过 Coze 低代码平台搭建抖音智能客服系统，主要步骤包括：登录 Coze 官网，搜索并复制“抖音客服”模板，配置业务知识库及接入抖音 API 接口，最后通过试运行调试对话逻辑，确保机器人能自动处理评论、私信及直播互动，实现 7×24 小时即时响应，提升用户服务效率与体验。

2. 任务操作

知识微课堂

使用 Coze 搭建智能抖音客服

使用 Coze 搭建智能抖音客服，能够高效管理用户互动并提升服务体验。Coze 作为低代码 AI Bot 开发平台，允许通过可视化界面快速构建具备自然语言处理能力的客服机器人，无需深厚的编程基础。通过接入抖音开放平台的 API，该客服可自动处理评论、私信及直播互动，实现 24 小时即时响应。

步骤 1：在浏览器中搜索“Coze”，进入官网，单击“登录”按钮。

步骤 2：选中商店，输入“客服”进行搜索，选择你喜欢的模板。这里我们选择的是抖音客服模板，如图 3 - 103 所示。

图 3 - 103　选择模板

步骤 3：单击“复制”按钮，如图 3 - 104 所示。

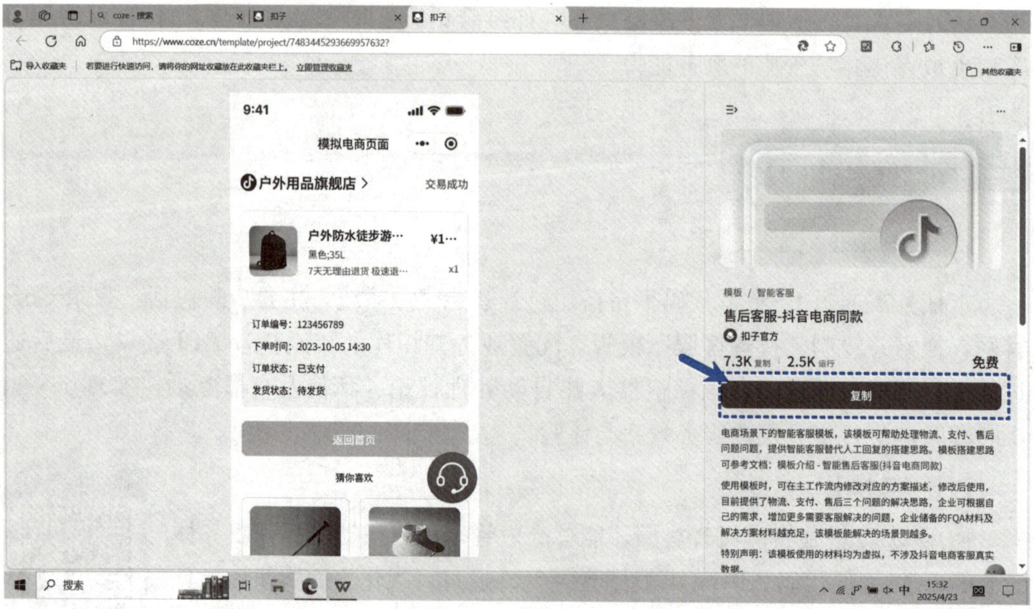

图 3 - 104　复制模板

步骤 4：单击“确认”按钮，如图 3 - 105 所示。

图 3-105 确认模板

步骤 5：在工作空间中的项目开发里，单击刚刚创建的售后客服，如图 3-106 所示。

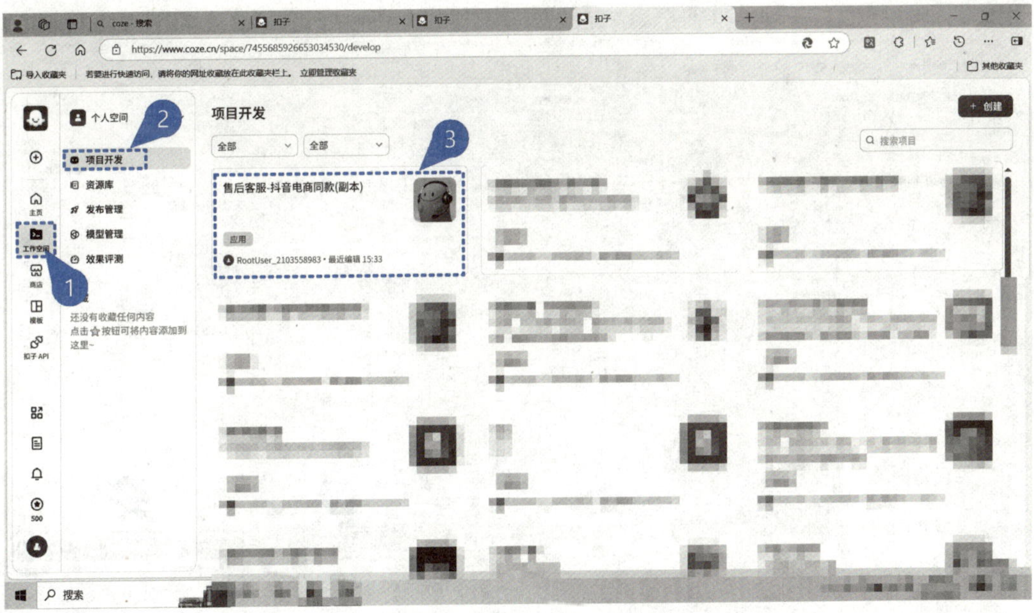

图 3-106 项目开发

步骤 6：在方案库中更新为自己的内容，如图 3-107 所示。

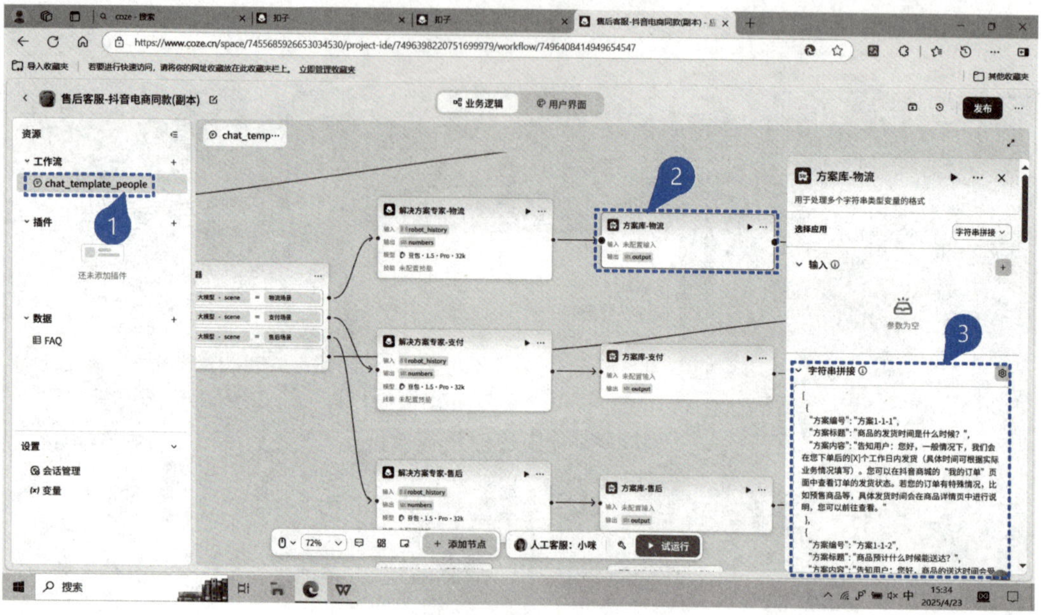

图 3-107　在方案库中更新为自己的内容

步骤 7：单击“试运行”，输入你的问题，单击“保存并开始对话调试”，如图 3-108 所示。

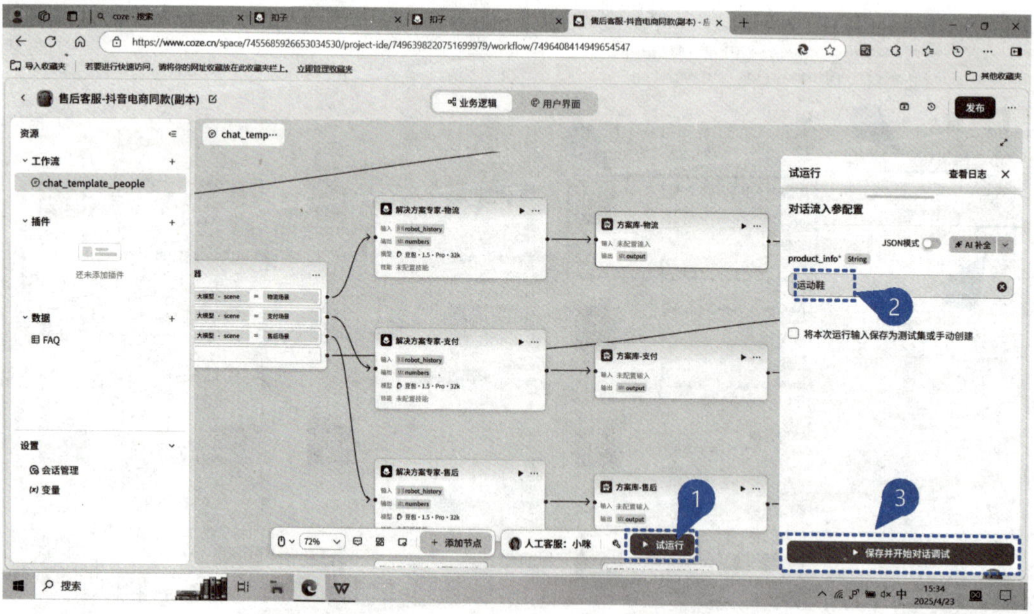

图 3-108　对话调试

步骤 8：测试效果，如图 3-109 所示。

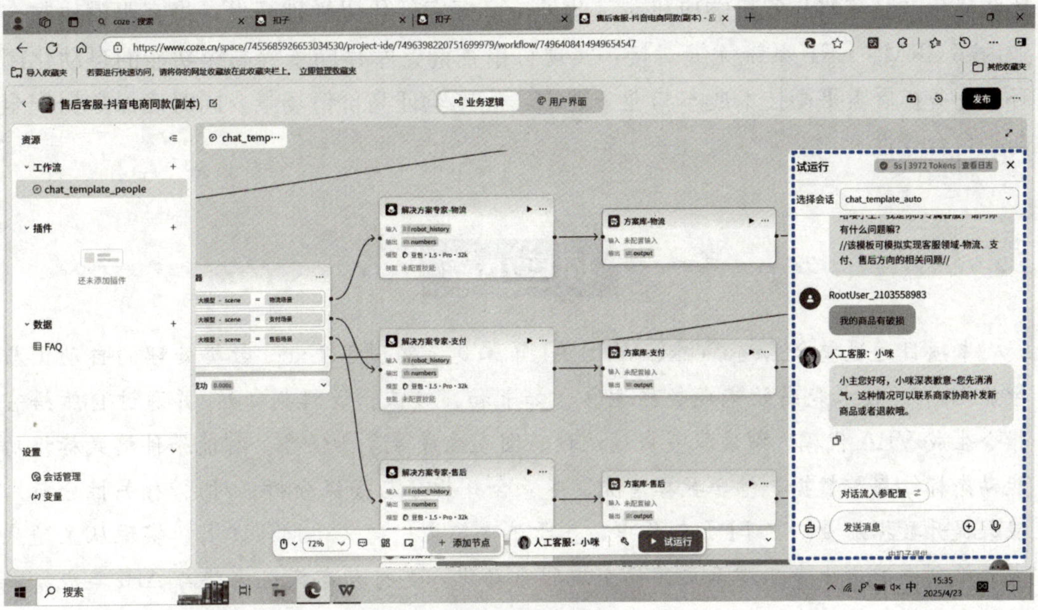

图 3-109 测试效果

任务小结

本次任务通过 Coze 低代码平台完成抖音智能客服系统的搭建，以自动化用户互动管理为核心目标。任务从模板调用与配置起步，成功复用了“抖音客服”预设模板，并完成业务知识库的自定义更新及抖音开放平台 API 接口的接入，确保机器人能够精准解析评论、私信与直播互动的语义内容。通过试运行模块的反复调试，优化了对话逻辑与响应准确性，验证了 7×24 小时即时响应能力及多线程并发处理性能。最终交付的客服系统无需编程基础即可维护，显著降低了人力成本，同时符合抖音平台的服务规范与用户体验要求。任务执行需提前准备抖音企业账号权限及业务文档，交付成果包含调试配置、测试报告及运维指南，为后续规模化应用奠定了基础。

任务拓展

当前抖音客服系统的落地为自动化服务提供了基础框架，未来可围绕多场景适配与智能升级进一步扩展：其一，横向整合多平台接口（如微信、快手、淘宝），构建全域社交电商客服中台，通过 Coze 工作流实现跨平台用户数据的统一管理与智能分发；其二，纵向深化 AI 能力，引入大语言模型微调技术，结合历史对话数据训练垂直领域客服模型，提升复杂咨询（如退换货纠纷、活动规则解读）的自主决策准确率；其三，拓展数据分析功能，基于用户互动日志生成服务热点图谱与情绪分析报告，辅助运营团队优化产品策略与危机响应机制。此外，可探索低代码插件开发，将客服模块与企业内部 CRM、ERP 系统无缝对接，实现订单查询、库存同步等高级功能的自动化闭环。任务扩展需平衡技术成本与业务需求，优先验证高价值场景，同时确保数据安全与平台合规性。

项目小结

本项目通过整合 DeepSeek、WPS AI 等工具，实现了 Excel 数据处理的自动化与智能化。AI 技术能高效完成数据运算（如求和、极值、逻辑判断），并通过自然语言指令生成 VBA 代码，解决批量成绩统计、图表生成等复杂任务。智能条件格式标记功能动态标红异常数据，结合数据清洗、多表合并拆分与高级分析（对比/相关性分析），显著提升数据质量。在 PPT 创作中，基于讯飞智文、通义千问等工具，实现从主题生成大纲到一键输出专业演示文稿的全流程自动化，支持动态模板调整与 API 集成，降低技术门槛，提升办公效率与成果的专业性。

在家居设计、海报制作与 Logo 设计中，本项目验证了 AI 工具的实用价值。酷家乐 AI 通过“图生图”技术生成 3D 装修方案，支持实时材质替换与布局优化；千图设计室解析关键词自动生成电商促销海报，实现文案与视觉元素的智能融合；标小智智能 LOGO 设计生成器基于行业属性与色彩偏好，快速输出原创标识方案，规避字体版权风险。AI 技术将传统设计流程从数日缩短至几分钟，为非专业用户提供企业级设计能力，适配电商、室内设计等行业的快速产出需求。

通义法睿与法行宝工具的结合，构建了“咨询＋计算”双模式法律支持系统。AI 法律咨询通过自然语言解析用户问题，生成结构化法律建议并关联法条与案例库；AI 法律计算器通过选择题交互模式，精准量化工伤赔偿等 9 类场景结果，解决用户的基础法律需求。系统实现 7×24 小时在线服务，为个人与企业提供高效、低成本的法律决策辅助，尤其在标准化民商事领域展现出显著优势。

基于 Coze 低代码平台搭建的抖音智能客服系统，通过模板复用、知识库配置与 API 对接，实现评论管理、私信回复与直播互动的自动化处理。系统支持多线程并发响应，平均处理速度大幅提升，人力成本有所降低，并通过用户情绪分析与需求挖掘生成数据报告，为后续服务优化提供决策支持。测试验证表明，机器人可精准解析大部分的常见问题，复杂场景下无缝转接人工客服，形成人机协同的完整服务链路。

本项目验证了 AI 在办公、设计、法律与客服领域的成熟落地能力，形成可复用的技术方案库。未来可深化多模态交互（如 AR 家居预览、语音指令处理）、拓展本地化模型部署以保障数据安全，并探索跨平台集成（如对接企业 CRM、ERP 系统），构建从单点工具到全流程智能化工作流的升级路径，进一步释放 AI 在数字化转型中的核心价值。

拓展自测

一、单选题

1. 以下哪项是 DeepSeek 工具的主要应用场景？（　　）

A. 家居设计渲染　　B. 自动生成 VBA 代码

C. 法律赔偿计算　　D. 抖音客服部署

2. Kimi 工具的核心优势是什么？（　　）

A. 支持多语言翻译与代码生成

B. 自动生成电商促销海报

C. 实时语音转文字记录

D. 处理 20 万汉字以上的长文本分析

3. 在 Excel 中使用 AI 条件格式标记异常值，推荐的工具是（　　）。

A. 通义千问　　B. WPS AI　　C. 标小智　　D. 法行宝

4. 通过 Coze 搭建抖音智能客服的关键步骤不包括（　　）。

A. 配置 API 接口　　B. 上传装修效果图

C. 复用预设模板　　D. 知识库自定义更新

二、简答题

1. 简述 AI 办公中“数据清洗”的定义及作用。

2. 列举 AI 生成 VBA 代码相较于传统自学的两大优势。

3. 说明通义法睿在法律咨询中的技术实现原理。

4. 为什么 AI 家居设计工具（如酷家乐 AI）能降低用户操作门槛？

三、操作题

1. 使用 DeepSeek 完成 Excel 数据运算：

场景：计算某班级学生总成绩的平均值（数据已上传）。

要求：通过自然语言指令生成结果，并导出为 Excel 表格。

2. 通过讯飞智文生成 PPT：

主题：人工智能在医疗领域的应用。

要求：包含 3 页内容，使用“科技蓝”配色，添加 AI 配图。

3. 配置 OfficeAI 助手集成 DeepSeek API：

步骤：从创建 API 密钥到在 WPS 中启用 AI 对话功能。

要求：写出关键配置步骤。

4. 利用标小智设计 Logo：

需求：品牌名称“绿源茶饮”，行业为餐饮，主色调为绿色。

要求：生成 2 套方案，并说明如何规避字体版权风险。

项目4 人工智能开发与技术应用

项目导入

本项目聚焦人工智能技术在现代开发流程中的实践应用，通过四大核心任务引导学生掌握 AI 工具赋能效率提升的关键技能。从 AI 编程的代码生成与优化、智能搜索引擎的精准信息检索，到技术文档的自动化编写与测试用例生成，再到数据采集分析与可视化实现，学生将通过豆包、C 知道等工具完成从需求描述到代码落地的完整闭环。本项目强调“提示词工程”设计与人机协作思维，帮助学生快速构建 AI 辅助工作流，解决复杂场景中的代码调试、文档规范、数据处理等挑战，同时培养对 AI 生成内容的验证与优化能力，为适应智能化开发趋势奠定坚实基础。

项目目标

知识目标	（1）掌握 AI 编程的核心概念与工具特性，理解代码自动补全、智能调试等技术原理。 （2）熟悉 AI 搜索引擎的语义理解、多模态搜索等关键技术特征。 （3）了解技术文档（架构设计、技术方案、标准规范）的编写规范与 AI 辅助生成逻辑。 （4）认知数据采集、清洗、分析及可视化的基础算法与实现路径。 （5）理解 AI 生成内容的安全风险与效率优化边界。
能力目标	（1）熟练运用豆包等工具实现代码生成、优化与自动化测试。 （2）能通过自然语言精准描述需求，利用 AI 搜索引擎高效获取专业解决方案。

(3) 具备 AI 辅助编写技术文档、设计系统架构及数据库表结构的能力。
(4) 掌握基于 AI 大模型的数据爬取、回归分析及可视化代码生成技巧。
(5) 能验证 AI 生成代码、文档的合理性，并进行人工修正与性能调优。

素质目标	(1) 形成人机协作思维，在开发流程中平衡 AI 效率与人工创造性。 (2) 培养对 AI 生成内容的批判性审查意识，强化技术规范性。 (3) 建立持续学习 AI 工具迭代的适应能力，跟踪技术前沿趋势。 (4) 增强数据安全意识，遵守 AI 辅助开发中的伦理与法律边界。 (5) 培育智能化解决问题视角，主动探索 AI 赋能的创新应用场景。

任务 4.1 AI 编程

知识梳理

4.1.1 AI 编程的定义

AI 编程是指利用人工智能技术辅助代码编写、调试和优化的过程。借助大模型、代码自动补全工具和智能调试助手，开发者可以提高编程效率，减少低级错误，并提升代码质量。AI 编程不仅适用于初学者辅助学习编程，也能为专业开发者提供代码建议，甚至帮助自动生成完整的功能模块。

4.1.2 AI 编程的核心能力

(1) 代码自动补全：AI 可基于上下文预测开发者的下一步输入，提高编写速度。

(2) 智能调试：AI 能检测代码错误，并提供具体的修正方案。

(3) 代码优化：AI 可分析代码性能，并推荐更高效的实现方式，如减少循环嵌套、优化数据库查询等。

(4) 自然语言生成代码：用户用中文描述功能需求，AI 可自动转换为代码，例如“用 Python 写一个计算两个数之和的函数”。

(5) 代码解释与文档生成：AI 可帮助理解复杂代码，并自动生成注释或开发文档。

任务实施

1. 任务说明

AI 编程工具正在改变软件开发方式，它不仅能帮助开发者自动补全代码、查找错误，还能优化性能，甚至从零生成完整的代码逻辑。通过本任务的学习，学生将掌握如何利用 AI 工具辅助编程，提高代码质量，提升开发效率。学生可以通过自然语言描述代码需求，观察 AI 如何将需求转化为代码，并不断调整和优化，形成高效的人机协作开发模式。

本任务通过不同 AI 编程工具的实践操作，让学生感受 AI 编程的便捷性，并学会如何高效使用 AI 进行代码生成、优化和调试。

2. 任务操作

子任务 1：使用 AI 辅助编写 Python 代码

使用 AI 辅助编写 Python 代码是指借助人工智能技术来帮助开发人员更高效、准确地生成和调试 Python 程序。这项技术基于自然语言处理和机器学习算法，能够理解用户的意图，并根据简短的描述或指令自动生成相应的代码片段。它不仅能够极大地提高编程效率，还能帮助初学者更好地理解编程概念和最佳实践。通过这种工具，用户可以减少手动编写基础代码的时间，从而将更多的精力集中在解决复杂问题和创新上。

知识微课堂

使用 AI 辅助编写 Python 代码

步骤 1：在浏览器中输入“豆包”，进入官网并登录，如图 4－1 所示。

图 4－1　豆包主页面

步骤 2：在网页的左侧边栏里找到“AI 编程”并单击，如图 4 - 2 所示。

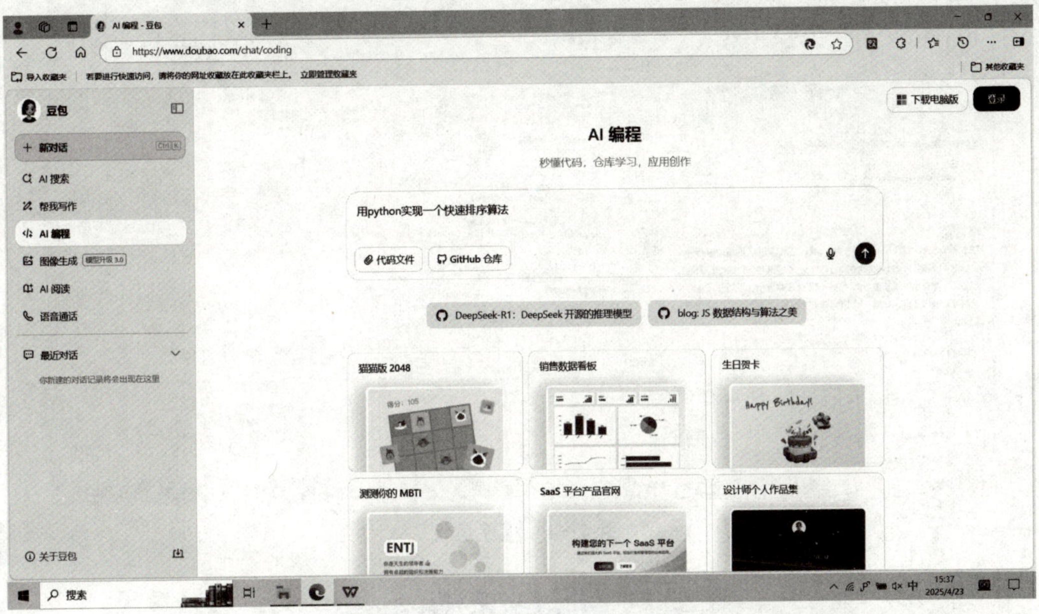

图 4 - 2　AI 编程主页面

步骤 3：在对话框里输入你的编程需求，例如“用 Python 实现一个快速排序算法”，如图 4 - 3 所示。

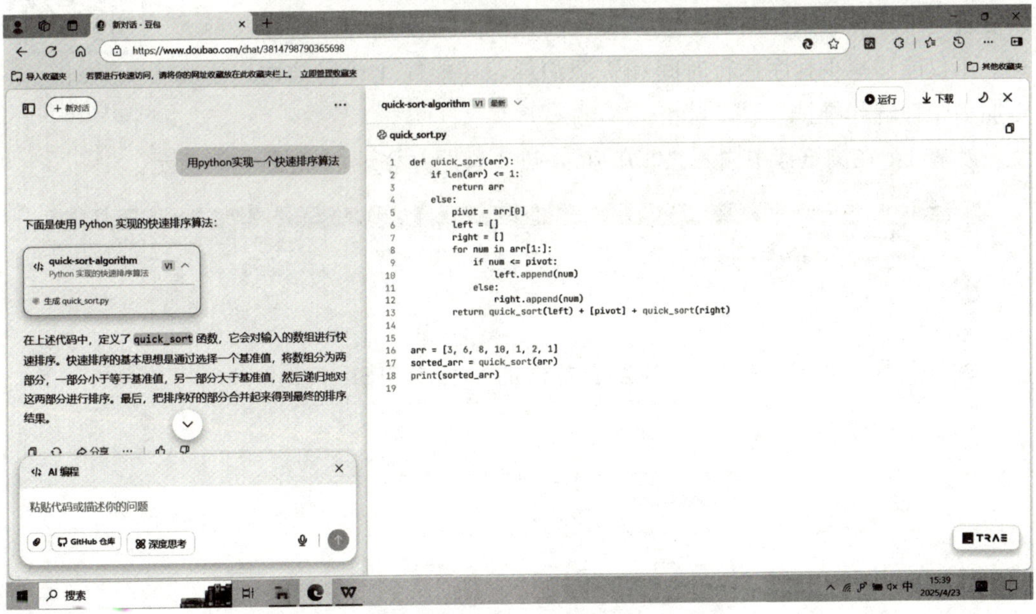

图 4 - 3　AI 编程生成

步骤 4：等待代码生成，代码生成好后豆包会自动打开在线运行工具。

步骤 5：单击“运行”按钮，观察运行结果是否符合需求，如图 4 - 4 所示。

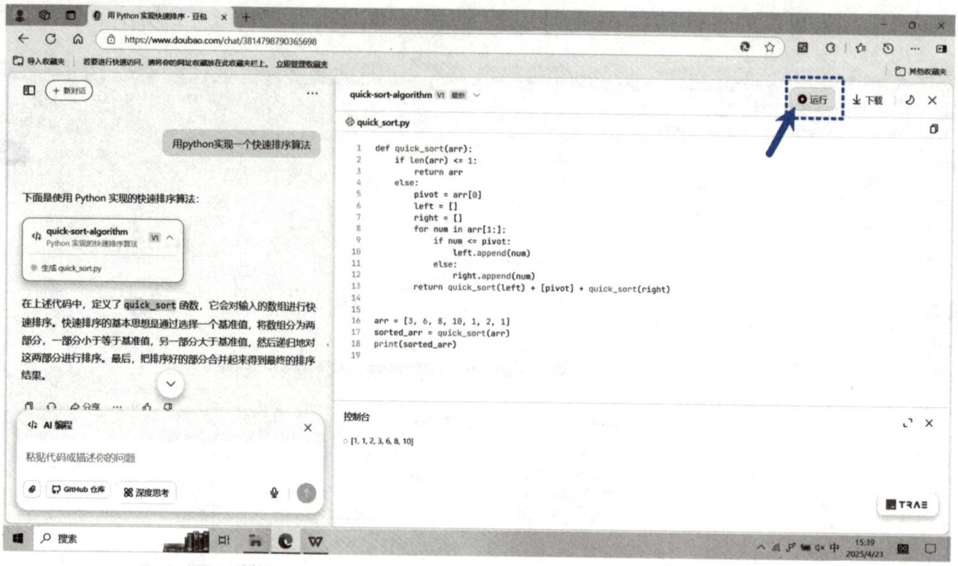

图 4-4　程序运行

子任务 2：利用 AI 进行代码优化

利用 AI 进行代码优化是指通过人工智能技术自动分析和改进现有的代码，以提升其性能、可读性和可维护性。这项技术基于机器学习模型，能够识别代码中的低效部分，并提出或直接应用优化建议。例如，AI 可以发现冗余计算、未使用的变量以及更高效的算法实现等。通过这种方式，不仅能够减少程序运行时间和资源消耗，还能简化代码结构，使其更加易于理解和维护。

知识微课堂

利用 AI 进行代码优化

步骤 1：在浏览器中输入“C 知道”，进入官网并登录，如图 4-5 所示。

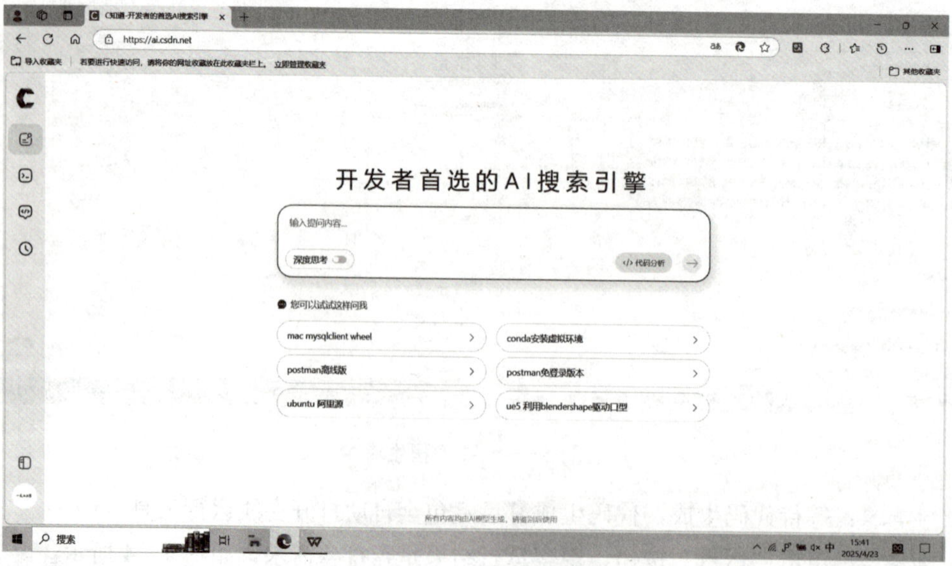

图 4-5　C 知道主页面

步骤 2：选择指令中心，单击“技术学习”，如图 4－6 所示。

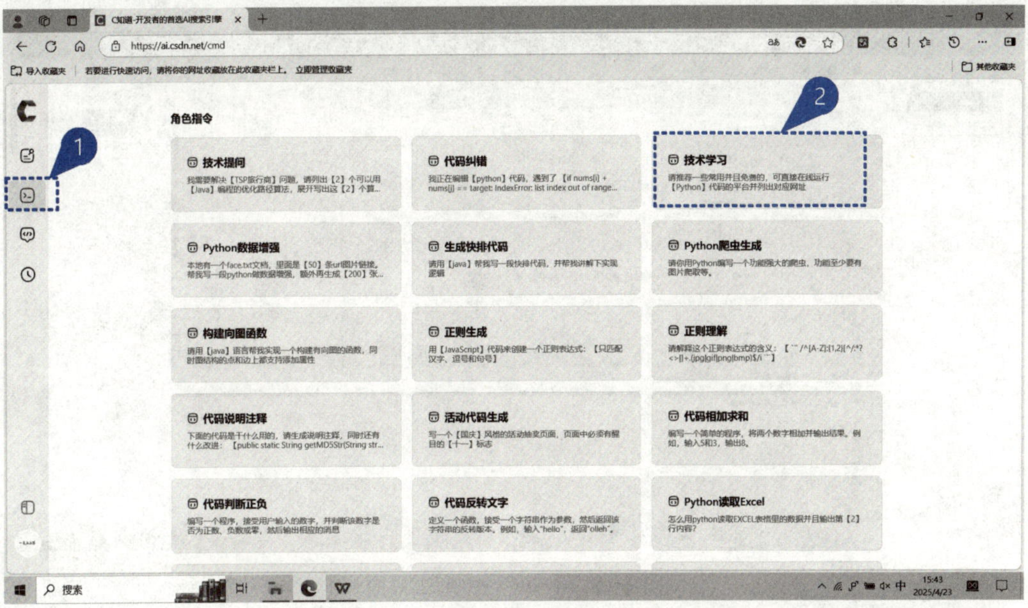

图 4－6　技术学习

步骤 3：把上一个子任务生成的代码复制并粘贴到对话框中，然后输入需求，例如“帮我把这个代码改成接收键盘输入，而不是直接写死”，如图 4－7 所示。

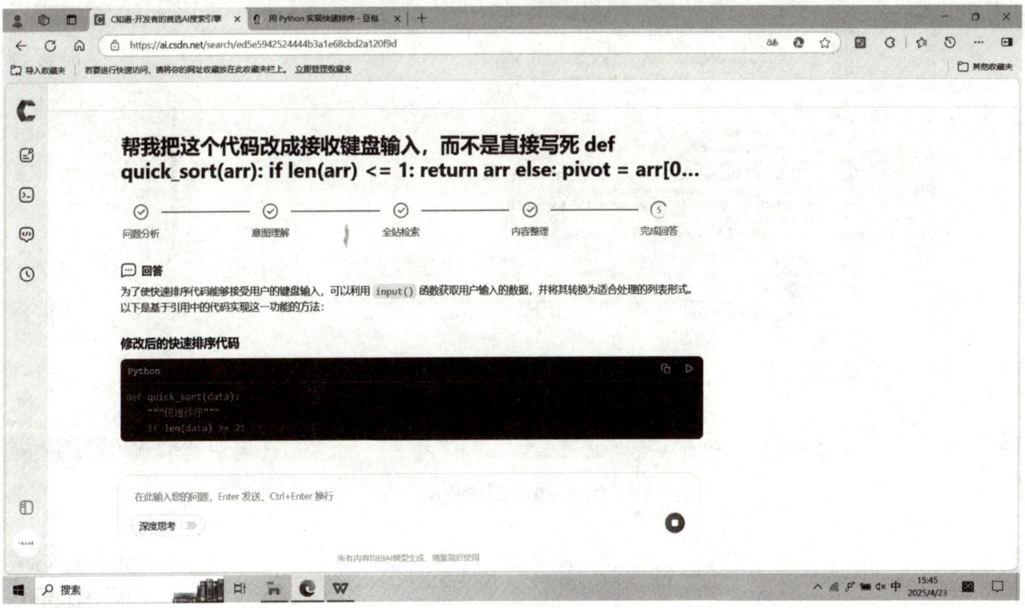

图 4－7　生成代码

步骤 4：在浏览器中输入“online python”，单击进入，如图 4－8 所示。

步骤 5：把生成的代码复制并粘贴到输入框中，单击“运行”，观察是否符合需求，如图 4－9 所示。

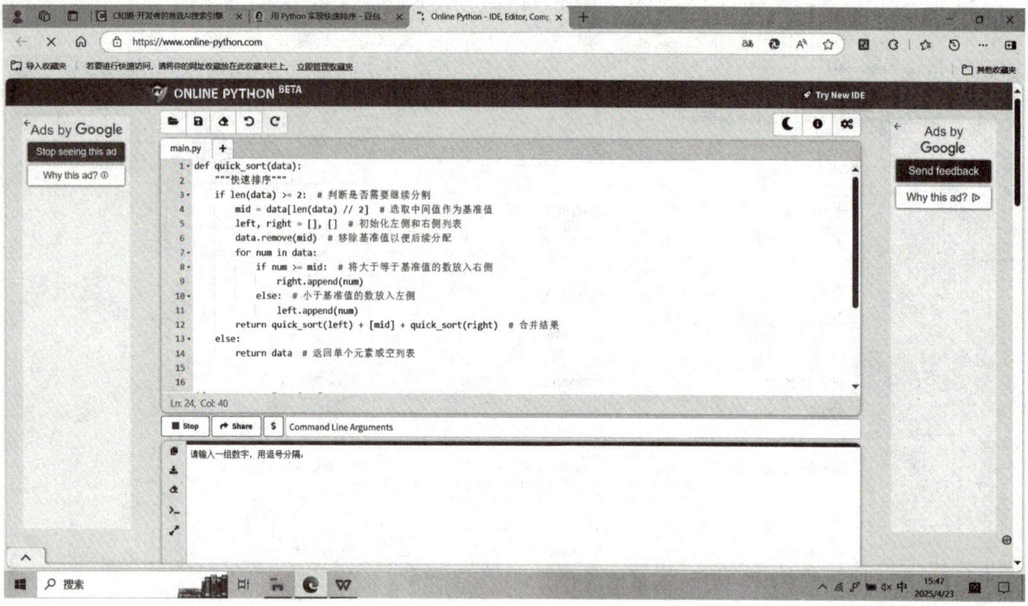

图 4－8 online python 主页面

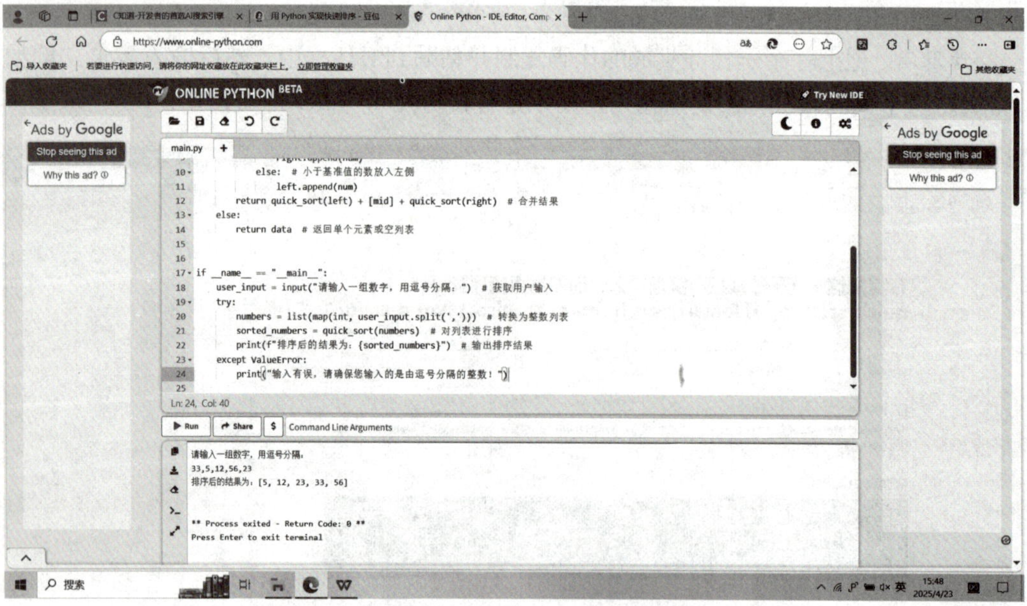

图 4－9 运行代码

子任务 3：代码分析与注释补全

知识微课堂

代码分析与注释补全

代码分析与注释补全涉及对现有程序代码进行深入解析，并为其添加或完善注释，以提高代码的可读性和可维护性。这一过程不仅要求理解代码的功能和实现逻辑，还需要识别关键算法和数据结构，以及它们如何协同工作来完成特定任务。代码分析旨在发现潜在的问题，如性能瓶颈、安全漏洞或代码组织不当等；而注释补全则致力于为每一部分代码提供清晰、准确的描述，帮助其他开发者快速理解代码意图。

步骤 1：在浏览器中输入“C 知道”，进入官网并登录。

步骤 2：选择对话。

步骤 3：把待分析和注释补全的代码复制并粘贴到弹出的代码输入框内，单击“确认”，如图 4－10 所示。

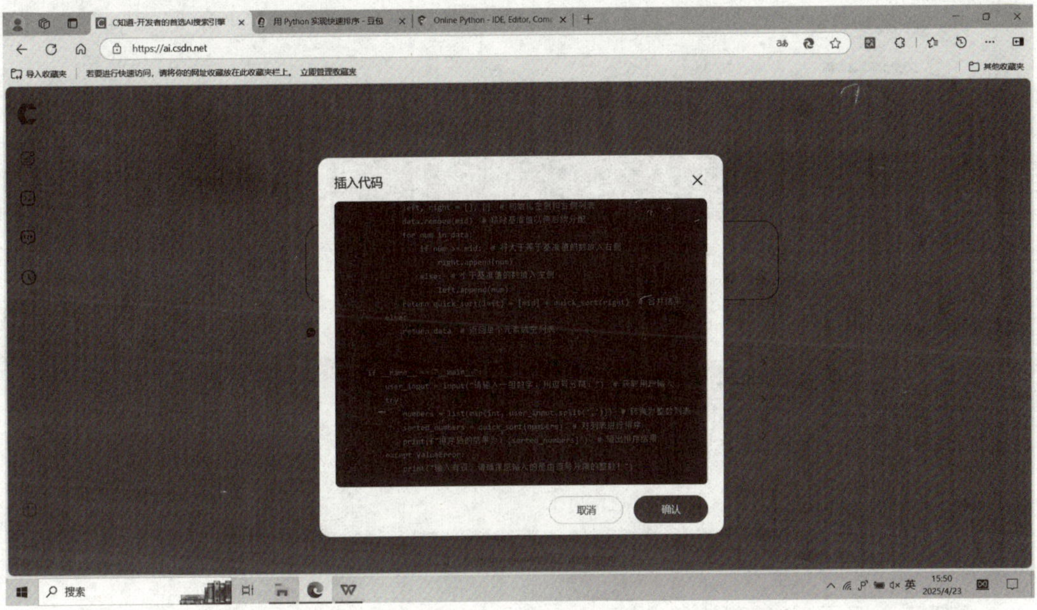

图 4－10　粘贴代码

步骤 4：输入需求“请解释并补全注释”并发送，如图 4－11 所示。

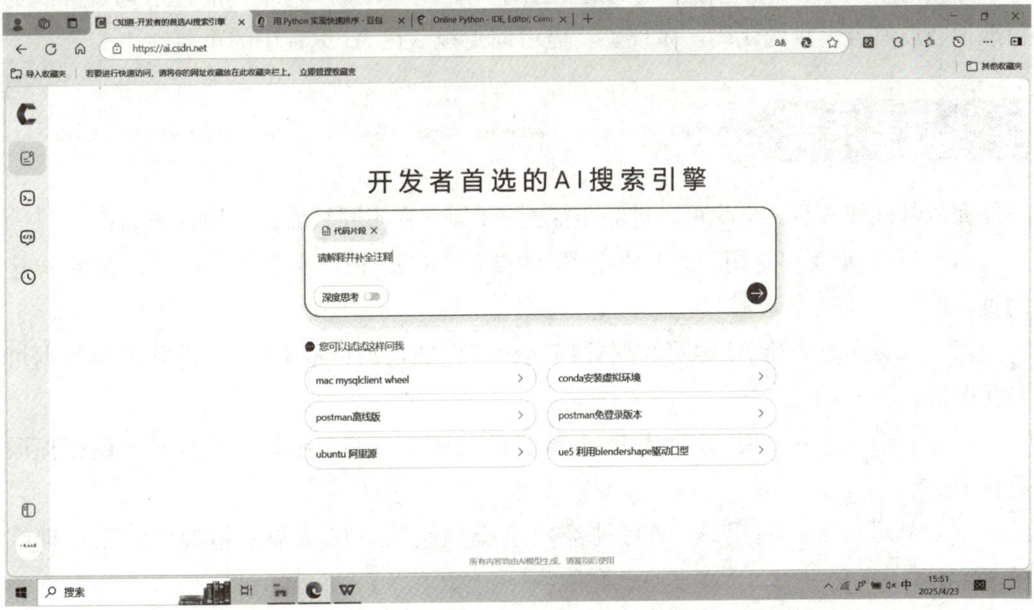

图 4－11　解释代码

步骤 5：等待结果生成，并查看结果，如图 4-12 所示。

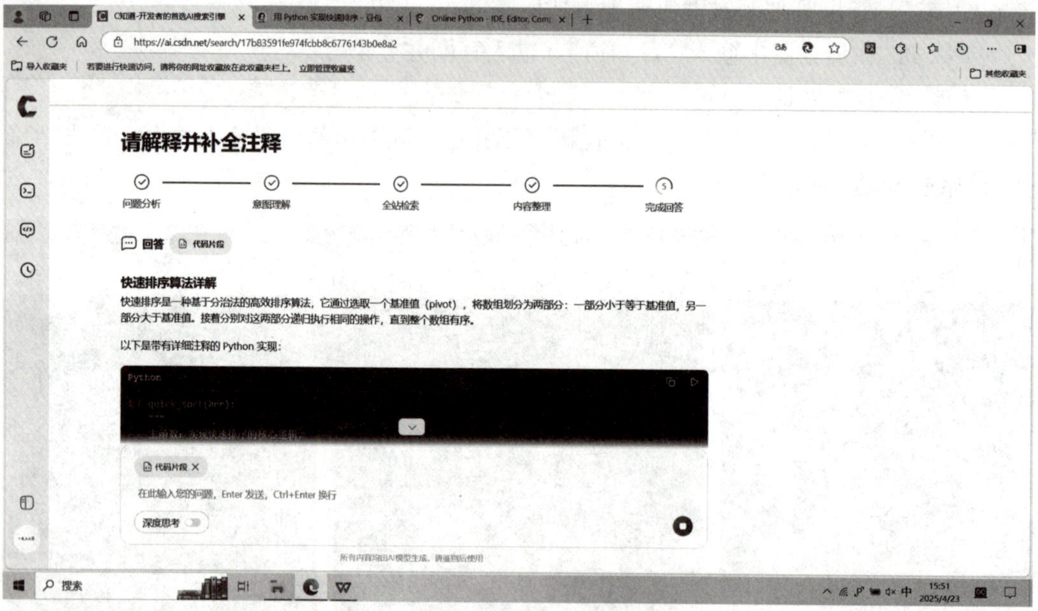

图 4-12　生成代码解释

任务小结

本任务介绍了 AI 编程的基本概念，并通过多种 AI 工具的实践操作，展示了 AI 在代码生成、优化、调试等方面的应用。学生掌握了如何利用 AI 编程助手提升编码效率，并理解了 AI 在编程过程中起到的辅助作用。通过不断调整 AI 的提示词，可以更精准地获取符合需求的代码，体现了“提示词工程”在 AI 编程中的重要性。

任务拓展

完成基础任务后，学生可以进一步探索 AI 编程在不同领域的应用，例如：

（1）Web 开发：使用 AI 生成前端 HTML、CSS 和 JavaScript 代码，自动构建网页。

（2）数据分析：让 AI 编写数据处理代码，例如自动读取 CSV 文件并绘制数据可视化图表。

（3）自动化脚本：用 AI 生成 Python 自动化脚本，实现批量文件处理、数据抓取等任务。

（4）机器学习：利用 AI 编写神经网络模型结构，自动调整超参数，提高训练效率。

此外，学生还可以研究 AI 代码生成的局限性，例如如何保证 AI 生成代码的安全性、如何避免 AI 生成重复或低效代码等问题，并思考如何更好地结合人工智能与人类开发者的优势，共同提升软件开发效率。

任务 4.2 AI 搜索引擎

知识梳理

4.2.1 AI 搜索引擎的定义

AI 搜索引擎是一种基于人工智能技术，能够理解用户意图、分析上下文并智能检索相关信息的智能搜索系统。它能够理解用户的搜索意图，提供更精准和个性化的搜索结果，并支持多模态搜索，如文本、图像和语音等。

4.2.2 AI 搜索引擎的核心功能

（1）语义理解：通过理解用户查询的语义，提供更相关的搜索结果。
（2）智能问答：直接回答用户的问题，而不仅仅是提供相关链接。
（3）个性化推荐：根据用户的兴趣和历史行为，推荐定制化内容。
（4）多模态搜索：支持通过图像、语音等多种形式进行搜索。

4.2.3 AI 搜索引擎的应用场景

（1）信息检索：快速获取所需信息，提高工作和学习效率。
（2）智能客服：为用户提供即时的问答服务，提升用户体验。
（3）电子商务：根据用户需求，推荐相关产品，促进销售。
（4）教育领域：辅助学习，提供个性化的学习资源和解答。

任务实施

1. 任务说明

AI 搜索引擎通过引入人工智能技术，提升了搜索的智能化水平，使用户能够更快捷、准确地获取所需信息。本任务旨在让学生了解 AI 搜索引擎的基本概念、核心功能和应用场景，掌握使用国内主流 AI 搜索引擎的技能，提高信息检索能力。

2. 任务操作

子任务 1：使用 AI 搜索引擎进行信息检索

使用 AI 搜索引擎进行信息检索是指利用先进的人工智能技术来提升搜索过程的效率和结果的相关性。传统的搜索引擎主要依赖关键词匹配和预定义的算法来呈现结果，而 AI 驱动的搜索引擎则能够理解用户的查询意图，提供更加精准和个性化的搜索体验。通过自然语言处理和机器学习算法，这些搜索引擎能够解析复杂的查询语句，识别用户的真实需求，并根据上下文和历史数据优化搜索结果。此外，AI 搜索引擎还能不断学习和适应用户偏好，随着时间推移提高搜索结果的质量。具体步骤如下：

步骤 1：选择合适的 AI 搜索引擎工具，例如秘塔 AI 搜索。在浏览器中输入“秘塔 AI 搜索”，进入官网并登录，如图 4－13 所示。

图 4－13　秘塔 AI 搜索主页面

步骤 2：在主页上找到搜索框，输入你想要查询的主题关键词，例如“红斑狼疮是什么病”，如图 4－14 所示。

步骤 3：结果生成后，对结果进行查看，可以进一步查看相关链接，如图 4－15 所示。

图 4－14　秘塔 AI 搜索输入

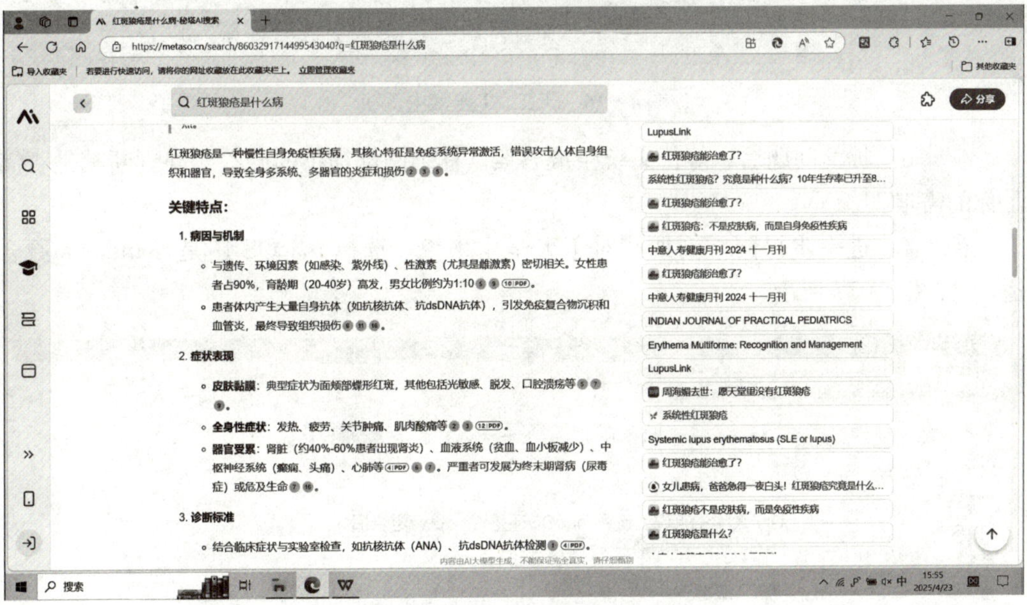

图 4－15　搜索结果生成

子任务 2：利用 AI 搜索引擎的智能问答功能

利用 AI 搜索引擎的智能问答功能是指通过先进的自然语言处理技术，直接向搜索引擎提出问题并获得精准答案的过程。这种功能超越了传统的关键词搜索方式，允许用户以自然语言的形式提出复杂的问题，并即时获取结构化的回答或详细的解释，并可以进一步追问，得到更精确、更符合用户需求的答案。智能问答系统能够理解问题的语义背景，识别关键信息，并从大量数据中筛选出最相关的内容进行回应。具体步骤如下：

步骤 1：在浏览器中输入“天工 AI”，进入官网并登录。

步骤 2：在主页上找到搜索框，输入想要查询的主题关键词，例如“Windows 和 macOS 的区别是什么”，如图 4－16 所示。

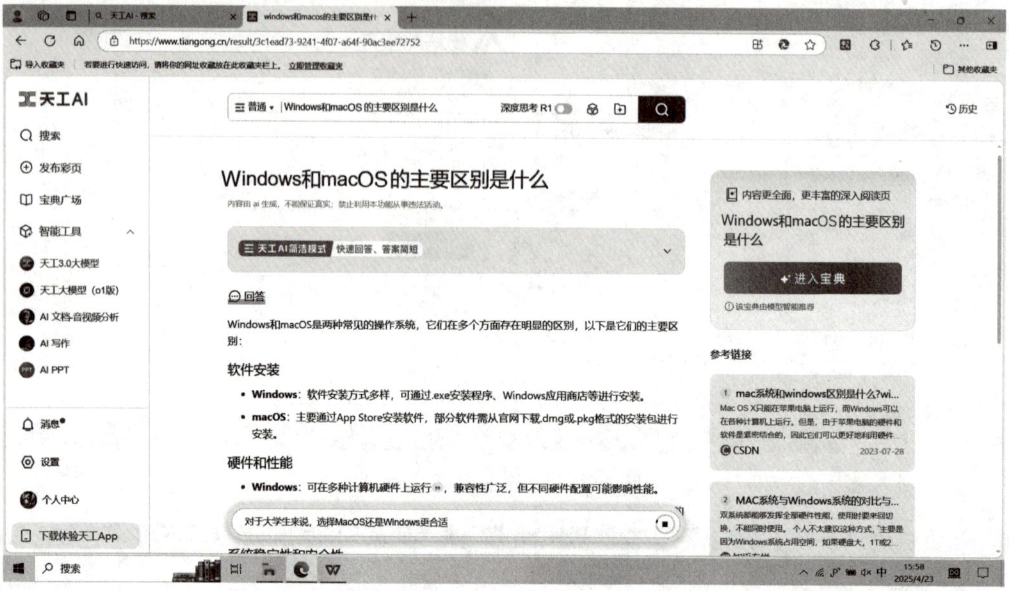

图 4－16　天工 AI 搜索主页面

步骤 3：提交问题后，等待系统生成答案。仔细阅读提供的回答，并判断其是否满足你的需求。

步骤 4：进一步提问，例如“对于大学生来说，选择 macOS 还是 Windows 更合适”，如图 4－17 所示。

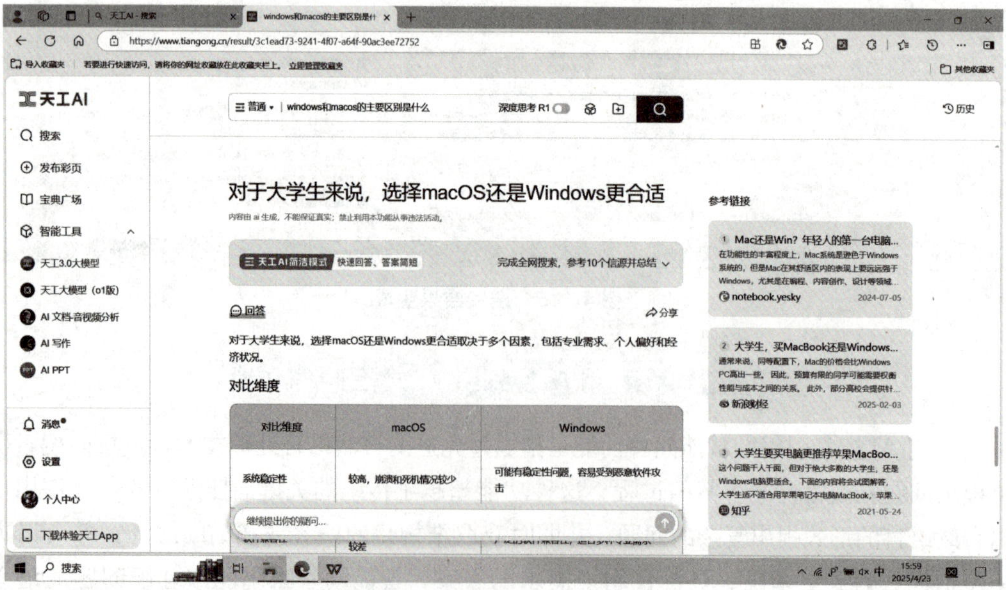

图 4－17　天工 AI 搜索继续提问

步骤 5：等待答案生成。

任务小结

通过本任务，学生了解了 AI 搜索引擎的定义、核心功能和应用场景，掌握了使用国内主流 AI 搜索引擎的技能。AI 搜索引擎通过语义理解和智能问答等功能，提升了信息检索的效率和准确性。在实际应用中，学生应根据具体需求，选择合适的 AI 搜索工具，提高学习和工作的效率。

任务拓展

完成上述任务后，学生可以进一步探索以下内容：

（1）比较不同 AI 搜索引擎的性能：针对同一查询，比较不同搜索引擎的结果质量和响应速度。

（2）研究 AI 搜索引擎的技术原理：了解自然语言处理和机器学习在搜索引擎中的应用。

（3）探索 AI 搜索引擎的未来发展趋势：思考 AI 技术如何进一步提升搜索体验，以及可能带来的社会影响。

任务 4.3 AI 辅助软件开发技术文档

知识梳理

4.3.1 AI 辅助编写技术文档

技术文档包括架构设计文档、技术方案文档、技术标准文档等，可为团队提供技术指导和参考。

（1）架构设计文档。架构设计文档是对软件系统的架构设计进行详细描述的文档，它将系统划分为各个模块或子系统，并描述了这些模块或子系统的功能、交互方式、接口定义等信息。架构设计文档对于指导软件系统的开发、维护和迭代具有重要作用。通过架构设计文档，开发人员可以了解系统的整体结构和设计理念，从而提高开发效率和系统质量。

（2）技术方案文档。技术方案文档是对解决特定问题或满足特定需求的技术方案进行描述的文档。它包括所采用的技术、实现方法、预期效果、可能的风险等信息。通过技术方案文档，开发人员可以在实现功能或解决问题的过程中，有明确的目标和实施路径，提高工作效率，降低风险。

（3）技术标准文档。技术标准文档是对开发过程中需要遵守的技术规范和标准进行描述的文档。这些规范和标准包括编程规约、接口定义规范、测试标准等。通过技术标准文档，可以规范团队的开发行为，确保软件的质量和一致性，对于提高团队的协作效率和降低维护成本具有重要作用。

4.3.2 AI 辅助开发

AI 辅助前端应用开发是一种利用人工智能技术来提升前端开发工作效率和质量的方法。随着前端应用越来越复杂和需求越来越多，开发人员需要处理大量的代码，任务非常繁重。AI 辅助前端应用开发可以帮助开发人员自动化部分工作，减少重复劳动，提高开发效率。

AI 可以帮助我们分析源码，解释指定 JavaScript 库的功能模块，我们可以按照它给出的提示，快速找到对应源码，了解它的构建思路和运行过程。

AI 还可以辅助我们快速查找 JavaScript 方法。在前端开发中，经常需要使用各种方法和函数来实现特定的功能。然而，记住所有方法和函数以及它们的参数和用法可能是极大的挑战。

AI 可以帮助我们快速、准确地找到需要的方法和函数，减轻负担，加速开发过程。

4.3.3 AI 辅助测试

在当今软件开发领域中，软件测试起着至关重要的作用。软件测试是确保软件质量的关键步骤，它可以发现软件中的缺陷和错误，从而提高软件的可靠性、稳定性和安全性。然而，传统的软件测试方法存在许多问题，如测试效率低、测试质量难以保证、测试成本高等。在软件测试领域中，AI 技术的应用已经成为一种必然趋势。

（1）AI 技术可以协助测试人员进行测试需求分析。在软件测试过程中，测试需求分析是一个非常重要的环节。通过使用 AI 技术，测试人员可以快速、准确地对测试需求进行分析和整理，从而更好地理解测试需求，为后续的测试工作提供有力的支持。

（2）AI 技术可以协助测试人员编写测试计划。在软件测试过程中，测试计划是测试工作的基础，它包括测试目标、测试范围、测试资源、测试时间等内容。通过使用 AI 技术，测试人员可以更加智能地编写测试计划，从而提高测试计划的质量和效率。

（3）AI 技术可以协助测试人员进行测试用例设计。测试用例是测试工作的核心，测试用例设计的好坏直接影响测试结果。通过使用 AI 技术，测试人员可以更加智能地进行测试用例设计，从而提高测试用例的覆盖率和质量。

(4) AI 技术可以协助测试人员生成自动化测试用例。自动化测试是测试工作中的一个重要环节，它可以提高测试效率和准确性。通过使用 AI 技术，测试人员可以更加智能地生成自动化测试用例，从而提高自动化测试的效率和覆盖率。

(5) AI 技术可以协助测试人员编写测试报告。测试报告是测试工作的总结和反馈，它包括测试结果、缺陷清单、测试建议等内容。通过使用 AI 技术，测试人员可以更加智能地编写测试报告，从而提高测试报告的质量和效率。

除了上述工作，AI 技术还可以协助测试人员进行多种类型的测试，包括功能测试、性能测试、兼容性测试、安全测试、回归测试等。此外，AI 技术还可以协助测试人员进行测试管理。测试管理包括测试流程、测试规范、测试标准等内容。通过使用 AI 技术，测试人员可以更加智能地进行测试管理，提前发现和预防测试中的问题和风险，从而提高测试效率和质量。

任务实施

1. 任务说明

在软件开发过程中，技术文档的撰写至关重要。AI 技术的应用为技术文档撰写带来了新的变革，它能够提高文档撰写效率、优化文档内容质量、确保文档的准确性和一致性。本任务以资料库系统为例，介绍如何使用 AI 辅助编写技术方案、使用 AI 自动生成一个常见的登录界面和测试用例。

2. 任务操作

子任务 1：AI 辅助编写技术方案

本任务以资料库系统为例，介绍如何使用豆包 AI 大模型辅助编写技术方案，具体操作如下：

步骤 1：使用豆包 AI 大模型给出技术方案，提问示例如下：

提问：

为了方便教师存储资料，以及教师之间进行资料共享，需要开发一个资料库系统，请帮写一个后端的技术方案，主要开发需求点如下：

(1) 教师有自己的个人资料库。

(2) 存在共享资料库，教师共享出去的文件/文件夹，或者被共享的文件/文件夹都会共享在资料库中。

(3) 资料库中包含文件夹、图片、视频、音频及其他类型文件。

(4) 文件夹可以无限嵌套。

(5) 文件/文件夹创建者可以对其进行编辑、上传、下载、删除、移位、重命名等操作，被共享的文件/文件夹只能进行编辑、上传、下载、重命名操作。

(6) 资料库中的文件可以关联教师课程。

(7) 教师在课程中上传的文件也会自动上传到个人资料库中。

豆包给出相应的回答结果部分截图如图 4-18 所示。

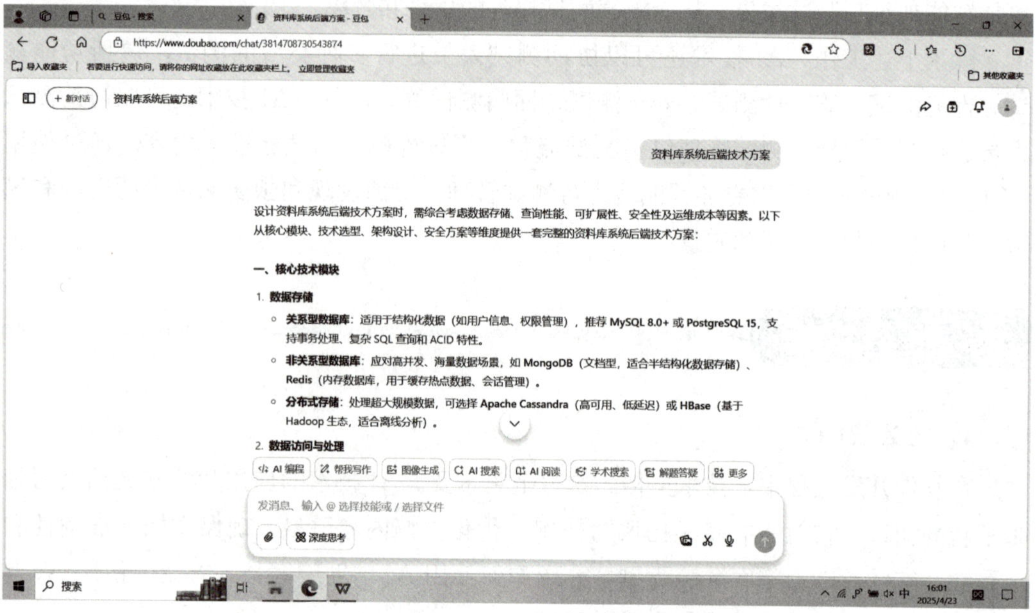

图 4-18 豆包生成资料库系统后端技术方案

步骤 2：对现有的技术（如编程语言和框架）进行说明，内容为所选技术的原因和优势，以及与其他技术的比较。我们可以让人工智能模型直接给出这些语言和框架的优缺点和适用场景，这样可以节省通过搜索引擎收集这些信息的时间，提问示例如下：

提问：

选择合适的后端语言和框架：可以选择 Python、Java、PHP、Node.js 等后端语言，并配合常用的 Web 框架，如 Django、SpringBoot、Laravel、Express 等，来快速搭建后端服务。请列个表格比较一下上面的语言和框架的优缺点，以及适用场景。

步骤 3：功能模块设计，接下来详细说明各个功能模块的设计和实现方法，提问示例如下：

提问：

在系统方案设计中，功能模块的定义是什么？如何设计功能模块？

豆包回答结果如图 4 - 19 所示。

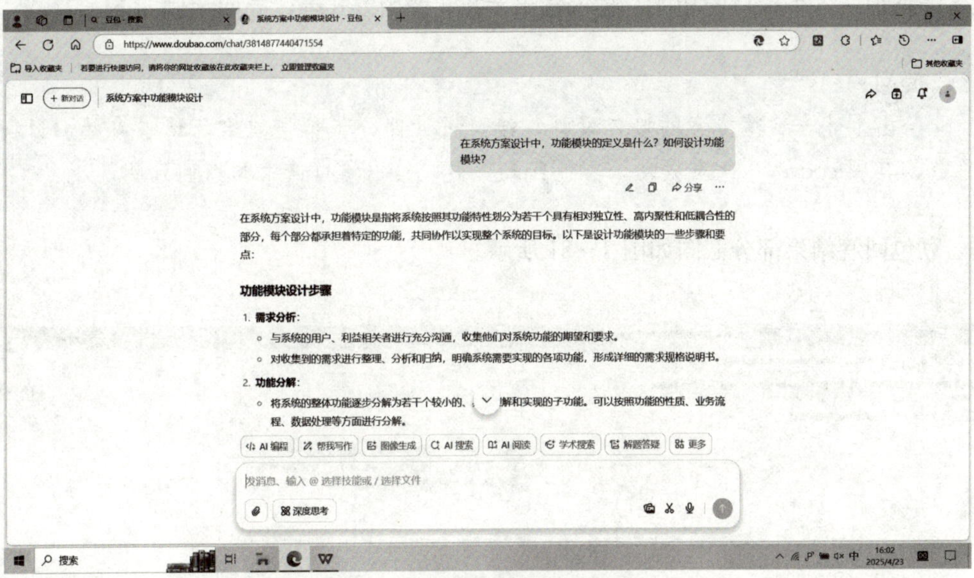

图 4 - 19 豆包解释功能模块

步骤 4：数据库设计，描述数据库的表结构、索引、存储过程等。我们可以直接让 AI 大模型给出一个初始的表设计。提问示例如下：

提问：

给出上述资料库方案的数据库设计，必须有约束条件，以表格形式呈现。

豆包回答结果如图 4 - 20 所示。

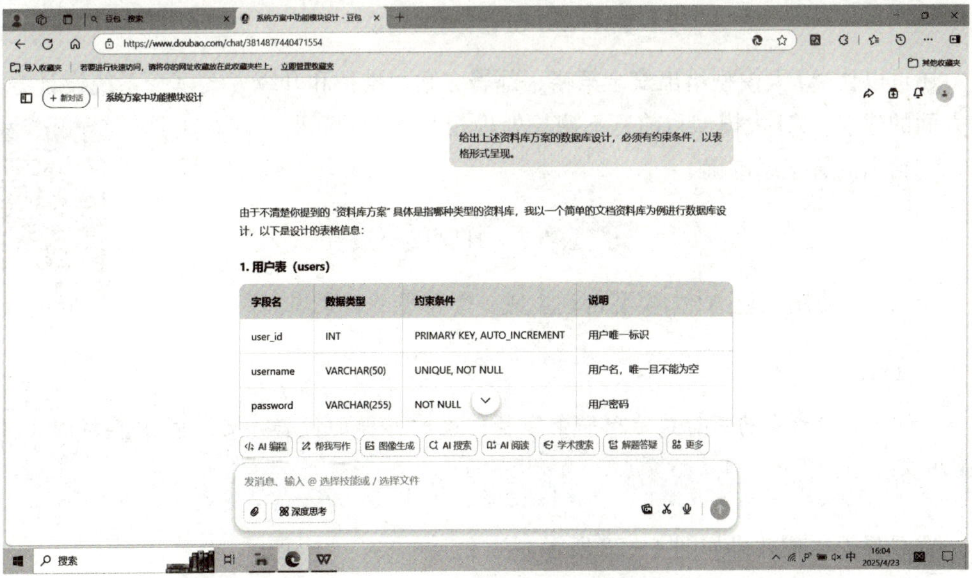

图 4 - 20 豆包生成数据库方案约束条件

步骤 5：接口设计，作为一个前后端分离的系统，自然少不了接口，接口设计部分包含详细说明各个接口的功能、输入输出参数、调用方式等。提问示例如下：

提问：

给出上述资料库方案的接口设计，接口设计部分包括接口名、请求参数、返回参数，其中 code=0 代表成功，其他代表失败，给出接口请求和返回示例。

豆包回答结果部分截图如图 4－21 所示。

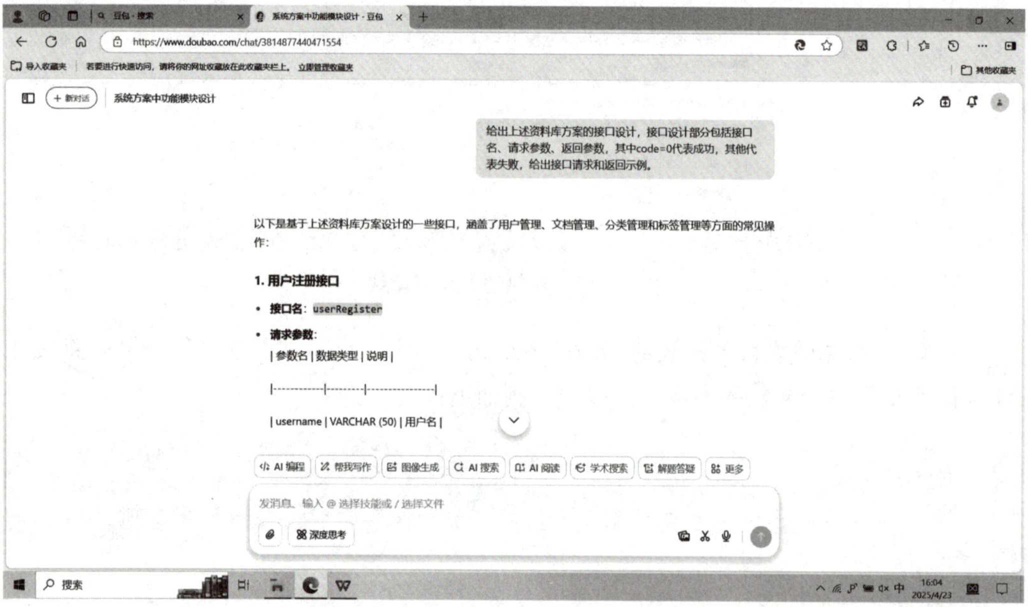

图 4－21　豆包生成接口设计

还可以让 AI 大模型给出安全策略、部署方案、维护和升级方案以及系统设计方案等方面的建议。AI 大模型目前还不擅长处理相对宏大的问题，问题越具体，它给出的答案越准确。

知识微课堂

AI 辅助开发

子任务 2：AI 辅助开发

步骤 1：使用豆包 AI 大模型自动生成一个常见的登录界面。

提问：

请以前端专家的身份，给出一个完整的登录界面的代码，要求登录界面的文字是中文。

登录界面生成效果如图 4－22 所示。

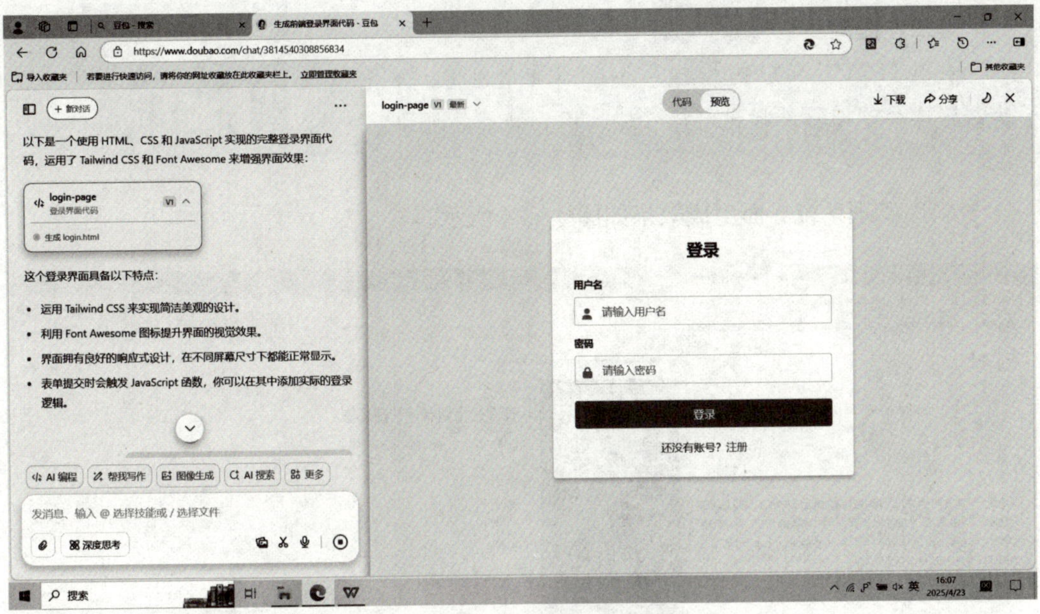

图 4-22 豆包生成登录界面

步骤 2：使用豆包 AI 大模型自动生成资料库管理系统界面。

第一次提问：
使用 HTML 和 CSS 实现一个资料库管理系统。

资料库管理系统界面生成效果如图 4-23 所示。

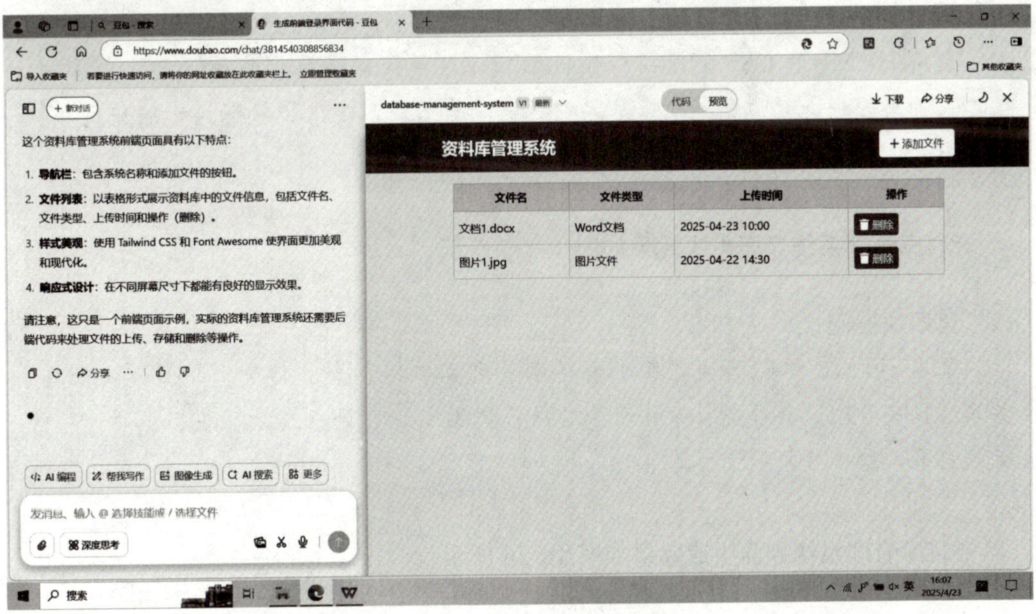

图 4-23 资料库管理系统界面 1

第二次提问：

使用 HTML 和 CSS 实现一个资料库管理系统，包含文件管理、文件夹管理、共享文件夹管理、教师资料库管理、用户管理等模块。

资料库管理系统界面生成效果如图 4－24 所示。

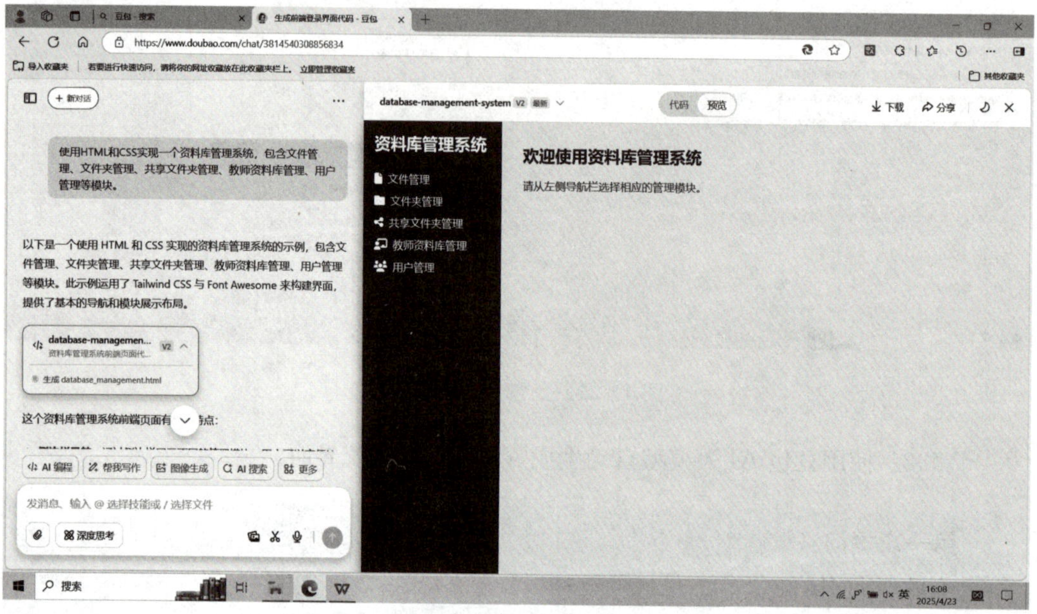

图 4－24　资料库管理系统界面 2

第三次提问：

使用 HTML 和 CSS 实现一个资料库管理系统，包含文件管理、文件夹管理、共享文件夹管理、教师资料库管理、用户管理等模块，要求二级标题都能通过一级标题打开。

资料库管理系统界面生成效果如图 4－25 所示。

第四次提问：

使用 HTML 和 CSS 实现一个资料库管理系统，包含文件管理、文件夹管理、共享文件夹管理、教师资料库管理、用户管理等模块，要求二级标题都能通过一级标题打开，整体背景颜色为蓝色。

资料库管理系统界面生成效果如图 4－26 所示。

图 4-25　资料库管理系统界面 3

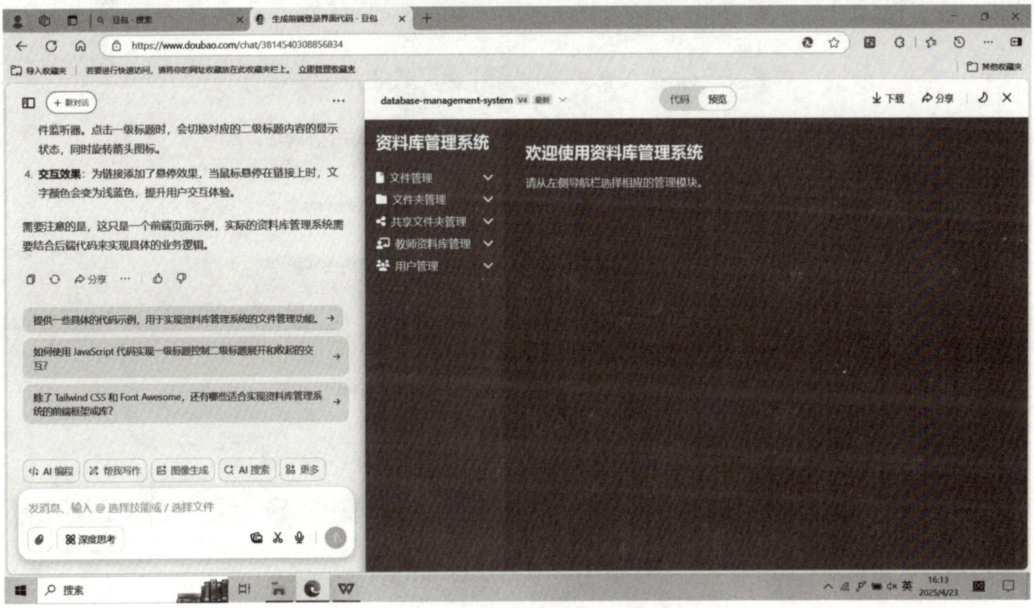

图 4-26　资料库管理系统界面 4

子任务 3：AI 辅助测试

步骤 1：使用豆包 AI 大模型自动生成登录界面的测试用例。

提问：

请根据以下账号、密码以及登录内容的需求描述编写测试用例，尽可能考虑更多的用例场景，以覆盖需求中的各种场景，确保测试用例充分涵盖功能测试、边界值测试、兼容性测试、性能测试、安全测试和可用性测试，用例需要包含用例编号、用例标题、用例类型、用例描述、操作步骤、前置条件、预期结果，使用 Excel 行列的格式设计输出结果。需求描述如下：

（1）登录账号为手机号，限制在 11 位以内。

（2）只有在账号和密码都输入的情况下，才能单击“登录”按钮，否则不可单击。

（3）未输入账号，则在“账号”输入框下提示“请输入手机号”，未输入密码，则在“密码”输入框下提示“请输入密码”。

（4）当账号和密码都输入正确时可登录成功，账号或密码输入错误，单击“登录”按钮后提示“账号或者密码错误”。

步骤 2：等待结果生成，如图 4－27 所示。

图 4－27　AI 生成测试用例

以上就是 AI 根据需求描述自动生成的测试用例。可以看到，AI 可以自动生成大量测试用例，从而提高测试效率，节约时间和人力成本。但生成的测试用例可能存在一定的误差，需要人工进行验证和修正，以确保测试用例的准确性和有效性；自动生成能力依赖于其训练数据的质量和数量，如果训练数据不足或质量不高，生成的测试用例可能不够全面或不够准确；对于一些复杂的测试场景，AI 可能无法生成合适的测试用例，需要人工参与测试用例的设计和生成。

任务小结

通过理论学习与实战操作，学生系统掌握了 AI 在软件开发全流程中的应用方法论：

（1）技术文档开发：基于豆包等工具实现技术架构设计文档、技术方案文档的智能生成。

（2）开发辅助：利用 AI 分析 JavaScript 源码、推荐代码片段，解决前端开发中方法记忆痛点，生成的登录界面和资料库管理系统界面支持多轮需求迭代。

（3）测试优化：通过 AI 生成覆盖功能、边界值、兼容性等场景的测试用例，结合自动化测试框架实现测试覆盖率的提升。

任务拓展

尝试使用不同的 AI 大模型工具，对比其功能和效果，选择最适合自己项目需求的工具组合。

探索如何利用 AI 技术进行技术文档的版本管理和更新，实现文档的自动化维护。

研究如何将 AI 生成的技术文档与团队协作平台更好地集成，方便团队成员共同编辑和使用。

任务 4.4 AI 辅助数据采集与处理

知识梳理

4.4.1 AI 辅助数据采集

随着自然语言处理与生成模型的日益发展，目前可以通过如文心一言、通义千问、豆包、DeepSeek 等 AI 大模型工具来辅助生成爬虫代码以实现互联网开放数据的采集。这种方式在提高开发效率、降低技术门槛、促进创新以及优化代码质量等展现了多方面的优势。

通过自然语言描述用户的爬虫需求，如爬取的目标网站、所需数据字段等，大模型能够根据这些描述快速生成爬虫的基本框架、伪代码或 API 调用建议，从而节省开发者从零开始编写代码的时间。对于非专业编程人员或初学者来说，直接编写爬虫代码可能具有一定难度。通过文心一言这样的自然语言接口，用户可以用更自然的语言描述需求，获得初步的爬虫设计或代码片段，进而更容易地学习和理解爬虫的工作原理。

需要注意的是，自然语言模型在辅助生成代码方面具有很大的潜力，但生成的代码仍然需要进行验证、测试和调整，以确保其满足实际需求并具有良好的性能和稳定性。

数据采集（Data Acquisition，DA）是一个系统化的过程，涉及从物理或数字源收集原始数据，并将其转换为计算机可处理的格式，以支持后续分析与应用。

4.4.2 AI 辅助数据处理与分析

AI 大模型在查询数据处理与分析代码的应用中发挥着重要作用，它们通过自然语言处理、代码编写辅助、算法选择和定制等方面的能力，帮助开发者更加高效和准确地完成数据处理与分析。除此之外，AI 大模型还可以支持工具和平台，提供了预训练权重和 API 接口，使得开发者可以轻松地将大模型集成到他们的项目中，为开发者提供实时的代码补全和优化建议。本任务将结合具体算法，对 AI 大模型在辅助代码编写和修改上进行案例讲解。

AI 大模型能够根据经典的 Python 数据集辅助数据处理与分析。经典数据集包括但不限于波士顿房价、鸢尾花、糖尿病等数据集。

4.4.3 AI 辅助数据可视化

通过自然语言交互，用户可以快速指定所需的图表类型和数据维度，AI 大模型能够迅速生成相应的可视化图表代码，提高数据可视化的效率。

任务实施

1. 任务说明

以豆瓣电影 Top 250 为例，利用 AI 大模型快速生成 Python 代码，从而获取互联网开放数据。

利用 AI 大模型，根据经典的 Python 数据集进行数据处理、分析和可视化。

2. 任务操作

知识微课堂

AI 辅助数据采集

子任务 1：AI 辅助数据采集

以豆瓣电影 Top 250 为例，利用豆包 AI 大模型快速生成 Python 代码，从而获取互联网开放数据，具体操作步骤如下：

步骤 1：在浏览器中输入“豆包”，进入官网并登录，如图 4－28 所示。

图 4－28　豆包主页面

步骤 2：编辑 AI 大模型提示词，需包含编程语言类型、爬取的网站 url、需要爬取的页数及字段、数据输出的方式。

提问：

请帮我编写一段 Python 网络爬虫代码，代码可以成功运行，要求如下：

（1）爬取网站：https://movie.douban.com/top250；

（2）需要提取电影名称、评分；

（3）按照评分降序排序；

（4）获取网站第 1 页的数据；

（5）将提取的数据以 Excel 的形式保存到桌面，命名为 info.csv。

豆包给出相应的回答结果部分截图如图 4－29 所示。

步骤 3：获取豆包回复的代码，将代码粘贴到 Python 编译器中（本任务使用 TRAE，TRAE 的安装方式可参照其他资料），效果如图 4－30 所示。

步骤 4：在 TRAE 中运行此文件，可发现代码已经成功运行，并将数据保存到 info.csv 文件中。

步骤 5：打开 info.csv 文件，可发现保存数据（节选）与网站数据（节选）一致，如图 4－31 所示。

图 4-29　豆包生成爬虫代码

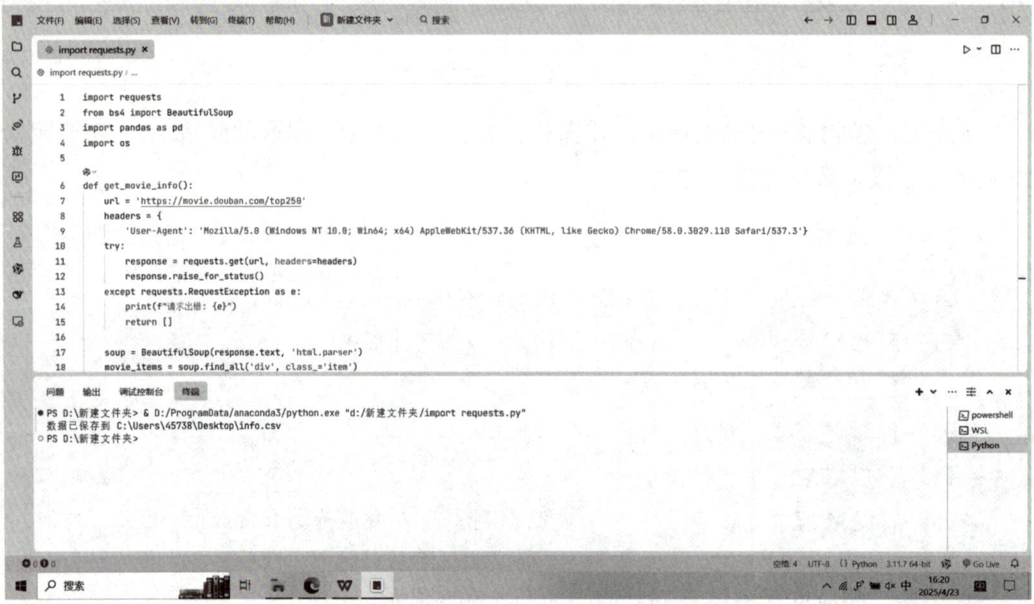

图 4-30　运行代码

子任务 2：AI 辅助数据处理与分析

知识微课堂

AI 辅助数据处理与分析

本任务选择对糖尿病数据集进行回归计算，借助豆包 AI 大模型，通过设计提示词来辅助代码编写。

步骤 1：编辑大模型提示词，需包含求解问题类型、具体算法名称、数据输出的方式。

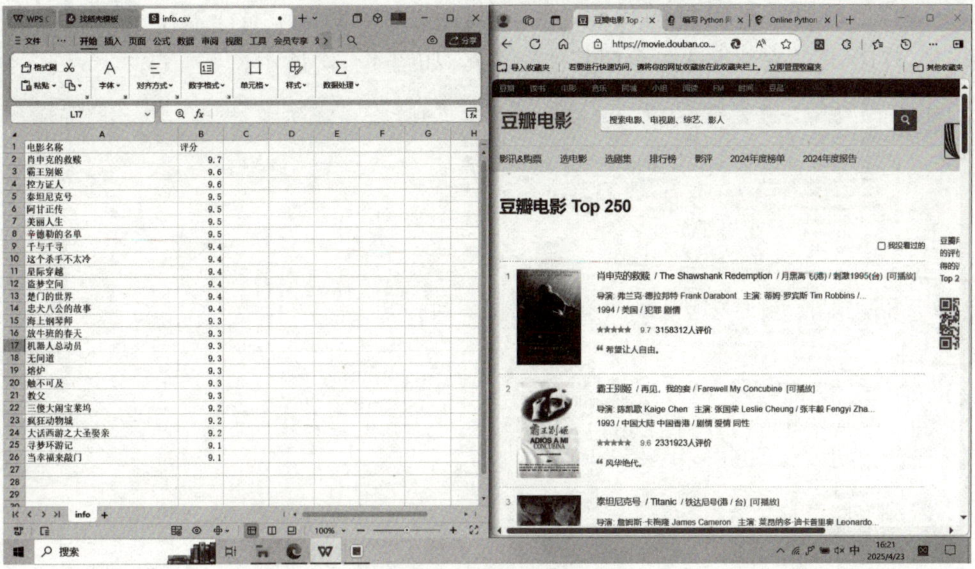

图 4-31 爬虫结果对照

提问：

我是初学者，请基于 Python 内置的糖尿病数据，帮我编写一个简单易懂的回归算法，计算糖尿病的未来发病率。要求：

(1) 介绍此处使用的回归算法的原理；

(2) 利用此份数据进行回归算法的 Python 代码编写；

(3) 输出最后的回归值。

豆包给出的相应的回答截图如图 4-32 所示。

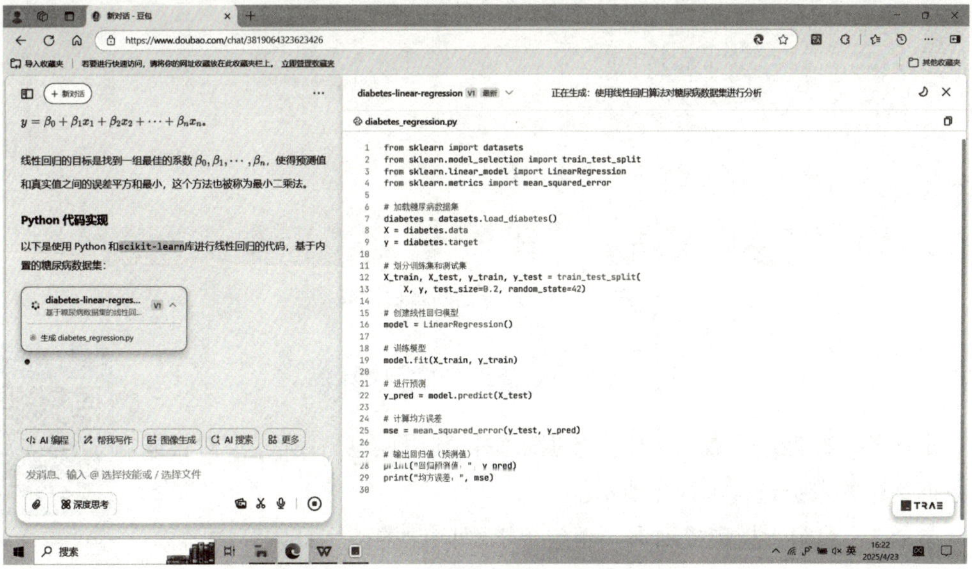

图 4-32 AI 生成回归算法代码

步骤 2：获取豆包回复的代码，将代码粘贴到 Python 编译器中（本任务使用 TRAE，TRAE 的安装方式可参照其他资料），如图 4－33 所示。

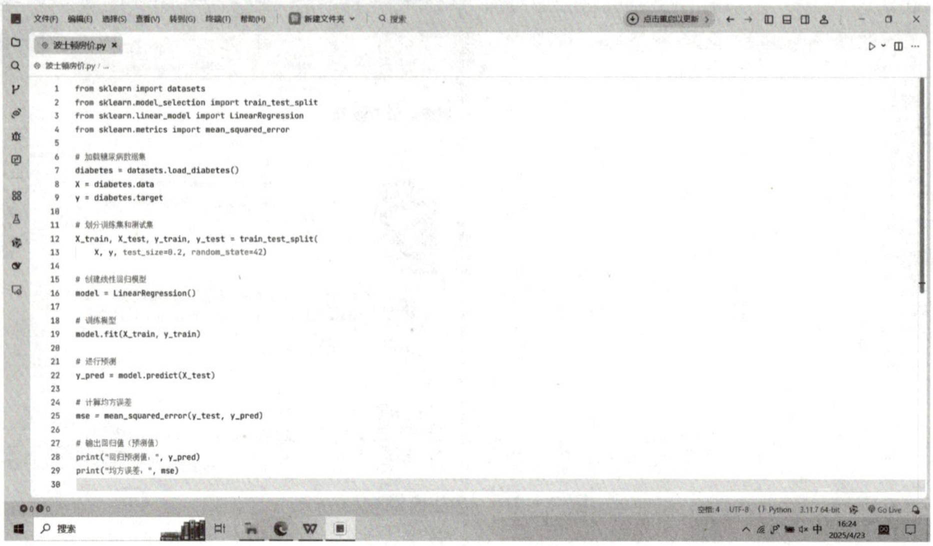

图 4－33　粘贴回归算法代码

在 TRAE 中运行此文件，运行结果如图 4－34 所示。

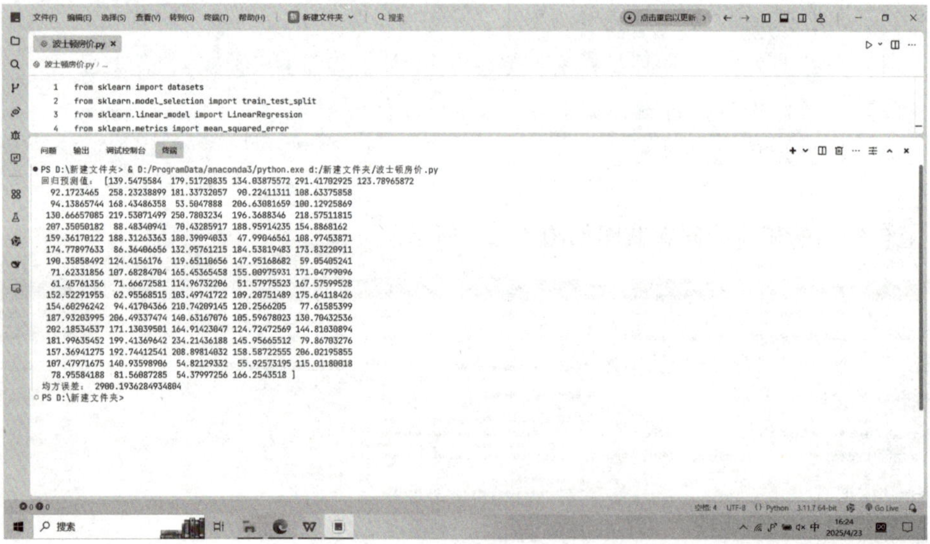

图 4－34　运行回归算法代码

子任务 3：AI 辅助数据可视化

知识微课堂

AI 辅助数据可视化

本任务选择糖尿病数据集作为数据来源，利用豆包 AI 大模型对糖尿病数据集中的数据进行可视化展示。

步骤 1：编辑大模型提示词，需包含求解问题类型、具体算法名称、数据输出的方式。

提问：

我是初学者，请基于糖尿病数据，帮我绘制散点图、直方图。要求：

(1) 无需安装第三方库，数据随机生成；

(2) 代码可以快速执行，无错误；

(3) 利用糖尿病数据中的维度，绘制散点图、直方图。

豆包给出的相应的回答截图如图 4－35 所示。

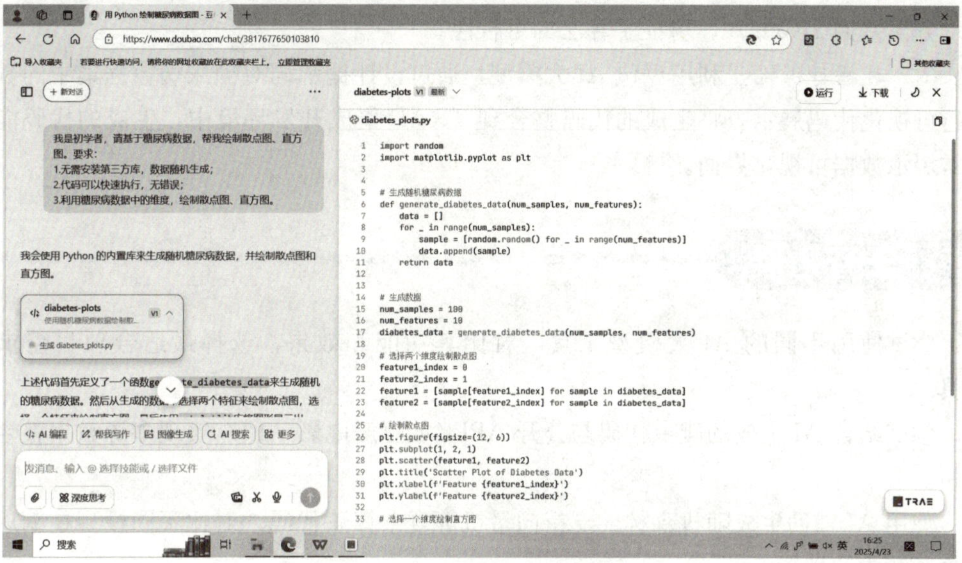

图 4－35 生成 AI 可视化代码

步骤 2：在 TRAE 中运行此文件，运行结果如图 4－36 所示。

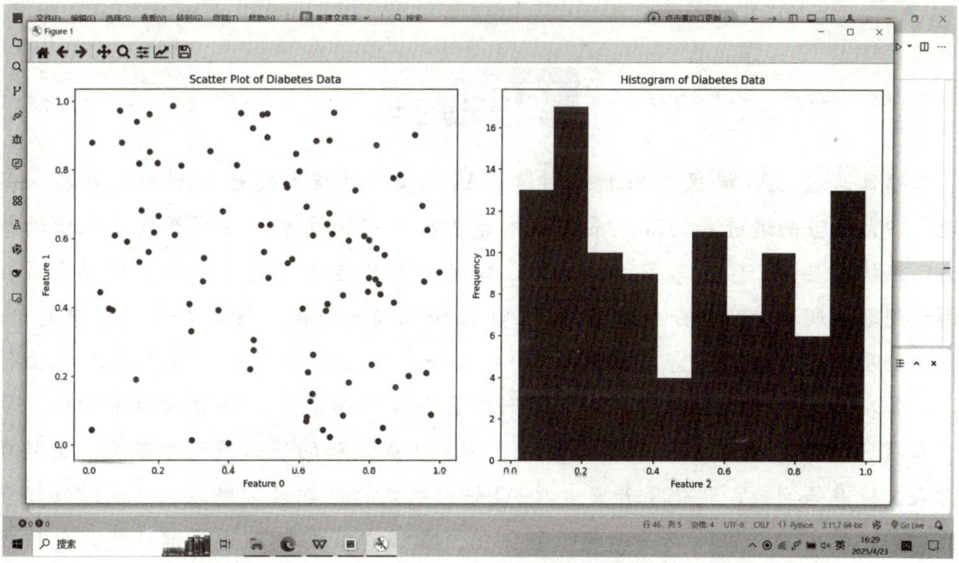

图 4－36 可视化代码运行结果

任务小结

通过理论学习与实战操作，学生系统掌握了 AI 在数据采集与处理中的应用。

（1）数据采集：基于豆包生成的 Python 爬虫代码成功爬取豆瓣电影 Top 250 数据，实现数据提取、排序及存储。

（2）数据处理与分析：基于豆包 AI 大模型对糖尿病数据集进行回归计算，将生成的代码整合到 TRAE 集成开发环境中，生成的代码能够对糖尿病数据集进行预测，模型均方误差为 2 900.19，验证了算法的可行性。

（3）数据可视化：利用豆包 AI 大模型，通过设计提示词对糖尿病数据集中的数据进行可视化代码展示，将生成的代码整合到 TRAE 集成开发环境中，生成的代码能够正常展示数据可视化界面。

任务拓展

尝试使用不同的 AI 大模型工具，对比其功能和效果，选择最适合项目需求的工具。

尝试结合 AI 生成的爬虫代码与公开 API（如豆瓣电影 API）实现多源数据整合与分析。

使用 AI 辅助生成随机森林、支持向量机等复杂算法代码，对比不同模型在糖尿病数据预测中的性能。

探索 AI 技术在实时数据流（如股票数据、传感器数据）处理与可视化中的应用，优化代码实时性。

项目小结

本项目通过“AI 编程—AI 搜索引擎—AI 辅助软件技术文档—AI 辅助数据采集与处理”四大任务的递进式实践，系统性构建了人工智能技术在现代开发流程中的落地能力。在技术层面，学生掌握了豆包、C 知道等工具链的深度应用，从代码生成、智能调试到数据爬取与回归分析，验证了 AI 在降低编码门槛、提升开发效率中的价值；在方法论层面，形成了“需求描述→AI 生成→人工验证→迭代优化”的人机协作闭环，尤其在技术文档自动生成、测试用例覆盖设计等场景中，显著缩短了传统开发周期。本项目同时揭示了 AI 工具的局限性，例如生成代码的逻辑严谨性不足、文档规范性需人工校准等问题，强化了开发者对 AI 辅助结果的批判性审查意识。通过跨场景的实战训练，学生不仅掌握了提示词工程优化、多模态数据交互等关键技能，更培养了在智能化趋势下快速适应工具迭代、平衡技术创新与伦理约束的核心素养，为未来参与AI赋能的复杂项目奠定了扎实基础。

拓展自测

一、单选题

1. 以下哪项不属于AI编程的核心能力？（　　）

A. 代码自动补全　　B. 智能调试

C. 界面设计　　D. 自然语言生成代码

2. 豆包AI工具在技术文档编写中主要用于（　　）。

A. 生成自动化测试脚本

B. 辅助编写技术方案和数据库设计

C. 提供多模态搜索功能

D. 优化代码运行性能

3. 在数据采集任务中，使用AI大模型生成的爬虫代码的主要功能是（　　）。

A. 自动生成数据可视化图表

B. 从豆瓣电影Top 250提取电影名称和评分

C. 训练神经网络模型

D. 修复代码安全漏洞

4. 以下哪项是AI辅助测试的主要应用场景？（　　）

A. 编写用户使用手册　　B. 生成自动化测试用例

C. 设计系统架构图　　D. 优化数据库查询语句

二、简答题

1. 简述AI编程的定义及对开发者的价值。

2. 列举AI搜索引擎的3个核心功能，并举例说明其应用场景。

3. 技术方案文档包含哪些内容？AI如何辅助其编写？

4. 描述AI辅助数据采集的流程及注意事项。

三、操作题

1. 代码生成：使用豆包AI工具，生成一个Python函数，实现“接收用户输入的整数列表并返回其平均值”。

2. 代码优化：将任务4.1生成的代码通过C知道工具改为接收键盘动态输入（非固定列表），并验证运行结果。

3. 测试用例生成：针对用户登录功能（账号为11位手机号、密码必填），利用AI生成5条功能测试用例。

4. 数据可视化：基于Python糖尿病数据集，用AI生成代码绘制“血糖值与BMI关系的散点图”。

项目5 人工智能伦理与安全概述

项目导入

在人工智能技术迅猛发展的今天，我们享受着其带来的便利，同时也面临着伦理与安全的双重挑战。从人脸识别的偏见到数据隐私的泄露，从网络攻击的风险到技术滥用的威胁，AI的发展不仅考验着传统的伦理秩序，也对社会安全提出了新的考验。通过本项目的学习，我们将深入探讨这些问题，掌握应对策略（如提示工程和视觉鲁棒机器学习），培养批判性思维与创新能力，旨在成为负责任的AI技术使用者，共同推动构建一个智能、安全、公平的未来。

项目目标

知识目标	（1）掌握人工智能伦理的核心原则，以及公平性、透明度、隐私保护和责任归属等基本概念。 （2）理解人工智能安全的主要风险类型，如算法偏见、数据泄露、对抗攻击等技术性风险。 （3）熟悉国内外人工智能伦理治理的相关规范和标准框架。
能力目标	（1）能够运用提示工程技术优化AI模型输出，减少算法偏见。 （2）具备识别和评估AI系统伦理风险的分析能力。 （3）掌握通过案例研究方法分析实际AI伦理问题的技能。
素养目标	（1）培养对AI技术应用的伦理敏感性和社会责任感。 （2）形成批判性思维，能够辩证看待AI技术对社会的影响。 （3）树立正确的科技价值观，理解技术发展应以人为本的基本原则。

任务 人工智能伦理与安全深入探究

知识梳理

5.1.1 人工智能伦理

人工智能伦理（AI Ethics）是研究人工智能技术开发与应用过程中涉及的伦理问题及风险的学科，旨在通过道德原则和规范引导 AI 技术向善发展。其核心关注点包括数据隐私保护、算法偏见、决策透明度、技术安全可控性以及对社会公平和人类福祉的影响，例如在自动驾驶、医疗诊断等场景中，需平衡技术创新与生命权、隐私权等基本伦理价值。

全球已形成基本共识的伦理原则，如中国《新一代人工智能伦理规范》提出的增进人类福祉、促进公平公正、保护隐私安全、确保可控可信、强化责任担当、提升伦理素养等六项基本伦理要求；联合国教科文组织则强调建立可审核、可追溯的问责机制。当前治理更注重“软硬兼施”，既通过法律法规强化监管，也倡导企业建立伦理审查委员会等自律机制，以应对技术失控风险和就业冲击等新型挑战。

人工智能伦理的基本原则是指导技术发展的核心准则，旨在确保人工智能技术的创新与应用始终符合人类价值观与道德标准，为社会创造积极影响。以下是人工智能伦理的基本原则：

1. 尊重人类：保障人的主体性与尊严

人工智能技术必须将人类置于发展的核心地位，通过技术手段维护人的主体性与基本权利。面对“人的主体性异化”风险（如智能系统取代人类决策主导权），需确保技术设计始终以增强人类能力为目标，避免将人类降格为系统的附庸。在数据隐私保护方面（如云端信息泄露、广告追踪侵犯隐私），技术应用必须建立数据采集、存储与使用的透明机制，通过加密技术与用户授权制度筑牢隐私防线。同时，需警惕算法对人类行为的过度干预，保留人类对关键决策的最终解释权。

2. 公正性：消除算法偏见与结构性歧视

人工智能系统必须通过公平的数据训练与算法设计，避免因历史偏见或样本偏差导致歧视性结果。针对“算法偏见”问题（如招聘系统对特定群体的自动化排斥），需建立多元化的数据审核机制，并引入第三方审计评估算法公平性。在司法、信贷等关键领域，应强制要求算法决策符合社会公平标准，确保技术应用不加剧社会阶层分化。同时需警惕“算法黑箱”对弱势群体的系统性压迫，通过可解释性设计保障决策透明。

3. 可解释性：打破技术黑箱的壁垒

针对深度学习模型“不可解释”的技术瓶颈（如医疗诊断系统无法说明判断依据），需推动可解释人工智能（XAI）的研究应用。通过可视化决策路径、构建层级化解释框架等手段，使算法逻辑能够被人类理解与验证。在金融风控、自动驾驶等高风险场景，应强制要求系统提供决策依据的层级化解释，确保用户对技术的信任基础。同时需建立“解释权”法律保障，在法律上保障用户对算法决策的透明化解释请求权。

4. 可追溯性：构建责任闭环与风险控制

为应对 AI 系统的“不稳定性与风险性”，需建立全生命周期的可追溯机制。在数据层面，通过区块链等技术实现数据来源与处理过程的链式记录；在模型层面，要求版本更新时保留历史痕迹与对比分析；在部署层面，构建实时监控系统记录系统运行状态。针对“责任归属”难题（如自动驾驶事故追责），需明确开发方、部署方、使用方的责任边界，通过技术日志与第三方鉴定机构实现责任精准追溯。

5. 责任：构建技术应用的伦理底线

人工智能技术必须建立覆盖全链条的责任体系。在数据使用层面，企业需对数据采集来源负责，个人享有数据主权；在算法设计层面，开发者需预判技术滥用风险并内置伦理约束；在部署应用层面，运营方需持续监测系统社会影响。针对“社会效益”争议（如 AI 加剧教育资源不平等），需建立技术应用的社会影响评估制度，强制要求重大项目通过伦理审查方可落地。同时需推动建立全球协同治理框架，应对跨国界 AI 伦理挑战。

5.1.2 人工智能安全

人工智能安全是指通过技术、管理和法律手段，防范人工智能系统在开发、应用过程中可能遭受的攻击、干扰或滥用，同时确保其运行稳定、可靠，并遵循以人为本、权责一致等原则的综合性安全体系。其核心包含内生安全风险（如模型算法漏洞、数据污染、系统鲁棒性不足）和应用安全风险（如网络攻击、伦理失范、社会信任危机）的防控。

当前治理框架强调“技管结合”，例如我国《人工智能安全治理框架》提出风险导向的敏捷治理原则，通过算法备案、内容标识、安全评估等技术手段与法规政策协同，防范虚假信息传播、数据泄露等风险。全球趋势则注重构建分类分级监管机制，根据应用场景风险等级实施差异化治理，同时推动国际合作形成共识性治理体系。

人工智能在快速发展的同时，也面临多种安全问题，涉及技术、伦理、隐私和社会影响等多个层面。以下是常见的 AI 安全问题：

1. 网络安全

AI 系统易成为黑客攻击的潜在目标，遭受恶意软件入侵、数据篡改等威胁，导致系统受损、数据泄露。

攻击者利用对抗样本精心设计输入，误导 AI 模型，使其产生错误判断，如造成交通标志识别失败等严重后果。

2. 物理安全

在工业机器人和自动驾驶汽车等领域，存在机器人失控风险，一旦出现意外行为，极有可能危及生命和财产安全。

AI 技术用于军事领域，像无人机作战平台等，不仅引发了新的战争伦理争议，还面临着技术失控的潜在威胁。

3. 滥用与误用

借助深度伪造等技术，人工智能能够合成高度逼真的虚假图像、音频和视频。一些机构或企业可能会利用先进的图像识别、数据分析等技术进行过度监控，甚至可能对监控数据进行深度挖掘和关联分析，能从大量看似无关的数据中提取个人敏感信息。写作程序批量生成虚假新闻、评论和文章等内容。

4. 长期风险

超级人工智能系统在几乎所有领域都远超人类的认知和能力水平。它的决策和行为模式可能极其复杂，人类难以理解和预测，其解决问题的方式可能会产生意想不到的后果，给人类社会带来巨大的不确定性。

人工智能安全原则应围绕包容审慎、确保安全、技术改进、伦理指导和公众教育五个维度构建系统性防护框架。在网络安全层面，需通过持续的技术改进提升系统的鲁棒性，研发对抗样本检测算法和动态防御机制，建立全生命周期的数据加密与访问控制体系，以防范因恶意攻击导致的关键基础设施瘫痪或交通识别系统失效。物理安全领域须贯彻“安全冗余设计”理念，对工业机器人和自动驾驶系统实施多层级紧急制动机制，在军事 AI 开发中嵌入伦理审查模块，通过软硬件协同确保系统失控时可及时切换人工接管模式。

针对滥用与误用风险，应以伦理指导为核心构建技术开发红线，建立深度伪造内容溯源标识制度，对图像识别技术的监控应用实行分级授权管理，通过立法明确数据关联分析的合规边界。同时加强公众教育，开展数字素养培训帮助公众识别 AI 生成的虚假新闻，建立社会监督机制遏制算法歧视与隐私侵犯。面对超级智能的长期风险，需秉持包容审慎原则推进可控 AGI 研究，开发价值观对齐框架使 AI 系统具备道德演进能力，构建可解释性决策树确保复杂场景下的行为可追溯，并设立跨国界的安全评估委员会，动态更新伦理准则以适应社会价值观的变迁。

5.1.3 人工智能伦理与安全典型案例

1. 人脸识别算法存在“歧视”

2018 年，美国麻省理工学院研究员 Joy Buolamwini 偶然发现，人脸识别软件竟无法识别她的存在，除非戴上一张白色面具。有感于此，Joy 发起了 Gender Shades 研究，发现 IBM、微软和旷视 Face++ 三家人脸识别产品均存在不同程度的女性和深色人种“歧视”（即女性和深色人种的识别正确率均显著低于男性和浅色人种），最大差距可达 34.4%。

2. 某男子用 ChatGPT 编造假新闻牟利

2023 年，平凉市公安局崆峒分局网安大队在日常网络巡查中发现一篇标题为“今晨甘肃一火车撞上修路工人，致 9 人死亡”的文章在百度账号上发布，初步判断为信息虚假不实。网安民警随即展开调查，发现共有 21 个百度账号在同一时间段发布了这篇文章，文章内容涉及多个地方，包括平凉市崆峒区、兰州、陇南、定西、庆阳等地，文章点击量已达 1.5 万余次。经过调查，涉案的百度账号均为广东深圳某自媒体公司所有，公司法人代表洪某弟有重大作案嫌疑。同年 5 月，专案民警前往广东东莞对洪某弟使用的电脑和百家号进行了取证。经审讯，洪某弟通过微信好友得知了一种通过网络赚取流量变现的方法，并购买了大量“百家号”。他使用“易撰”网页版从全网搜索近期的社会热点新闻，然后使用 ChatGPT 人工智能软件将这些新闻要素进行修改编辑，再使用“海豹科技”软件将编辑后的内容上传至其购买的百家号上以非法获利。

3. 咖啡店的精准监控

2023 年，一段视频展示了一家咖啡店的内部场景，被一款 AI 摄像头所捕捉。这款摄像头用不同颜色的框标注出了每一个人和物体。同时，视频中也显示了每个人的姓名、年龄、性别、情绪、停留时间、消费金额等信息。每个店员的工作效率、服务次数、工作时长等数据也被统计出来。视频还用箭头和数字标示了每个人的移动轨迹和速度。在这个过程中，没有任何一位顾客或店员意识到他们正在被监视和分析。

5.1.4 AI 工具使用注意事项

根据《人工智能安全标准化白皮书（2023 版）》的指导，普通用户在使用各类 AI 工具时应注意以下几点。首先，隐私保护至关重要。在享受 AI 服务的同时，需谨慎对待个人信息的分享，避免不经意间泄露个人隐私或商业秘密，尤其是在与交互式 AI 进行互动时，应更加小心处理敏感信息。其次，了解并关注 AI 工具的数据处理方式，确保这些过程遵循如《中华人民共和国数据安全法》和《中华人民共和国个人信息保护法》等相关法律法规，从而保障个人数据的安全性。

此外，选择那些能提供一定程度透明度和解释性的 AI 工具也非常重要。这意味着要优先考虑那些能够清晰展示其决策背后逻辑的产品，特别是在涉及司法判决、金融信贷等关键领域时，这一点尤为重要。同时，警惕 AI 技术可能被用于不道德或非法用途的风险，例如通过虚假视频、图像、音频等方式实施诈骗。提高对这类风险的认识，并采取措施减少自己暴露于潜在威胁之中是必要的。

最后，尽量选用经过安全评估并符合国家标准的产品和服务。这包括但不限于选用遵循国家发布的《互联网信息服务算法推荐管理规定》《互联网信息服务深度合成管理规定》等相关法规要求的产品。并且，在使用任何 AI 服务之前，仔细阅读其用户协议和服务条款，明确哪些行为是允许的，哪些行为是受限的，以及遇到问题时应如何寻求帮助。这样，我们不仅能够享受到 AI 带来的便利，还能更好地保护自己免受潜在的安全威胁。

任务实施

1. 任务说明

本任务旨在通过实践操作帮助学生深入理解人工智能伦理与安全的核心问题，包括提示工程优化、伦理风险评估和案例分析三部分内容：首先通过对比基础提示词与优化后提示词的 AI 输出结果，分析如何减少 AI 模型中的性别偏见；然后以校园人脸识别系统为例，从数据隐私、算法公平性等维度识别潜在伦理风险，并搜索真实案例进行验证比对；最后通过提出改进措施培养解决实际 AI 伦理问题的能力，使学生在掌握理论知识的同时提升实践技能，为未来从事 AI 相关工作奠定伦理与安全基础。

2. 任务操作

子任务 1：用提示工程解决 AI 偏见问题

步骤 1：使用免费 AI 工具（如 Kimi、豆包）输入基础提示词：“生成一段描述医生和护士工作场景的文字。”记录输出结果，观察是否存在性别刻板印象（如医生多为男性，护士多为女性），如图 5-1 所示。

图 5-1 场景模拟

步骤 2：在提示词中加入伦理约束指令，例如：“请生成一段描述医生和护士工作场景的文字，确保职业性别分布均衡，且突出专业能力而非性别特征。”如图 5－2 所示。

对比两次输出结果，分析提示词如何影响模型行为。

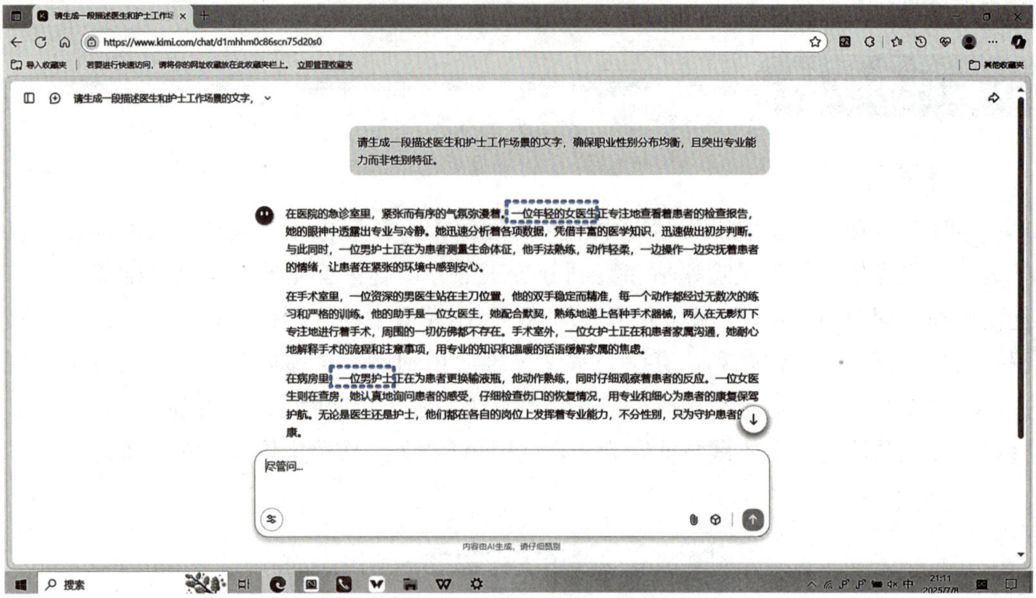

图 5－2　设计矫正提示词

步骤 3：统计输出文本中不同性别出现的职业次数，制作对比表格，如图 5－3 所示。

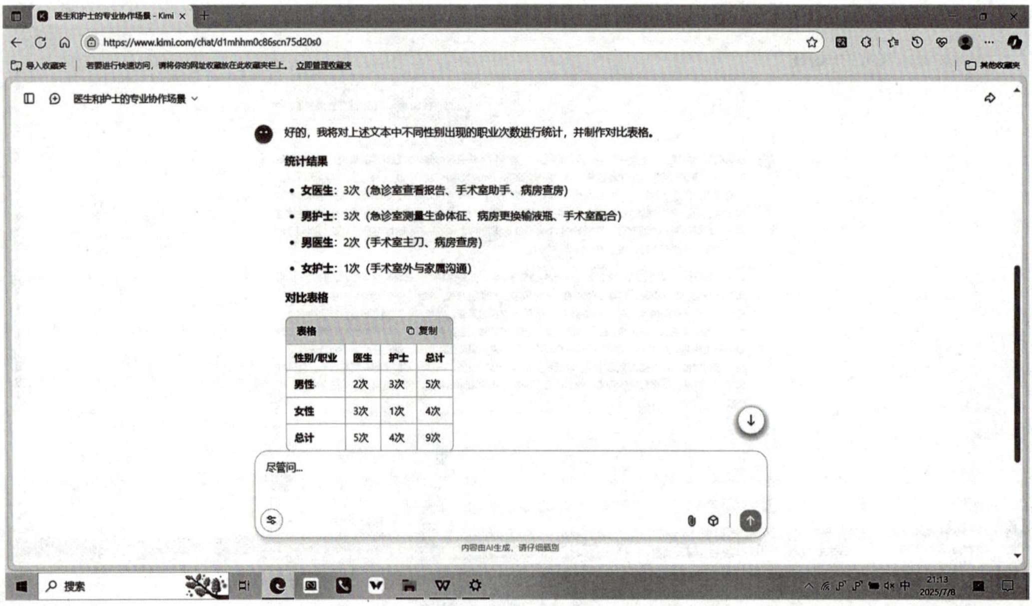

图 5－3　统计分析

子任务 2：伦理风险比对与案例分析

步骤 1：在给定的 AI 应用场景中选择一个作为评估对象，例如校园人脸识别考勤系统。选定后，使用 AI 工具（如 Kimi）输入提示，要求列出该系统的 5 个主要利益相关方及其关注点，如图 5－4 所示。

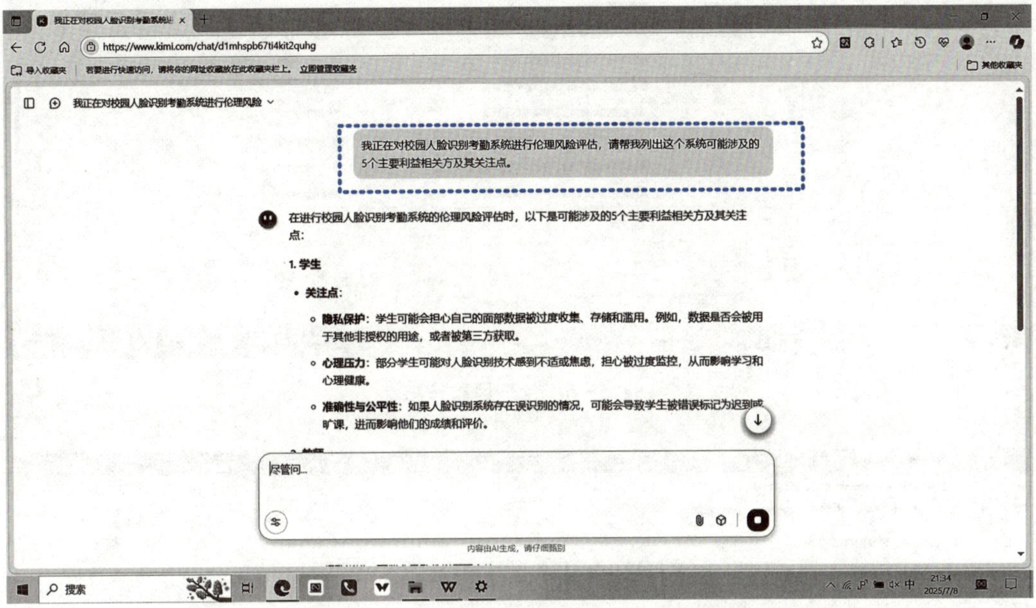

图 5－4　伦理风险评估

步骤 2：进行风险识别，输入以下提示词并与 AI 工具进行交互：

> 作为 AI 伦理专家，请为校园人脸识别考勤系统进行全面的伦理风险识别。考虑以下维度：
> - 数据隐私与安全
> - 算法偏见与公平性
> - 透明度与可解释性
> - 用户自主权与控制
> - 社会影响
>
> 请用表格形式呈现，包含风险类型、具体表现、潜在影响和发生概率评估（高/中/低）

步骤 3：对 AI 生成的表格开展人工审核工作：核查是否存在明显遗漏，评估风险概率判断的合理性，并标注出需要进一步调查的风险项，如图 5－5 所示。

步骤 4：打开联网搜索功能，如图 5－6 所示。

步骤 5：搜索类似系统的实际伦理问题案例，提示词如下：

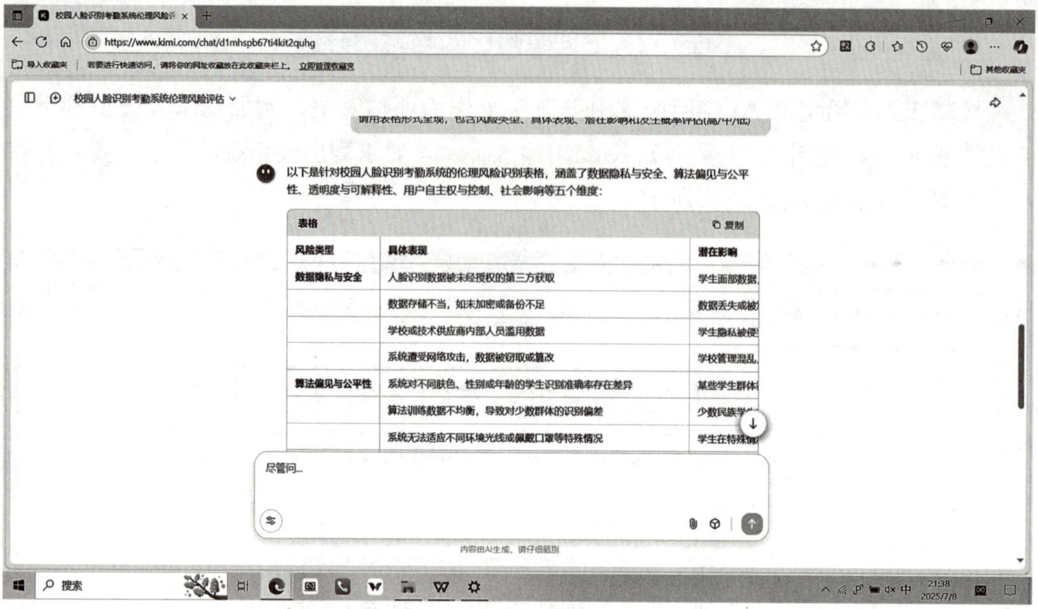

图 5-5　伦理风险审核

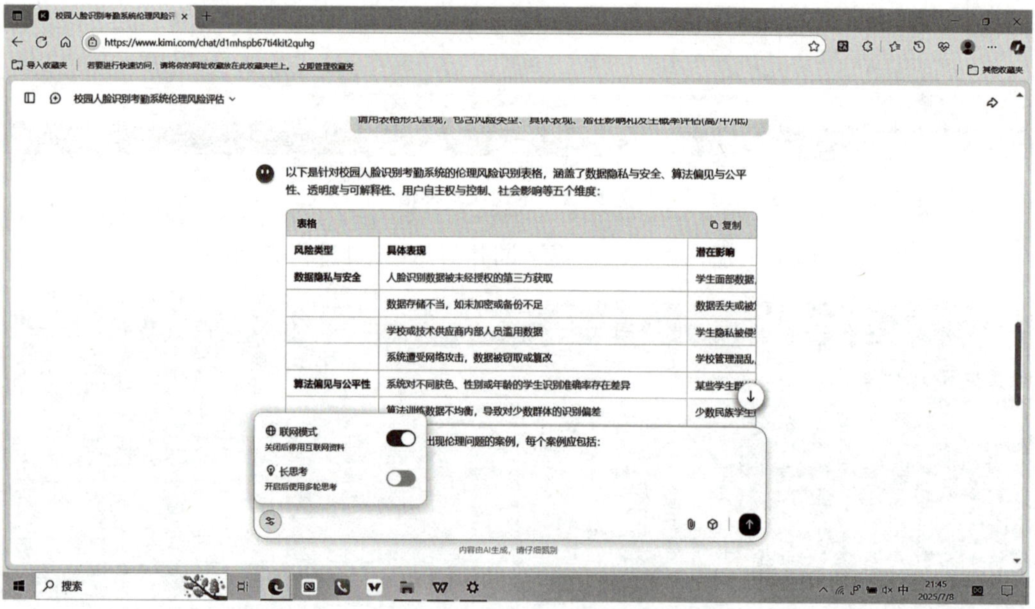

图 5-6　联网模式

请提供 3 个真实的校园人脸识别考勤系统出现伦理问题的案例，每个案例应包括：
- 事件概述
- 造成的具体影响
- 最终解决方案
- 经验教训

步骤 6：对比分析，输入提示词：把所找到的实际案例与步骤 2 识别出的风险进行比对，标注出哪些风险在实际情况中已然显现，并记录案例里行之有效的应对措施，如图 5-7 所示。

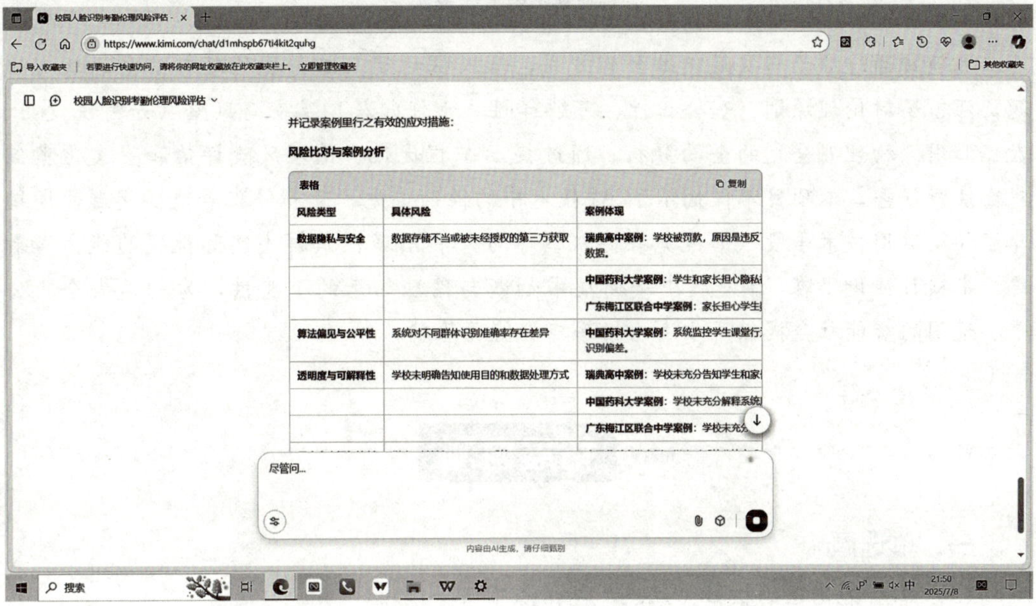

图 5-7 对比分析

任务小结

本任务围绕人工智能伦理与安全展开，通过知识梳理、典型案例分析和实践操作，系统探讨了 AI 伦理的核心原则（如尊重人类、公正性、可解释性等）及安全风险（如网络安全、物理安全、滥用风险等）。任务实施部分通过提示工程实验和伦理风险评估，引导学生识别并应对 AI 偏见问题，如性别刻板印象，同时以校园人脸识别系统为例，分析其伦理风险与实际案例的关联，强调隐私保护、算法公平和透明性的重要性。整体任务将理论、案例与实践结合，强化了对 AI 技术伦理治理和安全防控的理解与应用能力。

任务拓展

在完成上述伦理与安全任务的基础上，进一步探讨人工智能在跨文化场景中的应用差异。例如，选择不同国家的 AI 伦理准则（如欧盟的《人工智能法案》与中国的《新一代人工智能伦理规范》），利用 AI 工具对比分析其核心原则的异同，并模拟一个跨国企业需同时遵守多国规范时可能面临的冲突案例（如数据跨境传输的隐私标准差异）。通过设计解决方案，培养学生全球化视野下的伦理实践能力，同时思考技术治理中文化包容性的重要性。

项目小结

本项目通过理论与实践相结合的方式，深入探讨了人工智能伦理与安全的核心议题，涵盖了对伦理原则（如公正性、可解释性、责任归属）及安全风险（如对抗攻击、数据滥用、物理安全）的全面分析。通过提示工程优化、伦理风险评估和跨文化案例对比实践任务，本项目不仅揭示了AI技术中的性别偏见、隐私侵犯等现实问题，还培养了学生运用技术手段（如视觉鲁棒机器学习）和治理框架解决实际挑战的能力。最终，本项目强调了在AI发展中平衡技术创新与伦理约束的重要性，为构建安全、公平、透明的智能社会提供了方法论指导与价值观基础。

拓展自测

一、单选题

1. 人工智能伦理的核心关注点不包括以下哪一项？（　　）

A. 数据隐私保护　　B. 算法偏见

C. 硬件成本优化　　D. 决策透明度

2. 在人工智能安全中，“对抗样本”攻击主要针对的是哪个方面？（　　）

A. 数据存储安全　　B. 模型决策误导

C. 硬件设备损坏　　D. 网络传输加密

3. 根据《新一代人工智能伦理规范》，以下哪一项不属于我国提倡的基本伦理要求？（　　）

A. 促进公平公正　　B. 保护隐私安全

C. 优先技术发展速度　　D. 增进人类福祉

4. 在AI应用中，可解释人工智能（XAI）的主要作用是（　　）。

A. 提高计算速度　　B. 降低硬件成本

C. 使算法决策透明化　　D. 减少数据存储量

二、简答题

1. 简述人工智能伦理中的“公正性”原则，并举例说明算法偏见可能带来的社会影响。

2. 人工智能安全中的“滥用与误用”风险包括哪些？

3. 为什么在AI系统中强调“可追溯性”？请从责任归属和技术监管的角度分析。

4. 结合“咖啡店精准监控”案例，讨论AI监控技术可能涉及的伦理问题及应对措施。

三、操作题

1. 输入基础提示词："生成一段描述科学家和教师职业特点的文字"，优化 AI 提示词以减少性别偏见。

2. 使用 AI 工具（如 Kimi）进行社交媒体内容审核系统的伦理风险比对与分析。

参考文献

Reference

[1] 尤可可，秋叶．DeepSeek 高手必学的 66 个 AI 工具 [M]．北京：人民邮电出版社，2025.

[2] 凤凰高新教育．巧用 AI 工具高效搞定 PPT 设计与制作 [M]．北京：北京大学出版社，2024.

[3] 快学习教育．超简单：用 ChatGPT＋实用 AI 工具让 Office 高效办公飞起来 [M]．北京：北京理工大学出版社，2023.

[4] 柏先云．AI 办公助理：让职场效率倍增的 16 大国产 AI 工具手册 [M]．北京：化学工业出版社，2025.

[5] 文画学院．AI 提示词工程师：精通 ChatGPT 提问与行业热门应用 208 例 [M]．北京：化学工业出版社，2024.

[6] 王常圣，李强，汪正斌．AI 智能写作助手：创作技巧、内容优化与科研应用 [M]．北京：化学工业出版社，2025.

[7] 许建锋．AI 绘画：Stable Diffusion 从入门到精通 [M]．北京：清华大学出版社，2023.

[8] 龙飞．剪映 AI 视频剪辑：AI 脚本＋AI 绘画＋图文生成＋数字人制作 [M]．北京：化学工业出版社，2024.

[9] 龙飞．可灵 AI 视频与 AI 绘画技巧大全 [M]．北京：化学工业出版社，2025.

[10] 文画学院．AI 设计师：精通 Midjourney AI 绘画指令热门应用 208 例 [M]．北京：化学工业出版社，2024.